建筑再生

存量建筑时代的建筑学入门

图书在版编目(CIP)数据

建筑再生/(日)松村秀一主编；范悦等译. —大连：大连理工大学出版社，2014.10
ISBN 978-7-5611-9578-9

Ⅰ.①建… Ⅱ.①松…②范… Ⅲ.①建筑科学 Ⅳ.①TU

中国版本图书馆CIP数据核字（2014）第234052号

出版发行：大连理工大学出版社
（地址：大连市软件园路 80 号　　邮编：116023）
印　　刷：大连金华光彩色印刷有限公司
幅面尺寸：185mm×260mm
印　　张：14.25
出版时间：2014 年 10 月第 1 版
印刷时间：2014 年 10 月第 1 次印刷
责任编辑：房　磊
封面设计：王志峰
责任校对：杨宇芳

书　　号：ISBN 978-7-5611-9578-9
定　　价：58.00 元

发　行：0411-84708842
传　真：0411-84701466
E-mail: 12282980@qq.com
URL: http://www.dutp.cn

建筑再生

存量建筑时代的建筑学入门

主 编：松村秀一

编 委：佐藤考一
新堀 学
清家 刚
角田 诚
脇山善夫

翻 译：范 悦
周 博
吴 茵
苏 媛

大连理工大学出版社

前 言

【本书对时代的认识】今后的主流业务是针对既有建筑的活动

建筑活动及其周边环境正在发生翻天覆地的变化。至今为止一直有所增加的人口，今后会一边倒地减少下去，另外，现在已经有相当数量的空置住宅，今后的空置数量还会增多。以往被称作〃土地神话〃的地价上升现象，现在在很多地区已难以为继，以前依赖于地价上升而形成的许多建筑业务，如今也面临同样的境地。建筑废弃物的问题变得非常严峻，建筑拆除时废弃物处理方面从来没有像今天要求得这样审慎和严格。总之，已经没有必要像以往那样快节奏地大兴土木了。

〃从新建型到存量型〃的说法，30 年以前就用过，但是那时由于泡沫经济等原因而没有什么实际表现。这个听惯的说法现在终于迎来了有所作为的时代。那种一提到建筑方面的活动就会认为要新建个什么的想法会很快落后于时代了吧。今后的主流是存量型，也就是通过针对既有建筑的活动来改善和丰富人们的生活环境的行为，这个时代即将到来。这就是本书《建筑再生》所指的一连串的建筑行为和活动。

【出版本书的背景】

改装（Reform）、更新（Renewal）、改造（Renovation）、机能更新（Conversion）等，这些属于建筑再生的建筑行为现在也在各种场合引起反响，并开始被实际运用起来。但是，这些尚处于新建行为的间隙，是捎带着从事的工作，而将建筑再生作为独立的课题进行认识、系统地进行把握和尝试的机会还不是很多。这样，建筑再生的领域很难健全发展，并且从那里得到工作和业务的机会也不会很多。为什么这么说呢？既然已有的建筑物已经过剩了，那么那些为了追求和实现丰富的生活环境而跃跃欲试的人们，没什么理由一定将资金只投向建筑再生的领域。

让我们通过居住在 30 ~ 40 年房龄的住宅的普通家庭思考一下这个问题。因为住宅上的破旧、损坏之处有很多，虽然很想把它们改修一下以便于使用，但由于家庭预算所限，这个改修的想法不一定被优先考虑。只要稍微坚持一下也能继续住下去。所以，如果预算比较充裕，可以考虑先购买新的 AV（视听）电器，也可以用于购买新车。另外，用于全家到国外旅游也说不定。也就是说，建筑再生只是提供人们丰富生活的众多方式之一，在现实的市场中，需要与其他产业提供的各种各样的产品、服务进行权衡和比较。所以不得不说，如果仅仅作为新建行为之余捎带着做做的想法或者工作方法去对待，建筑再生想得到健全的发展很难。

首先，需要我们这些与建筑再生有关的人去做的，就是明确认识建筑再生与新建行为的不同之处，并对其进行系统的把握。其次，不断努力，使通过建筑再生而让生活环境变得丰富的行为活动，与其他产业提供的各种产品、服务相比更具魅力。

【本书的目的】 多方面支持从事建筑再生的人们

本书的构成面向已经在从事建筑再生的行业，或者今后准备从事这一行业的人士，将建筑再生作为一个充满多重可能性的新领域，试图引领读者重新认识其与新建行为不同的领域特点，并全方位地支持对此课题以及在实际业务上展开方法的系统把握。从这个意义上来说，此类书在日本还没有。

像大学这样的教育机构对于建筑再生的新领域已经有了很广泛的认识，但是其教育方法还处于摸索阶段。为此，明确将其作为一个科目而形成的课程体系还很少。本书还设想可以作为教材在大学里设置这样一个科目时使用。

因此，从自上而下全面地把握建筑再生的角度，本书将重心聚焦于在此领域从事实践和业务活动时不可或缺的内容。在一些具体方面，考虑到市面上已有不少的专业工具书，必要的时候可以作为参考，对此本书只做了简单记述。

【本书的构成和编者】按章节由相关专业的专家执笔

本书由十章构成，聚集了从事该行业的第一线专家以及从事本领域研究的研究人员，共 13 名，抱着本领域第一本系统著作的强烈意识，进行了以下编排。

第一章是概述时代背景的“从今以后将迎来‘建筑再生’的时代”，第二章系统地介绍了建筑再生领域比较有影响力的实例。第三章“设计并提升建筑价值”与第四章“诊断既有建筑的健康状态”，浅显易懂地向读者阐述了建筑再生方面的基本设计和诊断手法。

从第五章到第十章，按照再生行为的对象——结构、外墙屋顶、设备、室内、街区、管理的顺序，通过实例明晰地解说其基本原理和方法。

通过本书的写作，作者们希望能与读者达成建筑再生不仅仅是简单的维护修缮，而是具有创造性的魅力领域的共识。并且，也希望能给予有志从事本领域的专业人士或者学生们一些启示。

最后，向为本书提供资料并协助编著的人士，以及坚持不懈地支持我们这个尝试的市之谷出版社致以由衷的感谢。

主编 松村秀一

2007 年 9 月

目　录

第一章
产业与市场　从今以后将迎来“建筑再生”的时代

1.1　建筑再生与相关市场环境 …………… 2
1.1.1　何为建筑再生 ……………………… 2
1.1.2　建筑再生在日本的发展 …………… 2
1.2　建筑生命周期与建筑再生 …………… 4
1.2.1　建筑品质与时间的关系 …………… 4
1.2.2　延长建筑寿命的趋势和影响 ……… 5
1.3　建筑再生的种类 ……………………… 7
1.4　再生与新建的不同点及其专业人员　10

第二章
实例　从优秀的再生实例中学习

写字楼·商业设施的再生 ………………… 14
·住友商社美土代大厦 ………………… 14
·Lattice 青山 ………………………… 16
·松屋银座 ……………………………… 17
超高层建筑的再生 ………………………… 18
·霞关大厦 ……………………………… 18
公共设施的再生 …………………………… 20
·目黑区政厅 …………………………… 20
·上胜町营落合复合住宅 ……………… 22
·北九州市旧门司税务所 ……………… 24
·宇目町行政楼 ………………………… 26
独立住宅的再生 …………………………… 27
·古民居再生（松本·草间邸） ……… 27
·住宅保温改造 ………………………… 28
·OGATA（抗震改造） ………………… 29
集合住宅的再生 …………………………… 30
·阿姆斯特丹郊外住区 ………………… 30
·大阪府营原山台 3 丁住宅 …………… 31
·住区设备改造（UR） ………………… 32
生产设施的再生 …………………………… 33
·Gasometer（储气罐） ……………… 33
·Tate Modern ………………………… 34
·发电厂美术馆（原黑部川第二发电厂）35
·仓敷常春藤广场 ……………………… 36
·产业技术纪念馆 ……………………… 38
历史性建筑的再生 ………………………… 39
·新风馆 ………………………………… 39
·求道学生宿舍 ………………………… 40
·东京大学工学部 1 号馆 ……………… 42
·国际儿童图书馆 ……………………… 44
地域再生 …………………………………… 45
·长滨黑壁地区 ………………………… 45
·SOHO 地区 …………………………… 46
·川越地区 ……………………………… 47

第三章
计划　设计并提升建筑价值

3.1　再生建筑的价值 ……………………… 50
3.2　建筑再生的项目计划
——对于资产价值的计划 ………… 51
3.2.1　建筑项目和项目计划 …………… 51
3.2.2　建筑再生项目计划的思路 ……… 52
3.2.3　建筑再生经济性的评价 ………… 53
3.2.4　建筑再生的阻碍因素 …………… 55
3.3　活用方案——对于利用价值的计划　57
3.3.1　从利用者角度看到的价值／
利用者发现的价值 ……………… 57
实例 ………………………………………… 58

第四章
诊断　诊断既有建筑的健康状态

4.1　财产管理方面的诊断 ………………… 68
4.1.1　今后的建筑管理 ………………… 68
4.1.2　诊断的范围 ……………………… 68

4.2　诊断的目的和内容 …………………… 69
4.2.1　使用价值的诊断（建筑的老化程度） ………………………………… 69
4.2.2　资产价值的诊断（建筑的收益性） ………………………………… 70
4.3　诊断和建筑的再生内容 ……………… 71
4.3.1　针对建筑的再生内容…………… 71
4.4　使诊断成为可能的调查和信息 …… 72
4.4.1　使用价值的诊断方法…………… 72
4.4.2　资产价值的诊断方法…………… 72
4.5　诊断的推荐方法（以公寓为例） … 74
4.5.1　再生内容与诊断………………… 74
4.5.2　管理计划的诊断………………… 74
4.5.3　改建讨论的诊断………………… 77

第五章
构造　改善构造安全性

5.1　再生中构造躯体的掌握方法 ……… 82
5.1.1　持久性、抗震性以及居住性…… 82
5.1.2　防止躯体退化…………………… 82
5.1.3　现有建筑物的抗震性…………… 83
5.2　从抗震诊断到抗震改修 …………… 86
5.2.1　判断抗震的方法………………… 86
5.2.2　抗震改修………………………… 88
5.3　空间计划的综合调查 ……………… 92
5.3.1　躯体的撤除……………………… 92
5.3.2　躯体的附加……………………… 97
5.3.3　增建……………………………… 100
5.3.4　建筑连接………………………… 103

第六章
外墙·屋顶　用外装修改善建筑物的性能与设计

6.1　关于外装修 ………………………… 108
6.1.1　外装修的作用…………………… 108
6.1.2　外装修的劣化…………………… 108
6.2　外装修的构造工法 ………………… 109
6.2.1　外墙的构造工法………………… 109
6.2.2　屋顶的构造工法………………… 111
6.3　外装修再生流程 …………………… 112
6.3.1　设计之前的调查………………… 112
6.3.2　外装修的再生设计……………… 112
6.3.3　施工项目的发包………………… 112
6.3.4　施工前的调查…………………… 112
6.3.5　关于施工………………………… 113
6.4　外装修的再生方法 ………………… 114
6.4.1　去污……………………………… 114
6.4.2　修补……………………………… 114
6.4.3　附加……………………………… 115
6.4.4　更换……………………………… 115
6.5　外装修的再生实例 ………………… 116
6.5.1　外装修的清扫、修补、改修…… 117
6.5.2　超高层办公楼的外装修缮……… 118
6.5.3　建筑的改修和外装修的再生…… 119
6.5.4　屋顶的再生～屋顶绿化………… 120
6.5.5　历史性建筑物的外装保护……… 121
6.5.6　抗震改修与外装再生　………… 122
6.5.7　改变用途与外装再生…………… 123
6.5.8　外装的改变……………………… 124
6.5.9　场所之中的外装修……………… 125

第七章
设备　获取最新的设备性能

7.1　设备系统和劣化概要 ……………… 130
7.1.1　设备系统的概要………………… 130
7.1.2　设备的典型劣化………………… 134
7.1.3　设备材料的演变………………… 134
7.1.4　设备法制度的演变……………… 134
7.2　设备的劣化诊断和评价 …………… 138
7.2.1　设备诊断定义…………………… 138
7.2.2　非破坏检查……………………… 138
7.2.3　节能诊断………………………… 139
7.2.4　抗震诊断………………………… 141
7.3　设备再生的需求和改善 …………… 142

7.3.1 生锈水的产生与改善…………… 142
7.3.2 给水量、压力不足等问题的改善 143
7.3.3 节水对策………………………… 143
7.3.4 空调设备的效率改善…………… 144
7.3.5 空调用管道的腐蚀与改善……… 145
7.3.6 照明的节能改善………………… 145
7.3.7 对OA化的改善 ………………… 146
7.4 设备诊断和再生实例 ……………… 148
7.4.1 办公写字楼的再生实例………… 148
7.4.2 高级公寓的再生实例…………… 150

第八章
内部装修 改变内部装修，提高使用价值

8.1 内部装修对于再生领域的作用 …… 156
8.1.1 应对内部装修老化现象………… 156
8.1.2 内部装修的再生动机…………… 156
8.2 内部装修的再生程序 ……………… 157
8.2.1 法规角度的课题………………… 157
8.2.2 再生计划………………………… 157
8.2.3 再生的施工……………………… 158
8.3 内装再生的扩展 …………………… 164
8.3.1 应对居住要求…………………… 164
8.3.2 与社会生活的关联……………… 166
8.3.3 具有时代性的主题……………… 170

第九章
城市格局 城市格局的调整与地区的活跃

9.1 城市格局再生的作用及目的 ……… 180
9.1.1 景观与城市格局………………… 180
9.1.2 今后的城市战略及城市格局的再生 ……………………………………… 180
9.2 再生的方法 ………………………… 182
9.2.1 再生的对象和手法 …………… 182
9.2.2 外立面的再生手法……………… 182
9.2.3 城市天际线的再生手法………… 183
9.2.4 道路空间的再生手法…………… 184
9.2.5 共用设施的再生手法…………… 186
9.2.6 利用水的再生手法……………… 187
9.3 调整城市格局的实例 ……………… 188
实例1 优质人工环境的保存与Bastille Viaduct（巴士底狱高架铁路改建）的有效利用 ……………………………………… 188
实例2 供行人用的商业区再生(Martin Place) ……………………………………… 189
实例3 小区的环境再生——Bijlmermeer 190
实例4 自然环境的复原——清溪川 … 192
实例5 对传统建筑群保护区的修缮、出景 ……………………………………… 193

第十章
建筑物运用 通过各种运用提高建筑价值

10.1 建筑的再生和运用………………… 196
10.1.1 建筑的运用 …………………… 196
10.1.2 从建筑运用的角度看建筑再生 197
10.2 建筑的用途和服务………………… 199
10.2.1 基于服务的建筑再生 ………… 199
10.2.2 建筑用途和服务内容 ………… 199
10.2.3 服务主导型的建筑再生 ……… 202
10.3 建筑运用的主体…………………… 204
10.3.1 建筑运用的功能分化 ………… 204
10.3.2 功能分化的类型 ……………… 204
10.3.3 不动产证券化和建筑运用 …… 206
10.3.4 建筑再生和地区再生 ………… 207
10.4 所有权和利用的多样化和建筑运用 209
10.4.1 所有权的多样化 ……………… 209
10.4.2 利用的多样性 ………………… 210
10.5 建筑运用和资产价值 …………… 212
10.5.1 基于资产价值的建筑运用的验证 ……………………………………… 212
10.5.2 成本计算法 …………………… 212
10.5.3 所得计算法 …………………… 212

用语解释……………………………… 215

第一章

产业与市场

从今以后将迎来“建筑再生”的时代

1.1 建筑再生与相关市场环境

1.1.1 何为建筑再生

“再生”一词本意是“将要死亡的事物又得到重生”（引自《广辞苑》）。将该定义中的“事物”一词替换为“建筑”，便是“建筑再生”的定义了。当然，建筑并非生物，没有生死之说，建筑的生与死只是一种拟人的修辞手法，“将要死亡”即指“建筑物快要失去其功能价值”，“重生”即指“再次利用”，这便是对“建筑再生”一词的进一步理解。

对既有建筑进行不同程度上的改变、对失去功能价值的建筑重新利用都属于“建筑再生”的范畴。“建筑再生”即指除新建以外的所有建筑活动。

1.1.2 建筑再生在日本的发展

在战后的半个世纪中，日本国内的建筑生产活动大多是针对新建建筑的，对新建以外的建筑生产活动认识不足。但进入21世纪以来，在一度低迷的建筑市场中，“建筑再生”必将在未来的建筑生产活动中越来越受到人们的重视。

在此，先通过几组数据了解一下这种建筑市场环境的变化情况。

首先，通过新建住宅数量来分析新建建筑市场的变化，从经济泡沫时期至1997年新建有140万～170万套住宅，而进入1998年以来，前后仅有约120万套新建住宅（图1.1）。虽然还无法对市场规模的动向做出准确预测，但我们大概可以看出，进入21世纪以来新建住宅的数量已经很难维持在20世纪90年代的水平了。

由此一项统计便可得知，既有建筑数量已经接近饱和。图1.2为过去40年间既有住宅数量与家庭总户数的比较。在1955年，当时的鸠山内阁提出了“一户一房”的主张，在经历了不到半个世纪的今天，日本国内的总住宅量已超过总户数一成以上。可以预计，到2010年，人口数和户数将会逐步减少，按

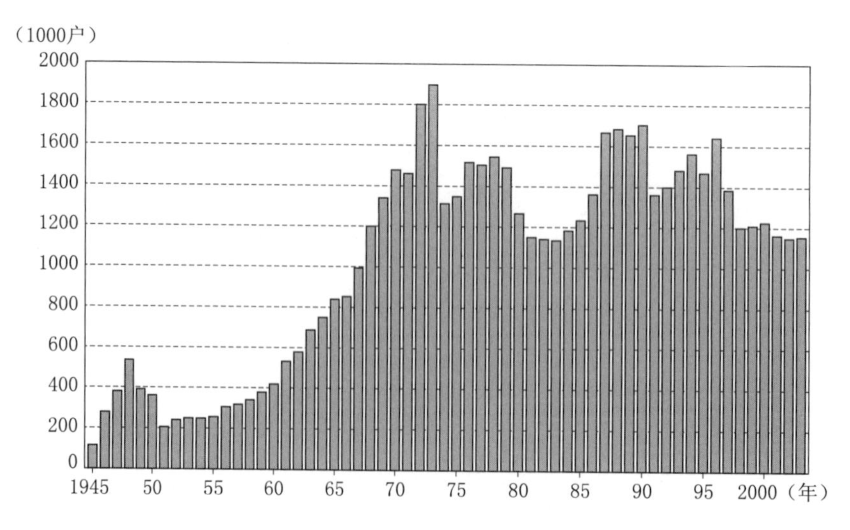

图1.1 新建住宅户数变化，根据《建筑统计年报》完成

照“一户一房”的标准考虑，住宅数量已经饱和，没有新建的必要了。在2003年，供过于求的闲置住宅数量已经达到住宅总量的12%。

不仅住宅建筑如此，其他建筑也明显表现出存量饱和的市场形势，以办公楼建筑面积的增长变化为例（如图1.3所示），在过去20年间办公楼建筑面积增长了约2.6倍。

因此，现今面对的问题就是如何利用这些既有建筑来创造丰富的生活环境，也就是关于既有建筑的品质问题。

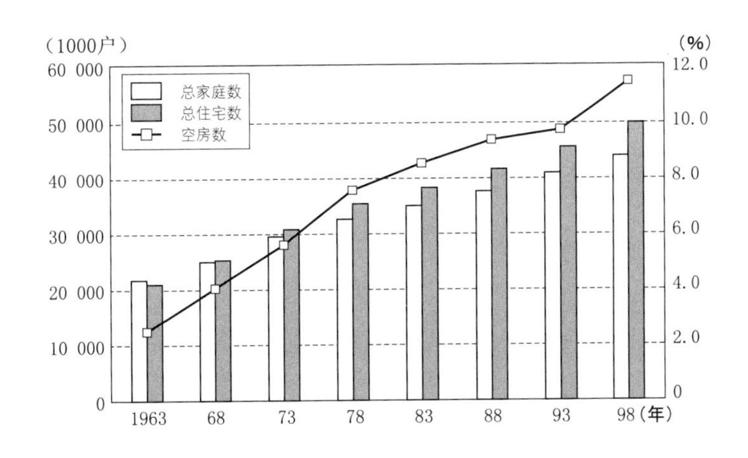

图1.2 户数、住宅数、闲置住宅率的变化，摘自《住宅、土地统计调查》

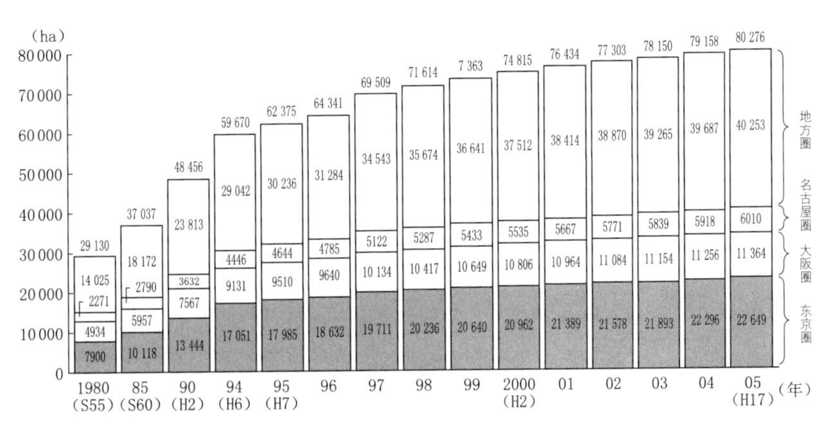

根据日本总务省《固定资产的价格等概要调查书》绘制

注：(1) 木结构住宅、事务所、银行以及非木结构住宅、事务所、店铺、百货商店、银行的建筑面积。但是，木结构住宅中包括1997年以后的店铺。

(2) 每年的1月1日至今

(3) 东京圈：东京都，神奈川县、千叶县、埼玉县　　大阪圈：大阪府、京都府、兵库县
名古屋圈：爱知县、三重县

图1.3 办公楼建筑面积变化

1.2 建筑生命周期与建筑再生

1.2.1 建筑品质与时间的关系

既有建筑的品质问题到底是什么，且这些问题是如何发生的？要解决这个问题就必须了解建筑的性能以及建成后建筑性能与时间变化的关系。

图 1.4 和图 1.5 简单地阐释了建筑性能与时间变化的关系。坐标中横轴表示建成后的时间变化 T，纵轴表示建筑性能变化 P。这种变化关系不仅包括建筑性能随时间单纯的变化关系，也包括使用过程中对于建筑用途的变化、功能要求的提高等一些再生行为的变化关系。

图中，新建建筑的性能 P_o 一般要高于业主或使用者对其建筑性能的初始要求 P_{ro}。

P 所表示的建筑性能包括建筑的安全性、居住性、艺术性以及空间规模等，也包括各个部分内容。而且，有的业主或使用者对建筑性能的要求不会有太大变化，而有的则会不断变化或提高要求。图 1.4 所示的是在建筑投入使用之后，使用要求基本不发生变化的情况（$P_r=P_{ro}$），而图 1.5 所示的则是使用要求随时间变化不断提高的情况（如图中虚线所示）。

在图中，建筑本身发挥的实际性能变化如实线所示，图 1.4 中实线表示随时间的变化建筑物逐渐老化，建筑性能也随之降低的变化，图 1.5 中实线表示建筑基地面积这一要素不随时间变化而发生变化。无论是其中哪一种情况，建筑性能 P_a 必将会在某一时间低于使用要求 P_r，此时建筑的所有者或使用者就会着手对建筑进行修缮或更新，以提高建筑性能 P_a。其修缮频度根据修缮的部分、改变性能的种类等因素的不同而各有差异，这些提高建筑性能 P_a 的生产活动全部称作建筑再生，相应的生产费用也会随之产生，这种费用的支出会一直持续到该建筑被废弃，积累下来的总费用便是对建筑再生的投资。

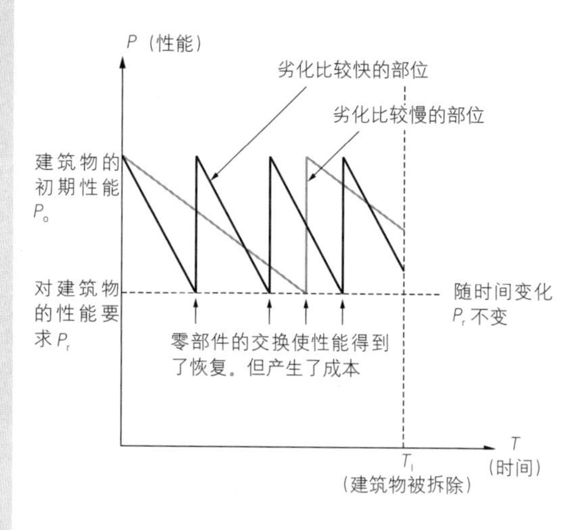

图 1.4 建筑性能与时间（使用要求不变）

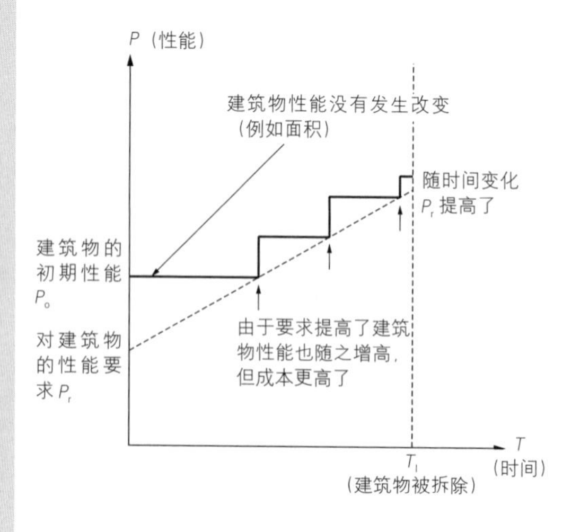

图 1.5 建筑性能与时间（使用要求改变）

1.2.2 延长建筑寿命的趋势和影响

以前，日本的建筑从落成到拆毁只历经了很短的时间。通过图示也可以看出，建筑历经的年数（T_1）越短，建筑再生的费用就越低，如果拆除重建，那么虽然省下了再生的费用，但是新建的费用会因此增加。在日本，与新建建筑的投资相比，对建筑再生的投资停留在很低的水准，其中有很多原因都与此有关。

但是，考虑到今后的经济状况与消费能力，很难继续以往那种频繁的拆建活动。同时，在既有的存量建筑中，一半以上都是建于经济高度发展期之后（图 1.6），这些建筑建成后，其功能要求会逐步发生一些缓慢的变化，在拆毁前如何利用它们便是如今需要考虑的问题。在这些建筑未被拆毁前，对新建的投资必然会减少，相应对再生的投资则会逐步增加。

由此我们便可以预计在今后日本的建筑市场中新建投资量与再生投资量的变化关系了。

其中还必须重视建筑投资总额中建筑再生投资额所占的比重的变化。不仅限于日本，与建筑生命周期更长的欧洲各国的状况进行比较会更有意义，从中也许可以找到未来日本的发展方向。

在图 1.7、图 1.8、图 1.9 中，分别针对所有建筑、住宅建筑、非住宅建筑三类统计了欧洲六国与日本再生投资占总投资的比重变化。由此可以得出以下三个关于建筑投资的结论。

❶ 建筑投资中的再生投资所占比重在过去的 16 年中，除了英国以外其他各国均有所增加。

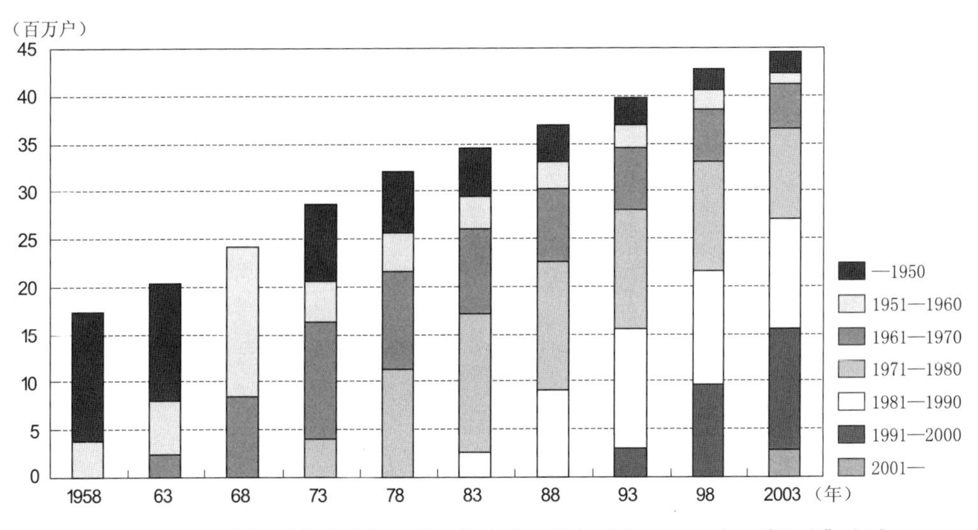

图 1.6 不同时期建造的住宅数量随时间变化，根据《住宅、土地统计调查》完成

❷ 在被调查的国家中，再生投资所占比重增幅很大，由1990年的33%（德国）~ 50%（英国）增长至2005年的48%（德国）~ 67%（瑞典）。

❸ 日本对既有建筑的维护修缮费用每年也都在不断增长，由12%（1990年）增长至23%（2003年），但与欧洲六国相比较仍处于很低的水平。

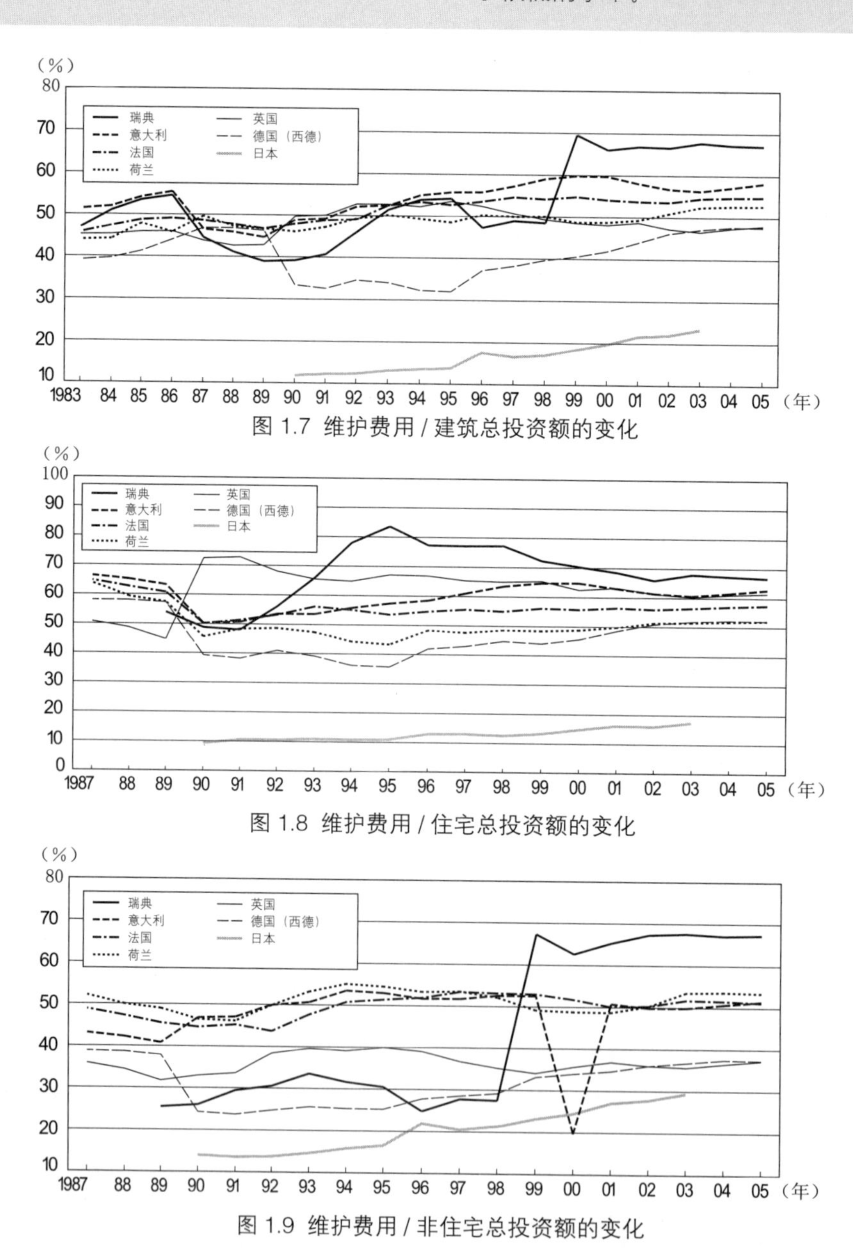

图 1.7 维护费用 / 建筑总投资额的变化

图 1.8 维护费用 / 住宅总投资额的变化

图 1.9 维护费用 / 非住宅总投资额的变化

注 1）"建筑投资"即"住宅（Residential）投资"与"非住宅（Non-Residential）投资"的总和。

2）"维护修缮"与EURO Construct资料中的"Renovation & Maintenance"一词相当，与建筑施工统计调查报告中的"维持与修缮工程"相当。

3）1983—1991年德国即当时的西德。

1.3 建筑再生的种类

在本书中，将所有针对既有建筑的建造活动均称为建筑再生，以下是对所有目的明确的再生行为进行分类整理，从而在庞大的建筑再生范围内抓住主要要素。

在建筑再生中，“专业用语与解释”是尤为重要的一部分，以下列举的各种专业用语很难明确区别其使用方法的差异，使用时也较为混乱，因此必须了解每个用语所适用的范围，这样才能全面理解建筑再生的含义。另外，对专业用语的定义主要依据 *1 日本建筑学会的《关于建筑物耐久计划的考虑》(1988年) 和 *2《建筑标准法》第 2 条第 13、14 号。

专业用语与解释 (按汉字拼音排序)

保存

为防止历史保护建筑的历史价值丧失，采取适宜的改善措施，由此恢复其应有的价值。英文为 Preservation、Conservation。

保全 *1

将建筑物（包括设备）以及各种公共设施、庭院、植物等作为对象，保存其全部或部分功能，有目的地进行维持或改良的活动。英文为 Maintenance 和 Modernization。

补修

区别于改良，仅仅是将老化的建筑物的相关部分修复到可以使用的程度，使其功能不再残缺，但未必能够提高其耐久性，经常用于应急场合。英文为 Repair、Maintenance。

Conversion（转变）

与英文使用方法相同，指改变建筑用途的行为。与“用途转变”“转用”类似。在日本很早就有将废弃的学校校舍转变成企业的职工宿舍或高龄老人住宅的实例（图 1.10）。20 世纪 90 年代中期，将闲置的办公建筑转变成住宅建筑的活动盛行一时（图 1.11 ～图 1.14）。由此，“转变”一词便普及开来了。

大规模修缮 *2

对建筑中一半以上的一种或几种结构构件进行的修缮称为大规模修缮。其中，结构构件主要指承重墙、柱、楼板、梁、屋顶以及楼梯等主要结构构件，与建筑物主体结构关系不大的隔墙、构造柱、壁柱、最底层的楼板、

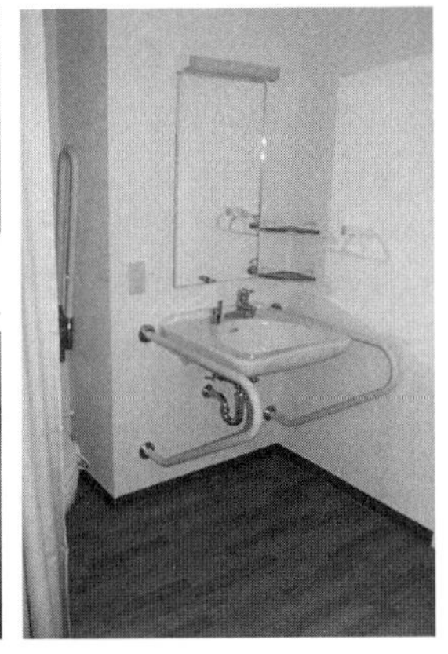

图 1.10 将职工宿舍转变为高龄老人住宅

周边舞台的楼板、次梁、挑檐、局部的台阶、屋外的台阶等均不在大规模修缮的范围内。

改建（改筑）[*1、*2]

拆除建筑物的全部或部分，改变其规模、用途。英文为 Rebuilding、Modifying。

改良

将已经老化的建筑的性能、功能恢复到最初水平以上的改善活动。英文为 Improvement、Modifying、Renovation。

改善

将已经老化的建筑的性能、功能恢复到最初水平以上的改善活动。英文为 Improvement、Modifying、Renovation。

改修[*1]

将已经老化的建筑的性能、功能提高到最初水平以上的改善活动，其中包括修缮。英文为 Improvement、Modifying、Renovation。

改造

在建筑的某个部分附加或拆除，改变建筑物的形态或空间的行为。英文为 Remodeling、Renovation、Alteration。

改装[*1]

替换已完成的建筑外装、内装的某个部分。英文为 Refinishing、Refurbishment、Renovation。

更新[*1]

将建筑物老化的部分用新的替换，采用当时普及的技术或材料。英文为 Replacement、Renewal。

Modernization（现代化）

符合现代的生活模式与使用要求的再生活动。在日本不常使用。

模样替换[*1]

由于用途变更或建筑老化，在不大范围改变主要结构的前提下，对建筑物的外装、隔断等部位的改变。英文为 Rearrangement、Alteration。

Refine（精制）

原本为“精制”“精炼”的意思，现在也开始指建筑师青木茂氏大规模的再生工程。

Reform（改装）

英文中常用作服装的手工改良。在日本常特指住宅的再生活动。

图 1.11 巴黎实例——将办公空间转变为住宅

图 1.12 伦敦实例——将社会福利建筑转变为集合住宅

Refurbishment

广义的再生的英文。在日本不常使用。

Rehabilitation（康复）

广义的再生。在日本不常使用。

Remodeling

近年来，指以韩国为中心的集合住宅再生活动，同时也常用于美国独立式住宅的修缮、改建工程。

Renewal（更新、再开发）

英文中常见到“Urban Renewal（城市再开发）”一词，有更新建筑的意思。在日本通常是指非住宅的再生活动。

Renovation（改造）

广义的再生。在日本，对应 Conversion 一词，Renovation 指建筑用途基本不发生改变的大规模再生活动。

维持保全 [*1]

维持建筑物原有性能或功能的行为。英文为 Maintenance。

修复

对建筑中无法适应使用要求的部分进行修缮或改良，使其迅速恢复原状或适应现状要求。英文为 Restoration。

修缮 [*1]

修复老化的建筑物、建筑材料、构件等，使其性能重新适应现状要求，以达到提高建筑耐久性、延长建筑使用寿命的目的。英文为 Repair。

增建 [*2]

增加建筑物的建筑面积。但如果是在同一基地中增建另一座建筑，只有在基地所属单位认可的情况下才视为增建。英文为 Addition、Expansion。

图 1.13 纽约实例——转变为 LOFT 住宅

图 1.14 悉尼实例——将出租汽车公司总部转变为高级集合住宅

1.4 再生与新建的不同点及其专业人员

建筑再生的涵盖范围极广，并且其相关的工作内容与新建也有很多不同点，因此需要就这些不同点采取不同的对策。在此，通过几个典型的再生工作流程说明一下其特点。

1 构想

新建时，业主考虑的对象是一个目前还没有的虚拟建筑，而再生的对象是既有建筑，业主考虑的是其有何缺点、如何将其改善等问题。也就是说再生时业主面对的问题更加明确、更加具体。新建时，只要建筑完工就可以给业主带来满足感，而再生时，无论做了多少的再生工作，只要没有达到最初的期望，业主便会完全没有满足感。

2 诊断

从已有建筑和其所有者的角度出发是再生与新建的最大不同，也是再生最重要、最基本的出发点。掌握建筑各个部分的性能及现状当然必不可少，了解建筑所有者或使用者对该建筑的不满或期望等潜在信息也十分必要。因此，在再生诊断中必须掌握或创造出适宜的调查现状的方法。这不仅仅是针对既有建筑的不足之处进行调查，更是面向建筑全部，延伸到建筑的任何角落。这种全面的视角在再生诊断中极为重要。

从事该项工作需要掌握很多建筑相关的知识，因此只有拥有建筑师相关资质的人才能从事相应的工作。

3 策划

在新建方面着重考虑建筑的用途、规模等方面。而在再生方面，则必须具有明确的目的性，例如“希望改善收益性”之类，但对具体的再生手段、工程内容没有明确限制。因此，凡是可以满足业主目的的任何再生工作都是策划阶段重点考虑的内容。有时在有效的再生工作中可能不包含建筑工程的内容，对此，再生工作需要更多领域的技术支持。因此，以往那种仅具有建筑知识的人员是无法胜任如今的再生工作的，需要那些具有经济学知识、了解市场信息并且拥有相应施工能力的相关人员通力合作才能完成再生策划。

4 资金计划

以住宅建筑为代表，新建建筑的资金调配方法多种多样，保证其资金运转的相关制度也比较完善。比较而言，关于建筑再生的相关金融制度还不健全，也没有较为成熟的运营模式。因此，资金计划的决策阶段直接影响到该项目的成功与否，对专业知识的要求也比新建项目更高。

担任该项任务的不仅需要有建筑师，还需要其他专业人员的参与。对于建筑再生这门课题，如何将各类专业人员组成团队是十分重要的。

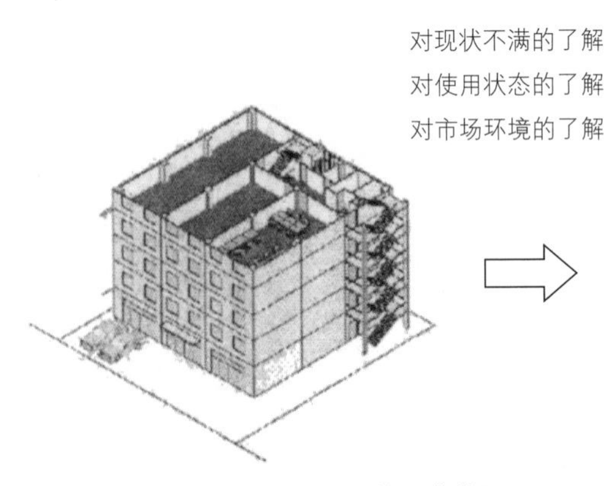

图 1.15 再生从业人员的工作范围

5 设计

首先要对上述的诊断结果进行整理、归纳要点，这就要求从业人员具有极高的统筹能力。同时，要对既有建筑哪些部位应该改变做出明确判断。在修缮时需要根据原有建筑的不同建造方式采取不同的修缮方法，因此，掌握相关工法知识也十分重要。另外，施工时对周围环境的影响、拆除既有建筑的范围、施工的工序等要素都必须在设计时加以考虑，且与新建建筑设计不甚相同。

虽然最适合这项工作的专业人员是建筑师，但仍需建筑师补充学习以上提到的不同领域的很多新知识。

6 施工

在千差万别的施工规模中，包括将部分拆除新建或保持现状继续使用等，比起新建建筑，再生的施工条件更加苛刻、施工更加困难。对于起重作业、防止噪声等方面都有更高要求。另外，再生时统筹不慎就会影响工作效率，因此需要相关人员在提高装配化、优化施工团队、合理使用施工方法等方面认真考虑，从而确定最佳施工方案。

7 评价

评价比之前提到的目的更加明确，用于与相应新建项目相比较。不仅是从当初的建筑所有者或使用者出发，更要从专家的角度出发共同探讨该项目的价值。

综上，建筑再生与新建大有不同，对从事它的专业人员的要求也不尽相同，不仅需要其掌握以上所有相关知识，还要具备可以将其优化组合的能力。今后再生开发所需要的是拥有广泛知识的全面人才。

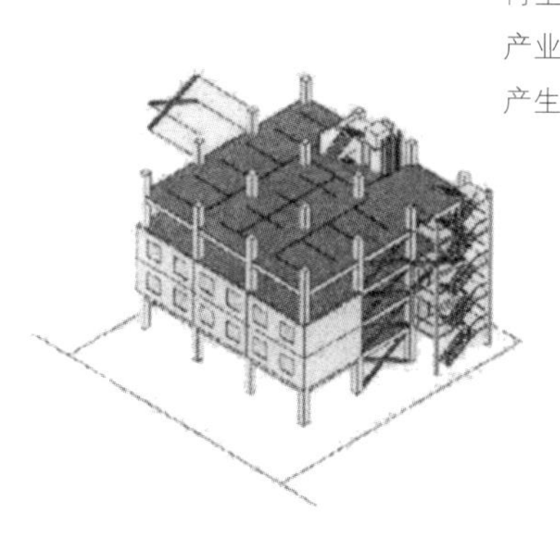

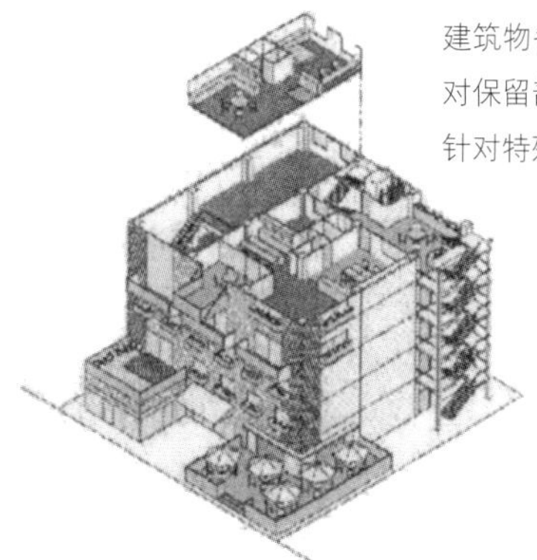

第二章

实例

从优秀的再生实例中学习

本章将通过图面和照片，对迄今为止所见到的建筑再生的优秀实例进行介绍。实例介绍中的解说，是针对各实例的概要以及技术上的特点所进行的简单扼要的说明。希望读者将各章节的内容结合在一起系统地阅读，从而对建筑再生的展开方法有一个较为具体的了解。

写字楼 · 商业设施的再生 功能陈旧化的改善和提高

· 住友商社美土代大厦 · Lattice 青山 · 松屋银座

超高层建筑的再生 最大限度发挥当时的现代化技术

· 霞关大厦

公共设施的再生 适应时代的变化提供公共服务内容

· 目黑区政厅 · 上胜町营落合复合住宅 · 北九州市旧门司税务所 · 宇目町行政楼

独立住宅的再生 对周围生活空间的再评价

· 古民居再生（松本 · 草间邸） · 住宅保温改造 · OGATA（抗震改造）

集合住宅的再生 适应居住者 · 自治体的变化

· 阿姆斯特丹郊外住区 · 大阪府营原山台 3 丁住宅 · 住区设备改造（UR）

生产设施的再生 灵活发挥新的地域核心设施的空间力度

· Gasometer（储气罐） · Tate Modern · 发电厂美术馆 · 仓敷常春藤广场

· 产业技术纪念馆

历史性建筑的再生 灵活、多样的保护方法

· 新风馆 · 求道学生宿舍 · 东京大学工学部 1 号馆 · 国际儿童图书馆

地域再生 通过建筑再生来挖掘乡镇地域活力

· 长滨黑壁地区 · SOHO 地区 · 川越地区

住友商社美土代大厦

再生后的建筑外观

建筑物名称：住友商社美土代大厦
设计师：大林组
再生设计：日建设计
竣工时间：旧）1966 年 新）2002 年
用途：旧）出租大厦 → 新）出租大厦

■再生·更新概要

这是对 1966 年建成的写字楼结构主体外墙翻新处理以及更换设备的实例。如果对这栋建筑物采取拆除再建方式的话，建筑面积会减少，因此选择了再生的改造方法。该实例的优点在于，为了继续发挥出租大厦的功能，以"提高大厦的品质与格调"作为再生改造的目标。再生计划的基本方针包括"确保安全性""适应出租行业市场的竞争力""解决建筑主体的老化问题""提高大厦的管理功能""提供适应社会需求（环境·无障碍）的对策"等五项。

再生前的建筑外观

■再生·更新概要

为了继续使用，设计师对结构主体进行了抗震加固处理。加固中对柱子增设了卷型钢板和抗震肋板，达到了现行规范所要求的标准。为了确保外墙材料的安全性，拆除原有的预制混凝土墙体，设置了铝合金幕墙。铝合金墙面形成的纵横格局不仅有效地控制了由日照产生的热负荷，还打造出了一种雕刻般的立面效果。纵向铝合金板同时承担了铝合金幕墙所组成的立方体荷载，横向的铝合金板具有遮阳的作用，另外还起到了开放式百叶窗的效果。
原来的外墙面是刻有线条的预制混凝土墙，再生中保留了这样的感觉，并赋予其现代气息。
在内部更新方面，为了提高便捷性、功能性，注重提升等级，试图强化作为出租大厦的竞争力度。增加了标准层办公室的层高，增设了 OA 层。由于层高增加，天棚的管道变小，外墙铝合金幕墙为在窗前区域设置空调提供了条件，减轻了中央空调的负荷。并且最小层高的 OA 层的设置也完全符合那些有特定用途的建筑需求。

铝合金幕墙的外墙壁

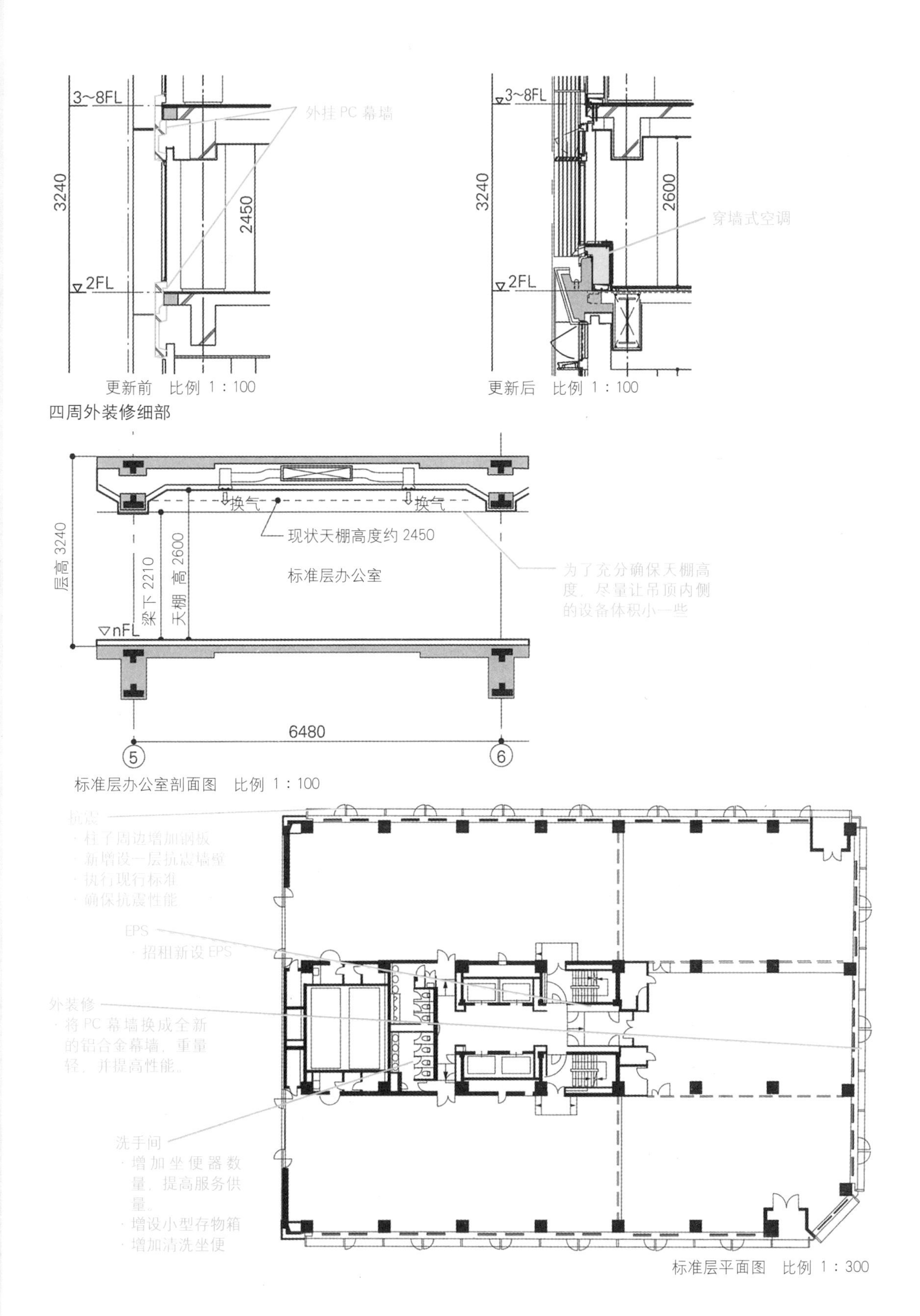
3~8FL
外挂 PC 幕墙
3240
2450
2FL
更新前　比例 1：100
3~8FL
3240
2600
穿墙式空调
2FL
更新后　比例 1：100
四周外装修细部
换气
换气
现状天棚高度约 2450
层高 3240
梁下 2210
天棚 高 2600
标准层办公室
为了充分确保天棚高度，尽量让吊顶内侧的设备体积小一些
nFL
6480
5
6
标准层办公室剖面图　比例 1：100
抗震
· 柱子周边增加钢板
· 新增设一层抗震墙壁
· 执行现行标准
· 确保抗震性能
EPS
· 招租新设 EPS
外装修
· 将 PC 幕墙换成全新的铝合金幕墙，重量轻，并提高性能。
洗手间
· 增加坐便器数量，提高服务供量。
· 增设小型存物箱
· 增加清洗坐便
标准层平面图　比例 1：300

Lattice 青山

■再生・更新概要

该实例地处东京都中心地区，原本是一栋建于40年前的办公大楼，为了适应有可能采用的SOHO模式，用途上将其更新为可租赁的集合住宅。原来住户搬迁后，曾就如何通过重建来挖掘用地的潜力展开讨论，但考虑到降低设备、器械初期成本，以及缩短工期等原因，决定对既有设施进行有效利用，来实现用途的改变。不仅扩大了开间，使户型横向窗更具开放感，而且设置了独立体系的上下水设备，创造出了即便在新建集合住宅中也不易看到的居住空间应有的效果。

建筑物名称：Lattice 青山
设计师：日产建设
再生设计：竹中工务店
竣工时间：旧）1964年　新）2004年
用途：旧）写字楼 → 新）集合住宅

入口大厅

跃层住户（下层）

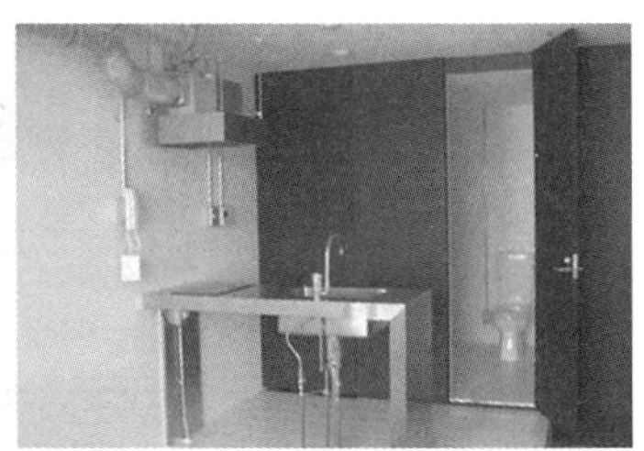

跃层住户（上层）

户型
7层（下层）
8层（上层）
（共9户）
居住面积
53.72m² ~ 62.69m²

设置了金属格栅的阳台，保证了避难路线的畅通，并可以放置室外空调机

采用大型横向窗户，实现了宽景起居室，与新建住宅相比截然不同

户型
2 ~ 6层
（每层7户，共42户）
居住面积
35.24m² ~ 47.2m²

再生后各层平面图　比例1：600

■从办公楼到住宅的用途转变中不可欠缺的技术

一般来说，办公楼的楼面厚度要比住宅的薄一些，因此在用途转变中必须提高隔声性能。为了避免力量较轻物品碰撞地面所产生的撞击声，地面铺设了隔声垫。楼板的厚度与地震荷载有关，按规范要求办公楼为800N/m²，而住宅为600N/m²，因此没有对楼面进行加固处理。另外，拆除了天棚上的一些不必要的装饰，使楼板轻量化，因此，可以获得更高的层高。为确保每户的避难路线畅通，增设了可以将空调机悬挂在室外的阳台，并用金属格栅将其罩起来，这样的话，外立面和以前相比就不会很生硬。

松屋银座

■再生·更新概要

该再生实例是将1925年建成的部分旧楼和1963年建成的部分新楼等四座建筑一体化，采用了刚性较强的抗震钢结构框架，外加钢结构支撑，柱子采用了氧化纤维做抗震加固处理。施工中，为了减少对商店营业的影响，抗震加固处理主要集中在建筑的外部，并且这些裸露在外部的抗震加固构件使得外立面焕然一新，可以说这是一个加固和设计相协调的优秀实例。

建筑物名称：松屋银座
设计师：冈田信一郎（南楼）松田平田（新楼）
再生设计：大成建设
竣工时间：旧）1925年 新）2004年
用途：旧）商店店铺→新）商店店铺

再生后外观

再生前外观（来源：松屋百年志）

再生后加固构建立面布置图　比例 1：1300

■抗震加固要素和外观设计

外墙立面部分，特别是一、二层的加固，由于外墙面大部分是封闭的，对不可缺少商业视窗的商店来说是一个不利因素。为了充分确保外墙面能够开洞，设计师研发了支撑和与之相应的具有刚性、耐力的口字形抗震框架。那些封闭的墙面则采用玻璃以及装饰板来处理，增加了透明度和轻巧感。该实例中包含了抗震要素和外装饰要素，既提高了建筑的性能，又表现出建筑的价值，是一种很值得借鉴的设计手法。

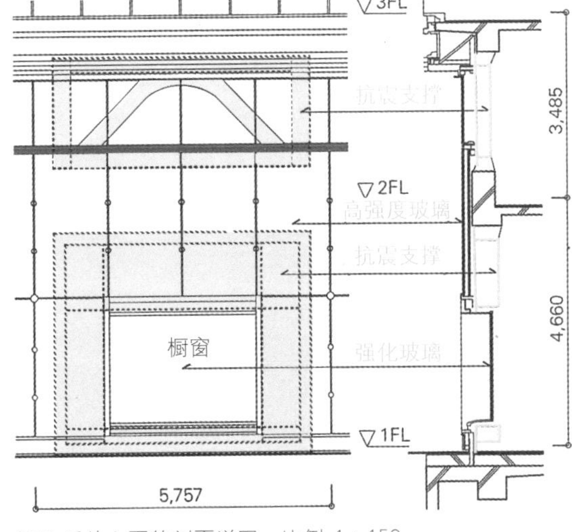

再生后外立面的剖面详图　比例 1：150

霞关大厦

■再生·更新概要

这是日本第一个针对超过 100m 的超高层建筑所进行的再生施工实例。该大厦的空间质量和设备水准在当时的高层建筑中属一流水平。迎来该高层建筑再生·更新的契机是，竣工后 20 多年来，大厦的各种设备已接近使用年限，所以必须对其采取大规模的更新改造措施。然而，更新改造的整体计划主要是对建筑、设备、安全的综合诊断以及应对租赁需求等方面的性能改善型改造。另外，通过错开工期的手段还对外墙进行了修缮施工。

建筑物名称：霞关大厦
设计师：三井不动产，山下设计
再生设计：日本设计
竣工时间：旧）1968 年 新）1994 年
用途：写字楼

■再生·更新概要

在再生施工中，为了提高建筑的安全性，首先对半数以上的防火、防灾设备进行了更新，其中包括水平防火分区的划分、电梯前室避难用走廊的划分，在写字间和走廊间设置防火门来划分安全区域，强化非常时期对电梯的控制性能等。另外，将中央空调体系改造成分层到室的空调体系，并且进一步在各层细分化，采用 VAV 处理能力，以应对各种特殊情况。

建筑内部，将写字间的层高提高 80mm，地面、天棚、窗户周边、入口门扇也装修得焕然一新。而且还对原来的卫生间进行了改装，使其具有休息室的氛围，原来的热水间也变成了工作厨房，提高了写字楼生活化的气氛。

为了适应租赁的需要，设计师更新了变电设备，标准层新增设了电器主干线，地板下铺设了线路管道等，写字间的插座电器容量在原来的 15VA/m^3 基础上增加了 2 倍，即 45VA/m^3。

近年的建筑再生工程都将重点放在了提高 30 年以上的办公建筑性能方面。

大厦的底层部分也被改建成写字间，并按搬迁顺序进行施工。住址和电话号码也不用变更，这样可以减少承租者的负担。内部更新后数年，对外墙进行了修缮。原来外墙主要采用铝合金材料，经过这么多年没有出现明显的老化现象，因此仅通过涂装修缮。为了不对建筑内部使用产生影响，采用高空悬挂施工台，对外墙四周进行涂装施工。另外，设计师还对涂装色彩进行了认真讨论，为了传承该建筑的历史意义，不仅不能破坏原有色彩，而且还要进一步体现它的优雅。

写字间的室内（摄影师：加藤喜朗）

施工人员乘高空悬挂施工台对涂装厚度进行检查

改装中的建筑外墙

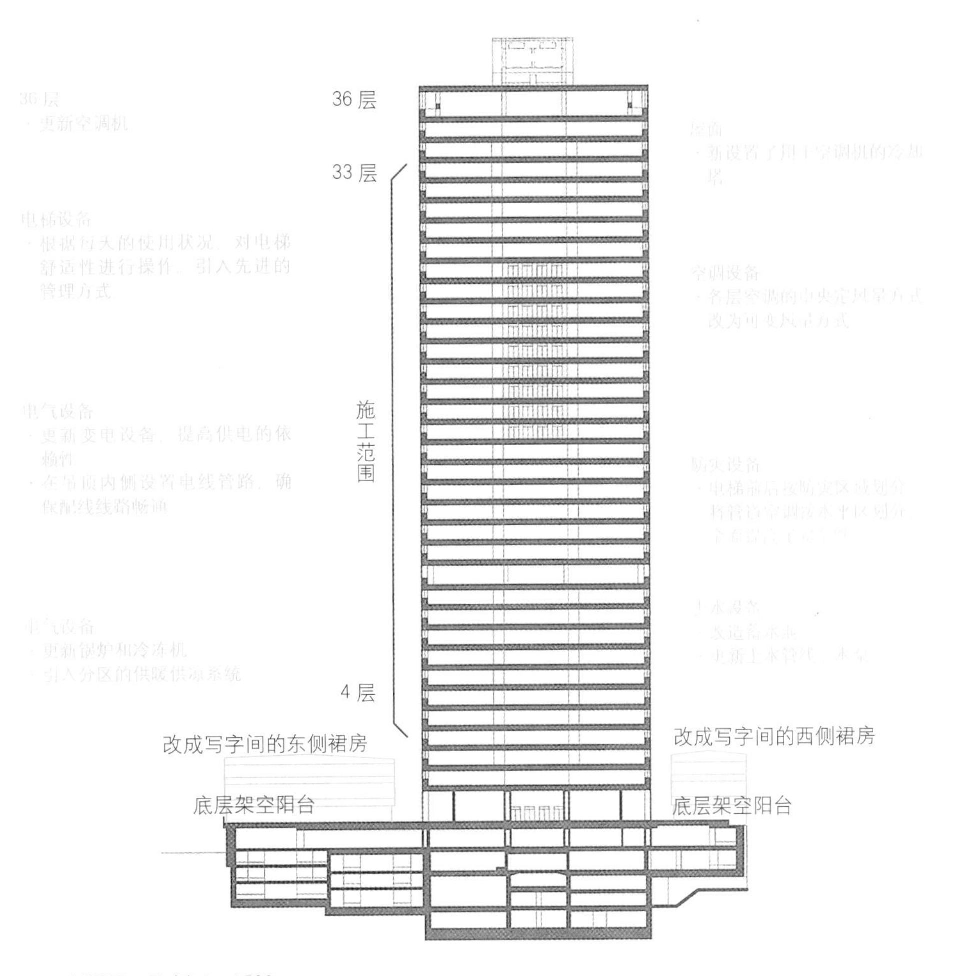

剖面图 比例 1：1500

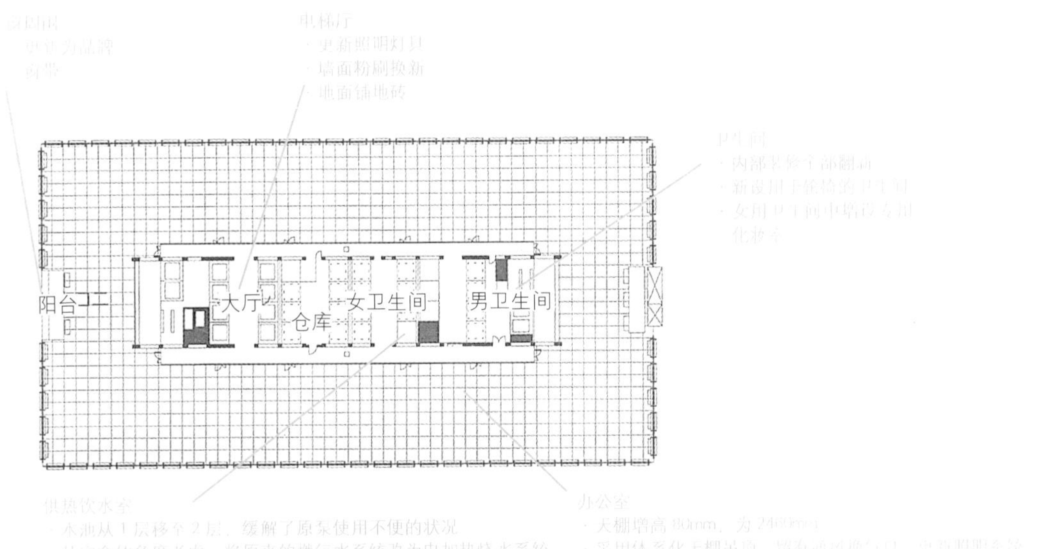

标准层平面图 比例 1：1000

目黑区政厅

建筑外观（摄影师：平刚）

建筑物名称：目黑区政厅
（原千代田生命保险总部大厦）
设计师：村野・森建筑事务所
再生设计：安井建筑设计事务所
竣工时间：旧）1966 年 新）2003 年
用途：旧）民营写字楼 → 新）联合办公楼

■再生・更新概要

该再生实例的建筑是著名建筑师村野藤吾设计的代表作——千代田生命保险总部大厦，于 1966 年竣工。原来的建筑是与庭院浑然一体的新型办公大厦，并且巨大的建筑体量被覆盖在金属天窗下，创造出在当时尚属少见的特殊的立面外观效果。2000 年千代田生命保险公司破产，该建筑和土地被拍卖，而当时目黑区政厅办公大楼空间狭小，年久失修，因此就买下了整座大厦和整块土地。原本用作一个公司的办公楼，如今改变成适应特定员工使用的写字楼以及满足许多不确定的使用者来访的公共建筑，前后两者在功能需求上存在着较大差异。既要保留原建筑中村野藤吾的设计风貌，同时还要满足作为联合办公楼的功能需求，这是对再生・更新提出的要求。

主楼五层的会议厅，天棚为双层高（摄影师：平刚）

■再生・更新概要

再生改造设计的方针是尽可能地将村野藤吾设计的既存建筑保留下来，发挥其再利用的价值。作为该建筑外立面特色的金属天窗损坏程度较小，因此改造后的正立面依然保留了千代田生命保险大厦时期的样子。除此之外，还考虑了天窗内侧避难路径的布置。天窗和低窗将温暖的阳光洒满南侧的入口大厅，大厅一侧的女儿墙得到抗震加固后，采用相同的石材做贴面，空间效果几乎和当初竣工时没什么两样。另外，设计师还在列柱的柱脚处设置了浅的流水池。村野・森建筑事务所对南侧入口大厅深处的螺旋楼梯进行了改造，以前楼梯扶手比较低矮，考虑到公共场所安全因素，改造时增加了扶手的高度，并在扶手中间加了树脂材料的护板。变化最明显的地方是将主楼六层的部分楼板拆除后，在五层形成了双层高的吹拔，作为会议厅。另外，为了方便市民从车站前来大厦，在西侧新增加了出入口，改变了交通流线。
原主楼和原福利部门的大楼都增设了 RC 墙壁用来抗震加固，巧妙地避开了在既有空间中设置加固墙壁的做法。另外，主楼地下室的柱子和地面铺设了氧化纤维卷材做防潮处理。在钢结构分馆的抗震加固中，设置了防止横向弯曲的支撑。

抗震加固后的南侧入口大厅
（摄影师：平刚）

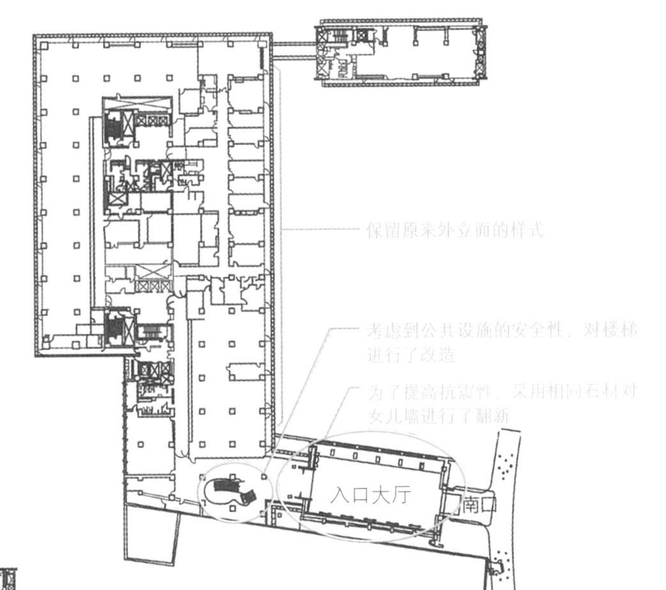

三层平面图　比例 1：800

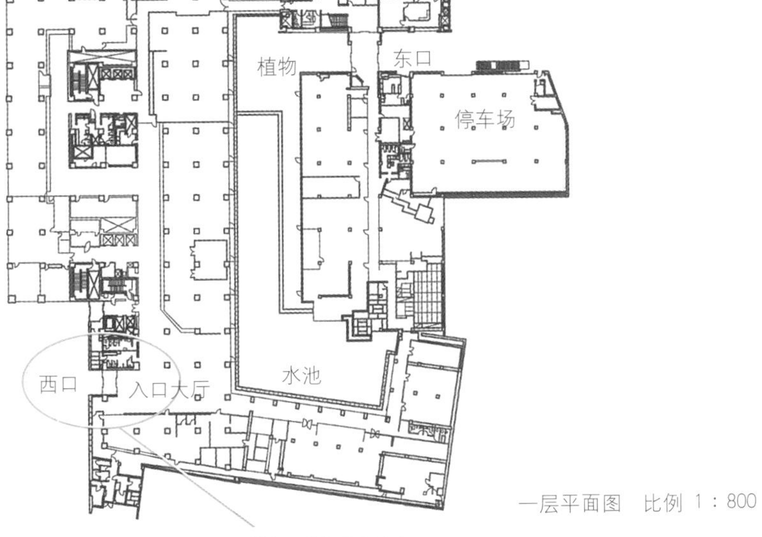

一层平面图　比例 1：800

南侧入口大厅深处的螺旋楼梯（摄影师：平刚）

分馆抗震加固中设置的防止横向弯曲的支撑（摄影师：平刚）

上胜町营落合复合住宅

建筑物名称：上胜町营落合复合住宅

（原德岛县福原小学）

设计师：佐藤建筑企划设计

再生设计：安井建筑设计事务所

用途：旧）小学 → 新）集合住宅

再生 · 更新概要

由于该地区人口密度过稀，儿童数量减少，因此原来的小学停办了。近年来，离家去城市谋生的人开始返回故乡寻找工作，城市出生的人也前往该地寻找机会。该再生项目正是在这样的背景下，将废弃的学校建筑改造成可以出租的办公室、写字间的实例。将钢筋混凝土结构的三层校舍改造成一层为写字间（五间），二、三层为地方政府经营的住宅（八户）。为了长时间发挥原建筑的特点，改造施工中将废弃物控制在最低限度；积极采用有利于自然和人们健康的材料和设备；考虑到对环境的影响，柱子材料采用了本地盛产的杉树。

入口大厅　　办公室　　共用走廊

再生前二层平面图　比例 1：500

再生后二层平面图　比例 1：500

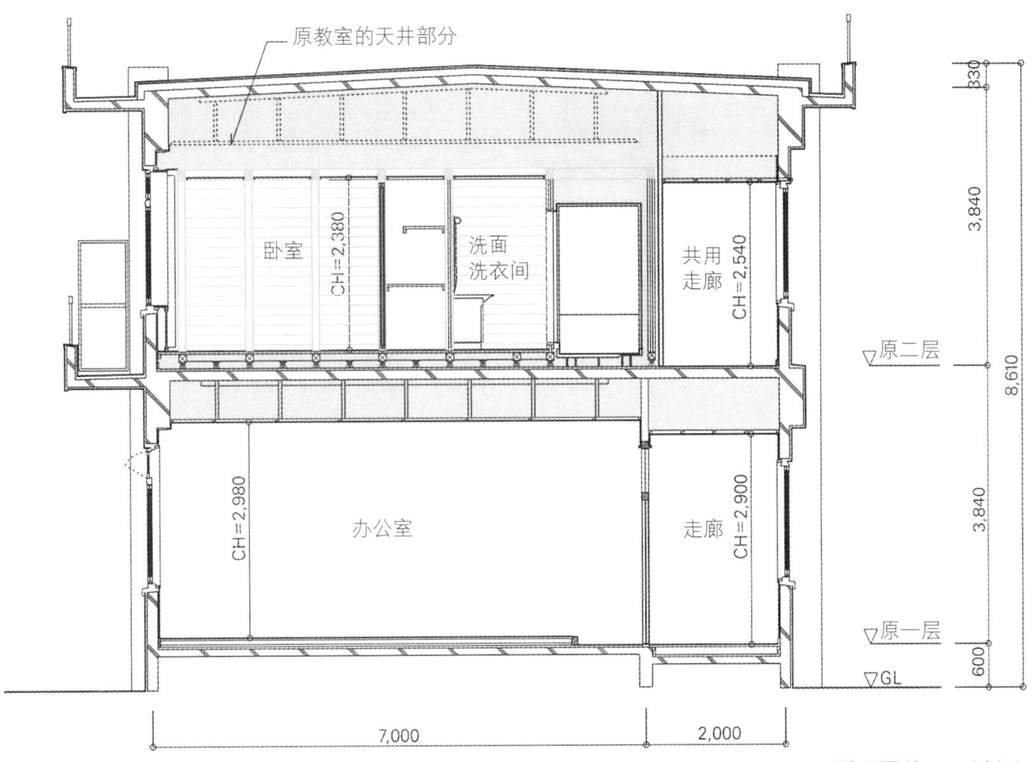

再生后的剖面详图　比例 1：100

住户内的餐厅 · 厨房

卧室

共用储存室

用当地盛产的杉树为材料改造的阳台

■发挥既有空间能力的 SI 住宅

尽可能发挥已历经 30 年风风雨雨的钢筋混凝土结构建筑的作用，走廊、楼梯还保留着原来小学的样子。住宅部分的其中一户是原来的一个教室大小，布置成 55 ~ 72m² 的 1LDK 户型，内墙面材质采用了本地产的杉树。既有建筑的主体采用了 SI 住宅的施工方法，内部结构用木材进行装修。

这样考虑的原因是，一般来说学校建筑的层高都比较高。这样每户在垂直方向上可以获得较高的天棚高度，即使平面狭窄些，也可以获得相对宽敞的空间效果。另外，原来教室里面没有设置给排水管线和换气管路，改造时将这些铺设在地板下和管道井内。可以说这是对学校建筑空间特点有效利用的再生改造的优秀实例。

北九州市旧门司税务所

建筑物名称：北九州市旧门司税务所
设计师：妻木赖黄・咲寿荣一
再生设计：大野秀敏 +Abel 综合计划事务所
竣工时间：旧）1912 年 新）1994 年
用途：旧）税务所 → 新）多功能观光设施

■再生・更新概要

该建筑至日本昭和年间初期一直是税务所，后来转为事务所、仓库。为了振兴地域的经济繁荣，将该建筑再生为观光旅游设施。由于长久以来该建筑被多次转用，从内部装饰和外观几乎看不出当年的建设风貌了。然而，在该项目的再生改造过程中，除了对新的要素加以修整外，还采取了修缮・修复・复原一系列动态保护性再生措施。

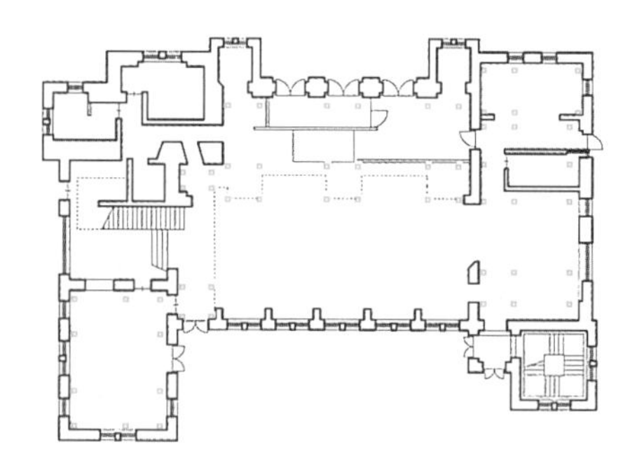

再生后一层平面图　比例 1：600

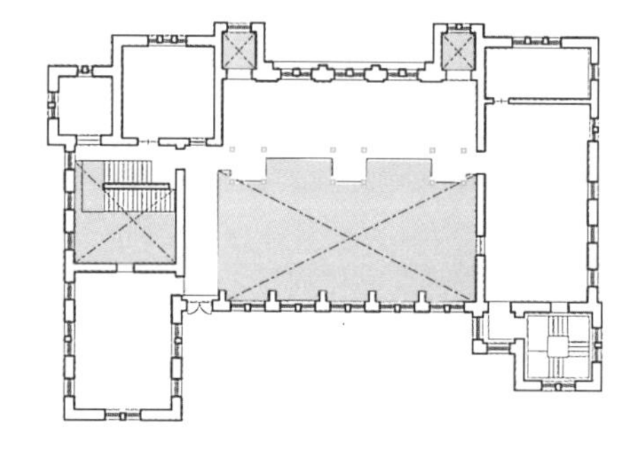

再生后二层平面图　比例 1：600

门司港车站

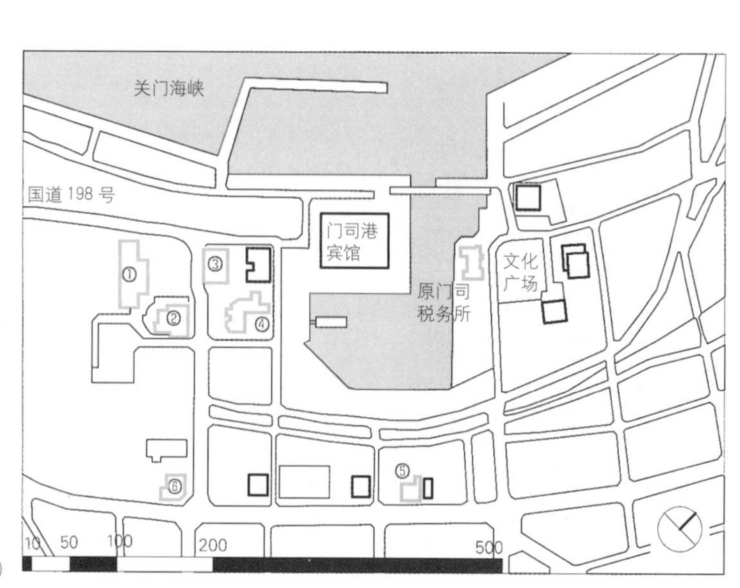

门司港地区主要建筑物
①门司港车站
（原门司车站 于 1914 年竣工）
② JR 九州第 1 厅舍
（原三井物产门司分公司 于 1937 年竣工）
③门司邮轮大厦
（原日本邮轮门司分公司 于 1927 年竣工）
④北九州原门司三井俱乐部
（原门铁会馆 于 1921 年竣工）
⑤大分银行门司分行
（原二十三银行门司分行 于 1922 年竣工）
⑥山口银行门司分行
（原横滨正金银行门司分行 于 1934 年竣工）

大厅中的吹拔

建设当时的砖墙

二层新增设的木结构设施

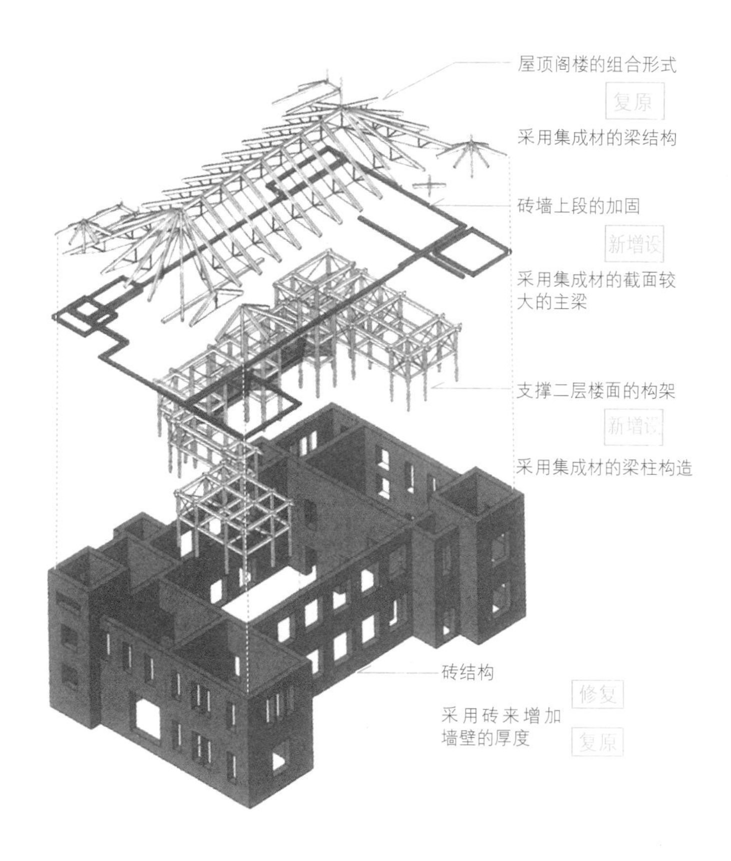

■关于再生中的修复·复原的思考方法

建筑经历了时间的长河，并且数次改变了使用功能，当初建设时期的资料也没有完好地保存下来，缺少修复·复原所需要的充分证据，这些都是摆在复原历史建筑面前的课题。虽然再生中对砖结构的主体进行了修补·加固，采取了不同沉降的处理，并对外观也进行了复原，但并没有采取完全恢复原样的设计方法。譬如，保留了日本镰仓时代遗留下来的搬运口。这种将记录建筑之所以走到今天的各种修复·复原和发挥建筑可持续作用的改造两者结合到一起的动态保留，对再生是一个重要的启示。

宇目町行政楼

建筑物名称：宇目町行政楼（原林业研究中心）
再生设计：青木茂建筑工房
竣工时间：新）1999 年
用途：旧）研修中心 → 新）町行政楼

■再生 · 更新概要

该项目是将原来可以住宿的林业研修中心改造成新的行政办公楼的再生实例。原建筑是一栋钢筋混凝土结构且缺少特点的会议与住宿设施，将其改建成具有完全不同用途的设施。另外，原建筑完全不符合现在的抗震标准，该实例在有限的预算内（每 3.3 平方米 50 万日元），体现了在不拆除旧建筑来建新建筑的条件下所采用的新的再生手法。

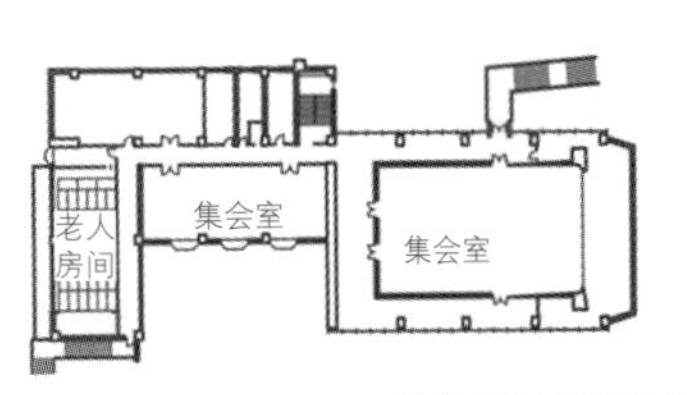

改造前二层平面图
比例 1：1250

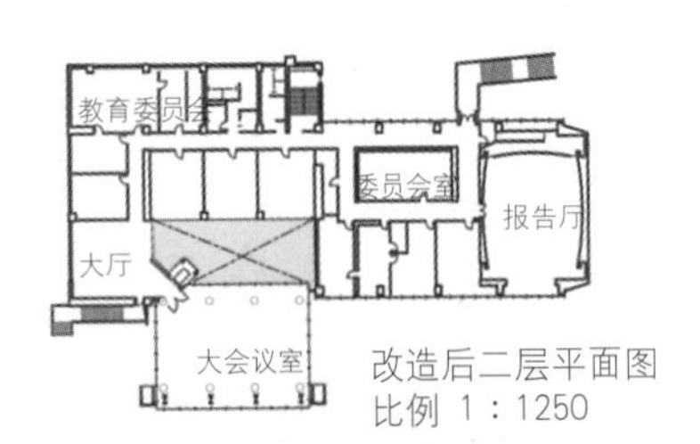

改造后二层平面图
比例 1：1250

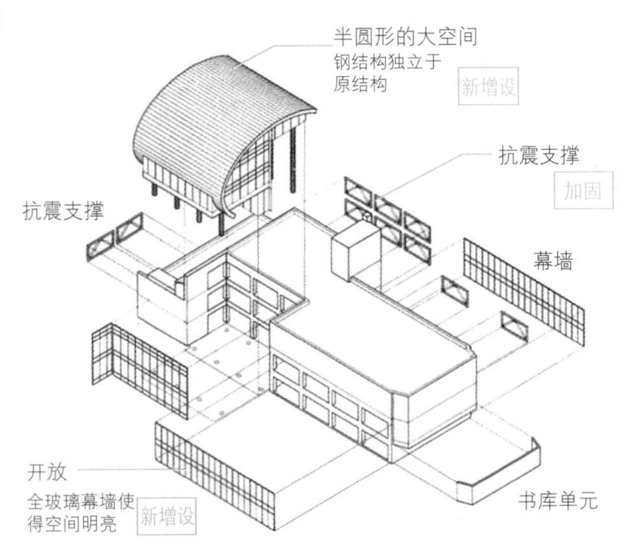

半圆形的大会议室

外墙开洞处采用的抗震支撑

■为提高结构性能所采取的设计手法

面对预算的严格限制，首先在如何创造出便于居民利用联合行政楼的主入口大厅上下功夫。主入口大厅的特殊形态使建筑焕然一新，不仅如此，独立的结构穿插融会到原来的结构中，减轻了原结构所承担的荷载。

在保证抗震性能方面，主要采用了钢结构支撑来加固，局部也设置了钢筋混凝土抗震墙，通过严密的结构计算，将加固控制在最低限度，以减少成本。另外，用途发生改变导致荷载也将增加，因此设计师在降低建筑物的自重上做出了努力，在设计方法上减轻了结构的负荷，同时使空间构成呈开放式。

古民居再生

■再生・更新概要

这栋茅草屋顶的民居始建于250年前，主体部分约在150年前进行过加建。随着时间的流逝，房屋的老化程度逐步加重，可以看到许多破损之处，特别是屋顶部分年久失修，损坏较大。在民居的所有者积极配合下，为了让古老的建筑焕发光彩，设计师对其进行了全面的再生改造施工。

建筑物名称：古民居再生（松本・草间邸）
设计师：不明
再生设计：降幡建筑设计事务所
竣工时间：旧）17??年 新）1982年
用途：住宅

会客室上空的吹拔

■再生・更新概要

再生首先从减少不必要的面积、缩小建筑的规模开始。一般来说传统民居的一个特点就是面积非常大，与草间邸一样，现在的主人使用起来觉得空间太大了，因此设计师对不必要的面积进行了大胆的消减。取消了一层西南角的房间和屋顶。这样，后面二层屋面的阁楼就可以向南侧开窗，虽然面积减少了，但可居住性增大了。本着尽量发挥现有木材和门窗构件作用的原则，房间基本保留了原来的布局。最大的改变是，在二层中间设置了一部楼梯，将东、西两个房间连接起来，还有对用水体系进行了改造。当然也包括对原有设备的更新，既发挥了古老设备的作用，又能确保房屋适应现代生活方式。

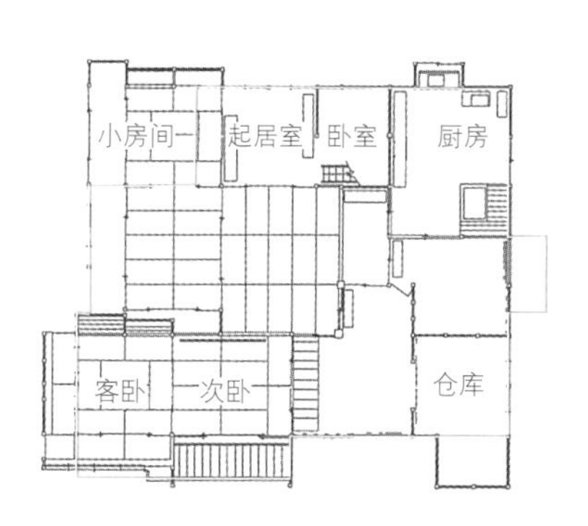

再生前一层平面图　比例 1：400

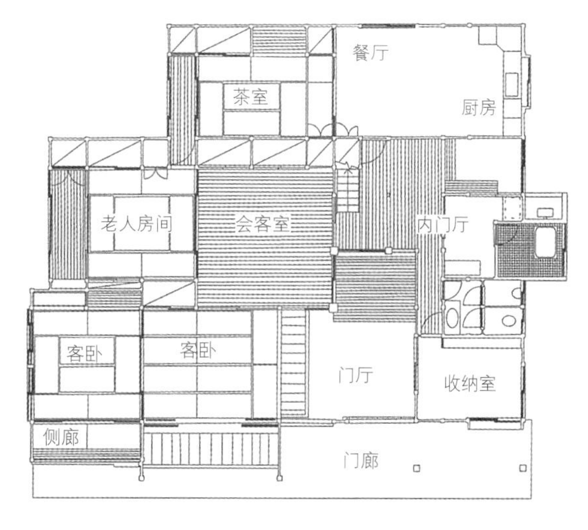

再生后一层平面图　比例 1：250

住宅保温改造

建筑物名称：拥有 25 年建造史的住宅保温改造
设计师：落合建筑设计事务所
再生设计：株式会社 岩村工作室
竣工时间：旧）1981 新）2005 年
用途：住宅

■再生 · 更新概要

该住宅位于神奈川县，原来是一栋建于 1981 年的两层木结构住宅。业主要求在不拆除住宅的情况下对其进行保温改造，解决冬天居室的寒冷问题。在保温改造过程中，经历了对改造内容的讨论、施工、效果测试三个环节。而且后期还对住宅进行了工程鉴定以及性能验证。
另外，该实例还作为日本国土交通省技术政策综合研究所的一项“关于提高既有住宅节能性能的技术方法的研究”课题得到实施。

对地面下的保温施工情景
（摄影师：岩村工作室）

■再生 · 更新概要

在保温改造中，设计师对一层地面进行了施工；采用 DBI 保温法对二层天棚喷涂保温材料，加大天棚厚度以利于保温；封堵了外墙和内墙上下两端以及门窗等部位的缝隙，增加密闭性能；将原来单层玻璃的门窗换成了双层玻璃，各种配件与原有推拉门窗形式相适应。原来一层地面和二层天棚部分镶嵌的玻璃在改造中被保留了下来。由于外墙保温非常重要，因此设计师充分利用原有保温材料，针对墙壁上下端透风这一弱点，采用了玻璃幕墙加以填充，这样既维持了原有保温材料的性能，又提高了房间的密闭性。整个改造过程中几乎没有对原有住宅进行拆除，所以该住宅的保温改造可以称得上是以解决冬季寒冷和提高节能效果为目标的优秀实例。

在保温材料处于压缩状态下进行施工，然后材料产生膨胀，堵住缝隙（摄影师：岩村工作室）

在原有的推拉门上安装保温部件（右侧）
（摄影师：岩村工作室）

OGATA（抗震改造）

建筑物名称：OGATA
再生设计：小泉雅生 / 小泉工作室 + 首都大学东京 4-Met 中心
竣工时间：旧）1970 新）2005 年
用途：寺院的厨房

■再生・更新概要

该实例是将寺院的厨房改造成居住用房，并施加了抗震修补措施的再生例子。整个改造施工中的方针是，不全面破坏原有建筑，而是只改造内部，保留了木结构的基本构架、外墙壁和屋顶。在抗震改造方面，并没有采用增加抗震墙的常规方法，而是在不破坏舒适性的前提下，对开洞口处采用了通透性良好的墙壁来增加建筑的抗震性能。

另外，该再生项目也是作为首都大学东京 21 世纪 COE 项目组的"充分发挥巨大都市建筑数据库的作用・扶植技术更新"课题的一个环节。

■再生・更新概要

为了发挥既有木结构的功能，对部分墙壁少的连续空间进行了抗震加固处理。但是为确保这些空间使用上的便利，就不宜采用增加墙壁的方法，所以对门窗洞口部分的抗震加固进行了开发并采用了具有通透性的丙烯和金属填充材料的墙壁。在保温改造方面，设计师在木结构的框架间嵌入了导热率较低的石碳酸树脂保温材料。这些增加抗震强度来保护既有建筑的主体、提高保温性能，以及对部分进行了加建等再生手法，使原来的寺院厨房焕然一新，新的居住空间就此诞生。

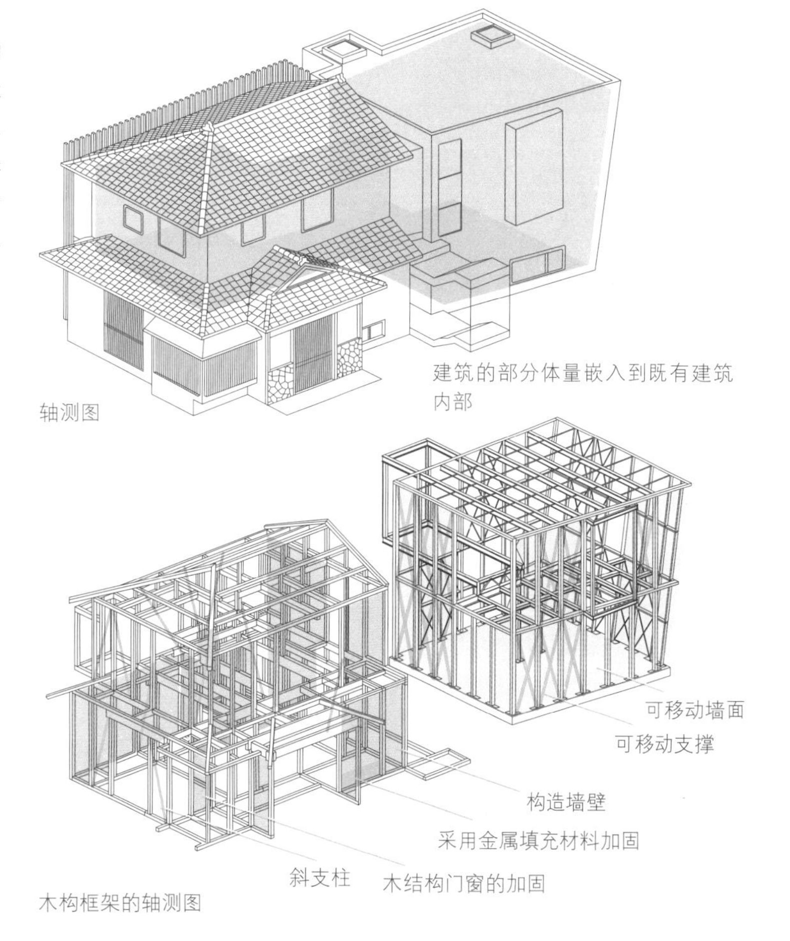

轴测图

木构框架的轴测图

经过抗震加固改造后的一层木结构和风居室
（资料提供：小泉工作室）

阿姆斯特丹郊外住区

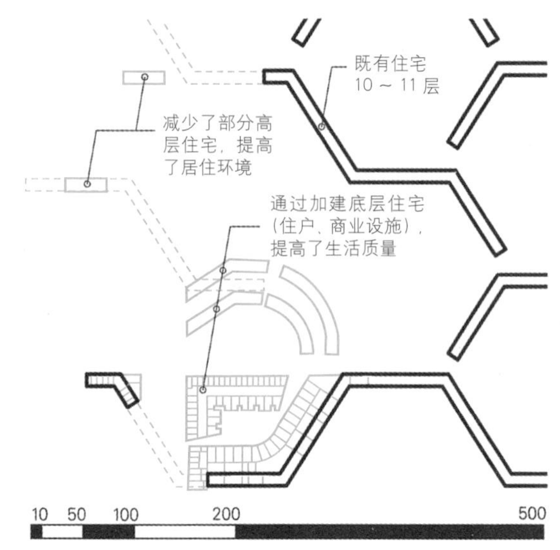

住宅布置图

建筑物名称：阿姆斯特丹郊外住区
设计师：阿姆斯特丹城市开发局
竣工时间：旧）1962—1972年 新）2004年
用途：旧）住区 → 新）住区＋底层集合住宅

加建的底层住宅

减少了高层住宅

■再生·更新概要

这些集合住宅原来是为了解决当时住宅不足的问题，在工期短、造价低廉、大批量的方针下建设而成的。随着时代的发展，现在这些住宅已经远远不能满足居住者的需求，因此许多住房空闲下来。为了改善居住环境，曾考虑过对住宅的改建，但没有与居民达成共识，进行大规模维修也存在一定的困难。即使对住户内部采取修复措施，但公共空间如果不维修的话，也依然会影响到居民的日常生活。由于住区再生是需要针对周围建筑物老化环境中的居住者和建筑物关系的特殊性进行细致研究的修复工作，所以并不存在能够适应所有情况的方法论。因此，该再生实例在参照过去已有的实例前提条件下，着重对当时的社会和经济条件背景进行了充分的解读。

※以重新审视荒芜的楼栋之间的中央空间为出发点的住区整体再生

建筑物名称：巴黎郊外住区（Evry, Essonne），竣工时间：1976年

※住宅中增加了电梯

建筑物名称：丹麦的住区

大阪府营原山台 3 丁住宅

建筑物名称：大阪府营原山台 3 丁住宅
再生设计：大阪府建筑都市部公共建筑室
竣工时间：旧）1972 年 新）2000 年

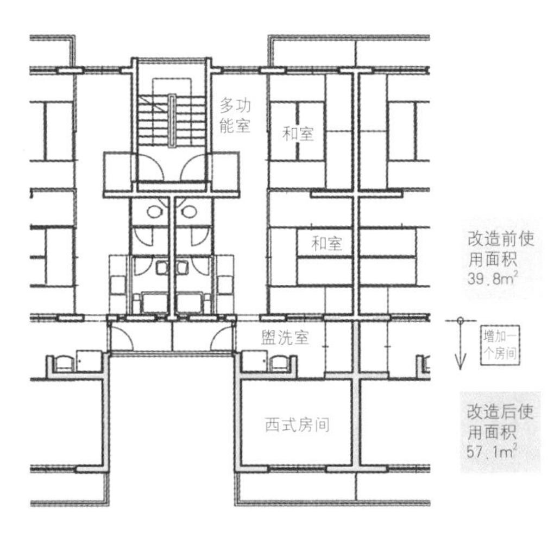

再生后住户平面图 比例 1 ：250

从住户・住宅的再生到住区整体的再生

国内外有许多将单调、千篇一律的小户型住宅改造成具有现代生活魅力的住宅实例。其中包括扩大住户面积，将原来的两户合并成一户，并改造成跃层的实例。在这些例子中，由于拆除了原有建筑的部分结构，所以需要增加相应的结构强度。在改造住宅整体的入口关系上，普遍的做法是增加电梯，但原来住宅都是楼梯间类型的，应对这样的改造有些困难。目前国外研发了小型电梯，使用得也比较多。增设这种电梯，只要对一层进行改建就可以了。在欧洲常见的更新手法是，将毫无变化的长板式住宅的一部分拆除，将住宅的底层空间改造成与住区环境和需求相适应的功能，创造出个性。这种再生手法作为长远的目标，很值得日本借鉴。

※ 在一层住户的阳台一侧增加了坡道以应对老年人的住宅再生
建筑物名称：笹谷住区（福岛县）

※ 增加了电梯间・住宅内共用走廊的再生

建筑物名称：野本住区（北海道）
再生设计：ARCHISHOP・ASSOCIATES
竣工时间：旧）1977 年
新）2001 年

本页带有 ※ 的照片为门脇耕三摄影

住区设备改造（UR）

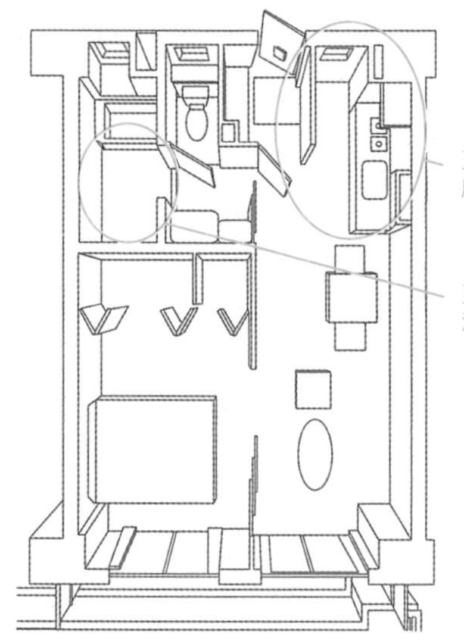

更新实例

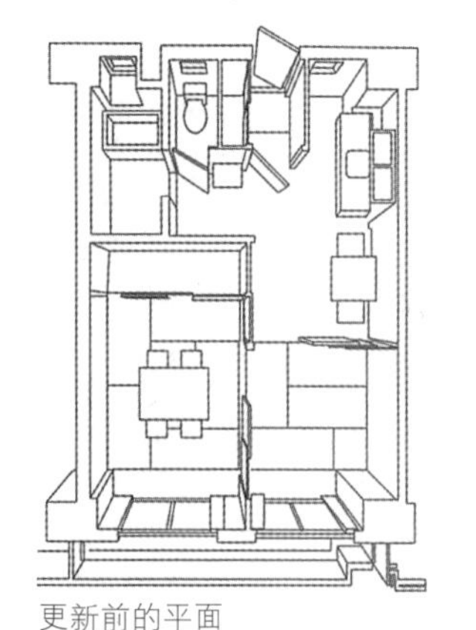
更新前的平面

更新前的厨房

用途：集合住宅

■再生 · 更新概要

为了解决日本城市中住宅不足的问题，日本住宅公司在20世纪四五十年代前期建设了大量的住宅。当时这些住宅与现在相比，每户面积狭小，设备的水准也低。这些住宅自建成以来，经历了30余年，为了适应居住的舒适性和信息化社会，满足现代住宅的需求，设计师对住区的建筑进行了更新改造。改造的中心是与居民切身相关的用水设施，另外还包括增加电器设备的容量以及通讯系统的改造。

更新后的厨房

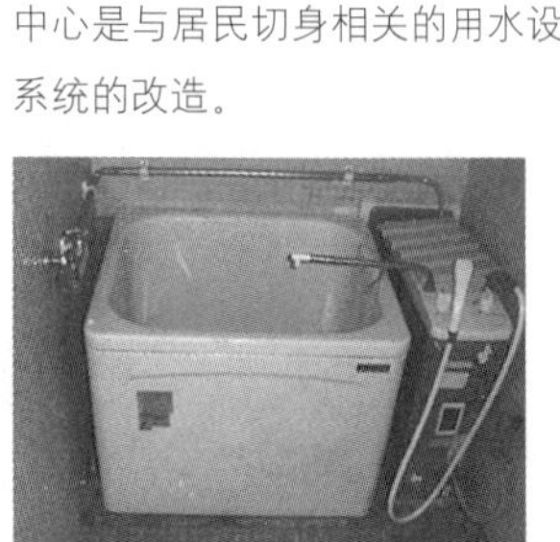
更新前的浴室

更新后的浴室

■再生 · 更新概要

本实例展现的是典型的设备改造。改造时将浴室中原来的浴盆更换成能自动提供热水的大浴盆，入口更换了铝合金门。厨房按照整体化标准，设置了微波炉和吊柜等设备。盥洗室设置了摆放洗衣机的位置以及用水栓。原来的卫生间稍加扩充，埋设了电源电线和插座，为暖座坐便器提供电源。这些更新内容都是在原设备和平面图的基础上进行的，确保了原建筑所能承受的改造水准，使得项目能够进行。

Gasometer（储气罐）

■再生·更新概要

该实例是将欧洲最古老的四栋圆柱形砖结构的储气罐（直径 65m，高 72.5m）分别再生成集合住宅、办公楼、购物中心等综合设施。

再生时的设计条件是保留原建筑的外墙和屋顶形式，在圆柱形结构的内部植入现代化空间，充分挖掘历史建筑遗产的个性。

建筑物名称：Gasometer（储气罐）
设计师：让·努维尔（A 栋）/ 蓝天组（B 栋）/ 曼弗雷德·贝德伦（C 栋）/ 威廉·鲍尔（D 栋）
竣工时间：旧）1896 年 新）2001 年
用途：旧）Gas Tank（储气罐）→ 新）集合住宅·办公楼

储气罐 B：加建的住宅

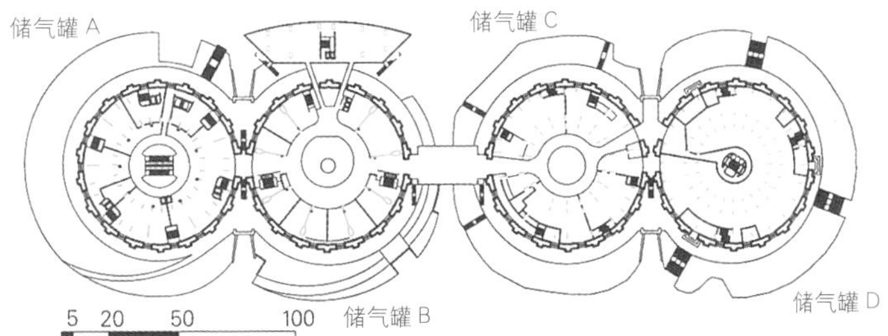

平面图 比例 1 ：4000

储气罐 A：站在中央大厅向上看

储气罐 A：购物商场中的吹拔

■挖掘地域资源的再生

在欧美经常可以看到再生的历史建筑。其中许多都是在地域和街区中心具有重要意义的建筑，这些建筑与周围环境密切相关，体现了历史的连续性。维也纳中心地区有许多历史建筑，而郊区的工业地区也有以储气罐为代表的历史建筑，该再生计划的特点就是将现代化功能的空间融入历史建筑中，打造新的中心地区。

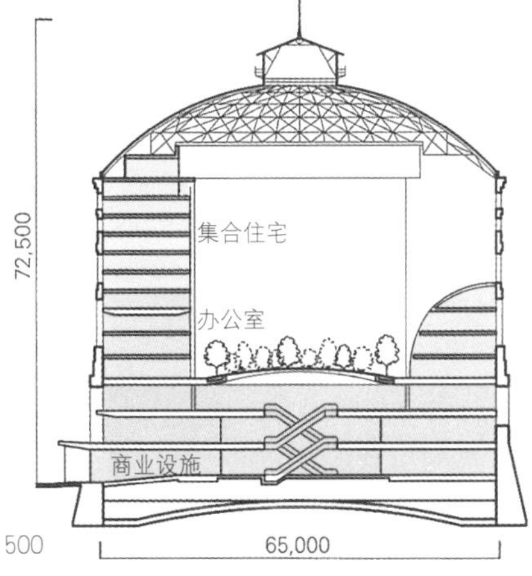

再生后的剖面图（储气罐 A） 比例 1 ：1500

Tate Modern

■再生 · 更新概要

这是一个将坐落在伦敦泰晤士河边的火力发电厂再生为美术馆的实例。发电厂地处人们不易接近的景观地区，对岸是著名的圣保罗大教堂和城市的金融街。再生时在河上架设了一座桥梁，为步行者到达彼岸提供了方便；对巨大的内部空间采取分隔手法，发挥原有空间的作用。

建筑物名称：Tate Modern
设计师：Gil Gilbert Scott
再生设计：Herzog & de Meuron
竣工时间：旧）1947 年　新）2000 年
用途：旧）火力发电厂 → 新）美术馆

■再生 · 更新概要

再生的基本方针是，为保持亲和力，对外观进行适当的设计。北侧的锅炉房被改造成五层，分别作为美术馆展示、研修设施、餐厅、店铺等空间。中央涡轮机房高大的吹拔空间变成了购物街。发电厂原来的门式吊车的钢结构、吊灯被保留下来，作为历史记忆。一方面传承了原来空间的意象，同时创造出具有魅力的创新空间。

内部情景

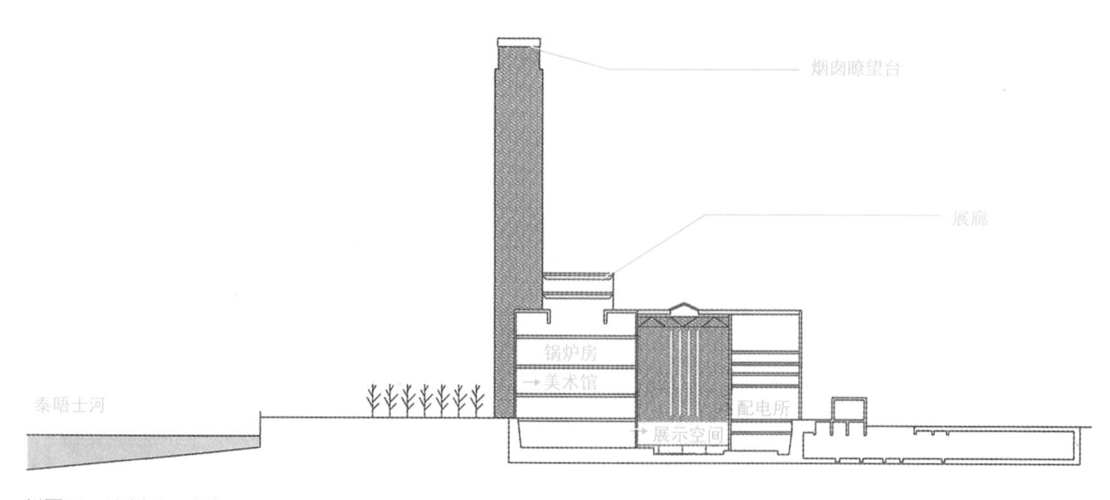

剖面图　比例 1：600

发电厂美术馆（原黑部川第二发电厂）

■再生 · 更新概要

这是一个将发电厂再生为艺术设施的实例。原来的计划是拆除陈旧老化的黑部川第二发电厂，用于北陆电力，后来镇长提出要求，希望将其无偿保留下来，将发电厂作为艺术设施发挥其作用。该要求得到了满足，并制定和实施了以发电厂为中心的五年“下山艺术之森林”再生计划。

建筑物名称：入善町下山艺术之森林 发电厂美术馆
（原黑部川第二发电厂）
再生设计：株式会社 三四五建筑研究所
竣工时间：旧）1926 年 新）1995 年
用途：旧）水力发电厂 → 新）美术馆

■再生 · 更新概要

再生的基本概念是“尽可能地保留发电厂的面貌”，因此设计师几乎没有改变红砖的外观，并保留了象征发电厂时代的从悬崖一侧伸向发电厂的输水管线。在对内部进行再生的过程中，拆除了原来三台涡轮发电机组中的两台，剩余空间作为展示空间，墙壁上保留了输水管与涡轮机连接的大洞口。较大的改变包括将山墙一侧的不锈钢百叶窗换成了木质材质，屋面采用金属板材替换掉了茅草材料，铝合金门窗框代替了金属门窗框，并对阁楼钢结构阳台进行了加固处理。另外，为了展示空间的需求重新加建了两层。除了对发电厂本身的再生外，设计师还填埋了原来的排水体系，从而将其改造成雕塑广场，丘陵地带原来用来监测水量的房屋改造成了餐厅，并填埋了沉砂池，建成了展望广场。新建了艺术家用来住宿的房屋和出租房屋，整个再生结果具备了一个综合型美术馆的条件。

展示空间
右侧墙壁上的圆形钢管是被切割的输水管的残留部分

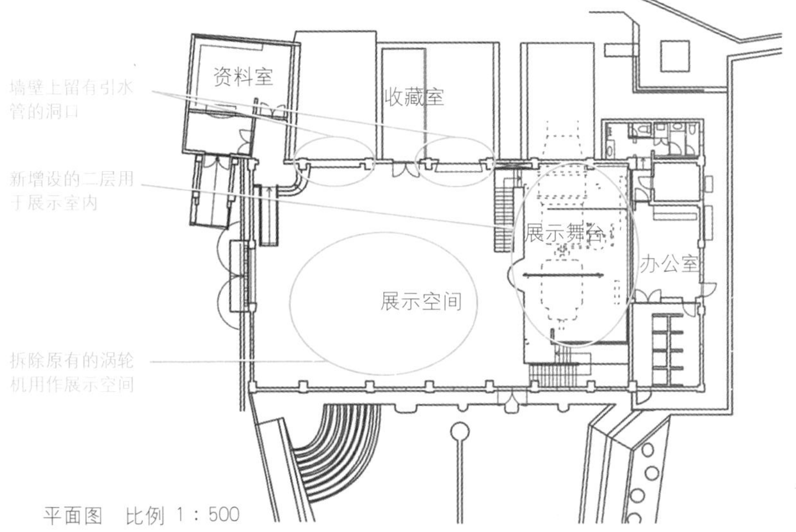

平面图　比例 1：500

仓敷常春藤广场

■建筑物名称：仓敷常春藤广场（原仓敷纺织厂）
再生设计：浦边镇太郎
竣工时间：旧）1889 年 新）1974 年
用途：旧）纺织厂 → 新）宾馆等综合设施

■再生・更新概要

该再生实例为原纺织厂的保护性开发实例，其中设置了宾馆、展示设施、工房、咖啡屋等多样化的设施，构成了再生后的新纺织厂，通过各种方法充分利用了原工厂内的设施。拆除了连续锯齿形屋顶的一部分，设置了广场和需要采光的开放空间。再生后的 30 多年来，该建筑一直作为对历史建筑的保护与再生的经典实例而存在，特别是作为工业化建筑的改造与再利用的典范。

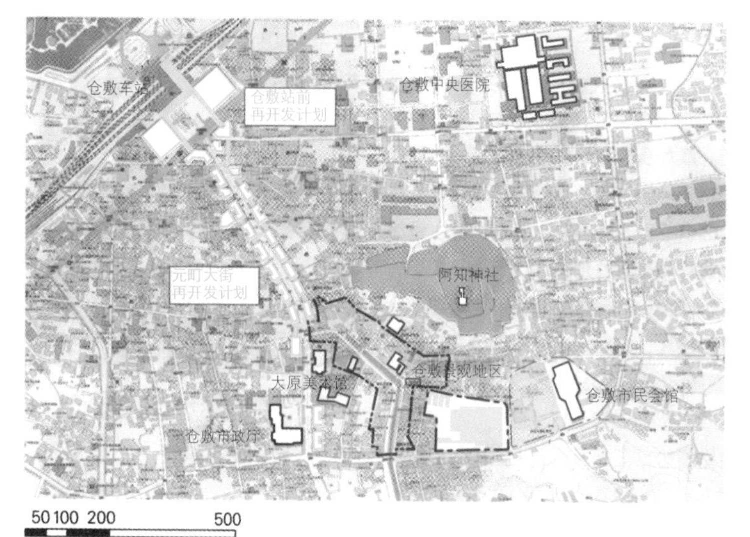

砖墙壁围合的区域

使用屋面瓦铺装的地面

■再生 3R（Reduce、Reuse、Recycle）的实践

再生过程中对建筑物的拆除所产生的建筑废材是不可避免的，该实例中将如何控制并再利用这些废材放在第一位。整理好每一件拆除后的构件，然后从中挑选出可利用的材料并将其用到受到严重损坏的部位。另外，利用锯齿形屋面的特点将原来的宿舍改造成两层，一层采用钢筋混凝土结构进行了加建，这样一来原来木结构屋架的阁楼空间便得到了充分利用。

建筑全景和仓敷市街区

再生后剖面图　比例 1：100

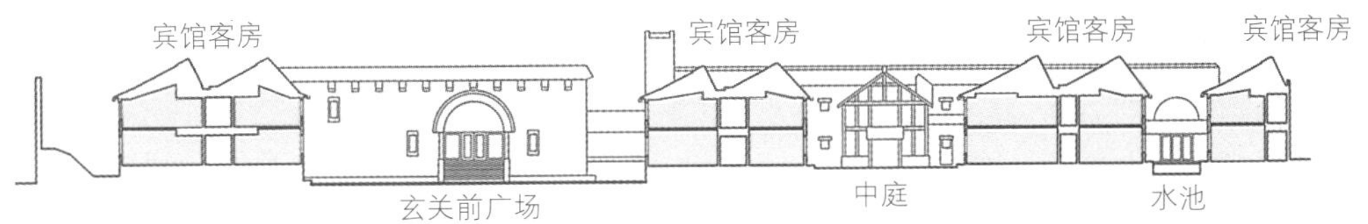

再生后剖面图　比例 1：100

经过加固的木结构屋架休息厅

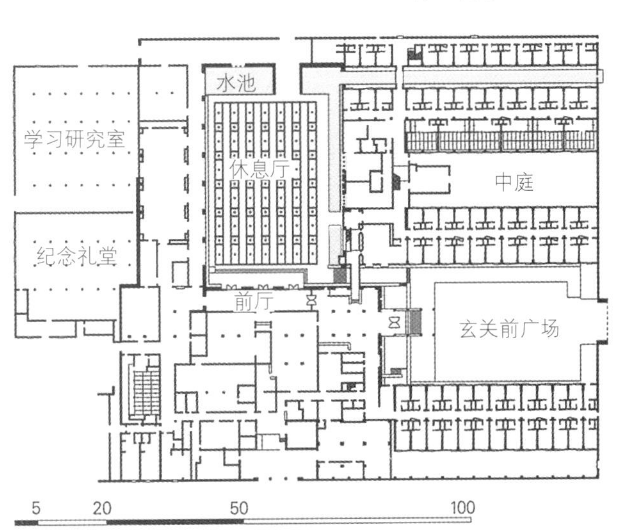

再生后一层平面图　比例 1：1600

产业技术纪念馆

建筑物名称：产业技术纪念馆
再生设计：竹中工务店
竣工时间：旧）明治・大正期 新）1994 年
用途：旧）纺织厂 → 新）展览馆

再生・更新概要

原建筑是自动纺织厂，因厂房破旧，不能使用，从而再生为产业技术纪念馆。原建筑结构是木框架，为了防火，围合体采用的是砖墙，再生中尽可能地将砖墙保留了下来。原来的砖墙虽然作为建筑的特征，但并没有起到结构上的作用，在对其作保留处理时采用了 RC 结构和 S 结构的支撑进行加固，提高了抵抗由地震引起的水平力的作用。部分展厅有效地利用了原生产设施特有的大空间，光线透过锯齿形的屋面照射到展览空间，创造出艺术空间应有的氛围。

采用钢结构对砖墙进行加固

展览大厅中的木结构支撑

纺织机展览馆
汽车馆
中庭
门厅

RC 墙的加固法
不锈钢铰接合缝工法

再生后一层平面图
比例 1：3000

体现地域景观的往昔记忆

当初的产业设施对地域社会而言，在雇用产出和经济效益方面发挥了很大作用。当这样的作用终结时，理所当然地面临着如何处理这些建筑设施的问题。再生的基本方针就是为那个时代过来的人们保留一份记忆，让设施传承下来，也代表了对地域社会的感谢之情。再生中并不可能将所有的建筑保留下来，因此通过设计尽可能地挖掘原建筑的潜力，与地域景观相交融，这是体现充分发挥街区中产业文化遗产作用的再生方法之一。

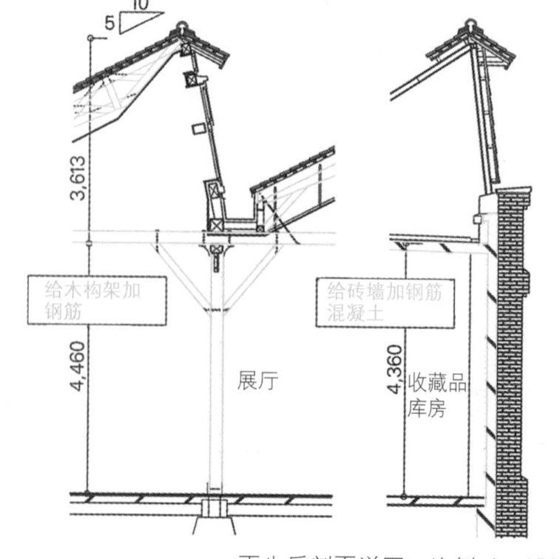

再生后剖面详图 比例 1：150

新风馆

建筑物名称：新风馆（原京都中央电话局）
设计师：吉田铁郎
再生设计：NTT FACILITIES+ 理查德·罗杰斯
竣工时间：旧）1931 年 新）2001 年
用途：旧）电话局 → 新）购物商店

■再生·更新概要

这栋中央电话局大楼建于日本大正年晚期，再生计划将其改造成商业品牌专卖店，暂定使用期为十年。原建筑为 L 形平面布局，看上去显得厚重，经过加建形成了三面围合的轻巧的コ字形，中庭为口字形布局。中庭的步行走廊将客人引入各品牌专卖店，体现出了新旧建筑的融合效果。另外，各承租者积极参与了该项目从策划到运营的各个阶段，从物理环境到软环境两方面都体现了保护历史建筑的价值。

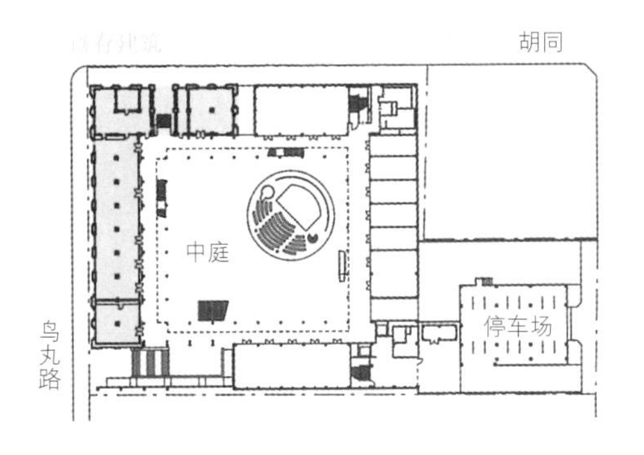

再生后一层平面图 比例 1：2000

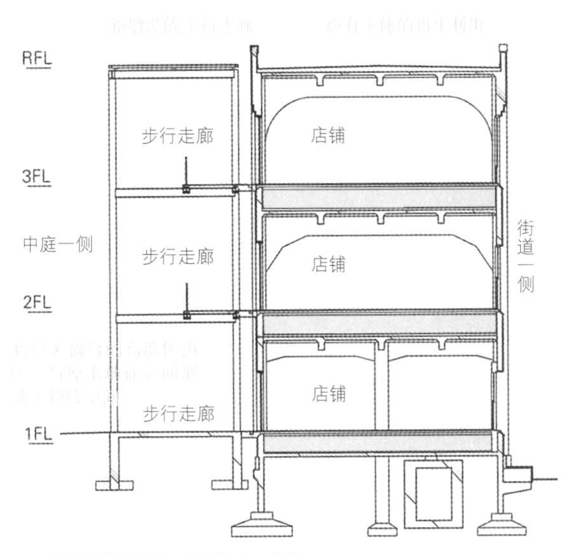

再生后剖面图 比例 1：300

■保留原有的外观·主体并发挥其作用

原建筑于 1983 年被指定为日本京都市第一号文化遗产，因此，从文化价值到主要因素的角度出发，再生计划的方针就是要维持现状。尽可能将外观和主体保存下来，对主体进行新的抗震加固处理。

因为设置了通信设备，内部空间的高度为 5m，空间感觉非常宽敞，天棚上的仿拱形梁创造出舒适而温馨的空间效果。由于层高高的特点，设计师将原来的地面抬高 850mm，下面铺设了专卖店所需要的线路和管道，在剖面设计上，新的地面、墙裙上端以及步行走廊形成统一。这样就可以将原来的拱形窗作为现在的专卖店入口，在没有破坏主体的条件下赋予建筑新的功能。

中庭风景

求道学生宿舍

改造后的入口处周围（摄影师：堀内广治）

建筑物名称：求道学生宿舍
设计师：武田五一
再生设计：近角建筑设计事务所
　　　　　集工舍建筑都市设计研究所
竣工时间：旧）1926 年　新）2006 年
用途：旧）学生宿舍 → 新）共同住宅

改造前的入口处周围（摄影师：兼平雄树）

■再生 · 更新概要

这是一个对具有 80 年历史的集合住宅的钢筋混凝土结构体系进行再生的实例。该建筑是武田五一设计的、于 1926 年竣工的学生宿舍，后来改用为住宅，并作为东京都现存的最早的钢筋混凝土结构的建筑而保留下来。用地内还有一栋砖结构建筑——求道会馆（由武田五一设计，于 1915 年竣工，1994 年被定为东京都建筑文化遗产，2002 年得到修复），求道会馆也需要维修，但资金有限，因此想先将“求道学生宿舍”再生成二手分期付款的住宅，筹措资金后再对求道会馆进行修复。

三层住户（摄影师：堀内广治）

■再生 · 更新概要

该项目的基本方针是以“有效利用原建筑主体结构”“充分发挥 1962 年间的定期土地使用权的作用”“避免开发商介入，以合作体为运营方式”为三项基本原则。在再生施工中，基本不去改变原建筑的面积、高度、洞口以及剪力墙的位置，而是充分利用层高的优势来进行内部改造。土地的使用年限为 62 年，在确保功能的同时，对其内部进行彻底的再生，尽可能将最先进的装修设备填充到原有的建筑骨架之中。

入住者是通过合作体的方式进行募集的，条件就是他们赞同该项目的目的是重视历史建筑价值这一观点，这样，一些空间就可以反映入住者的需求。

在具体施工中，南面的部分门窗采用了铝合金门窗，但保留了原来的基本形状，原来公共卫生间被改造成电梯间。在对主体结构再生中，通过对抗震性能诊断的结果得知，如果个别地方进行强度加固的话，整体结构是没有问题的。混凝土的中性化达到了 100%，除了部分混凝土中的钢筋暴露出来受到水的侵蚀而锈蚀外，其他均能保证原来的强度。施工中将损坏部位表面的水泥砂浆和覆盖层除掉后露出骨架，然后在主体外侧全部涂抹一层聚合水泥砂浆，起到了使钢筋免于受到水侵蚀的作用。而且设计师将损坏处分为九种类型，有针对性地进行修补，并在混凝土脱落处再重新喷灌上混凝土。

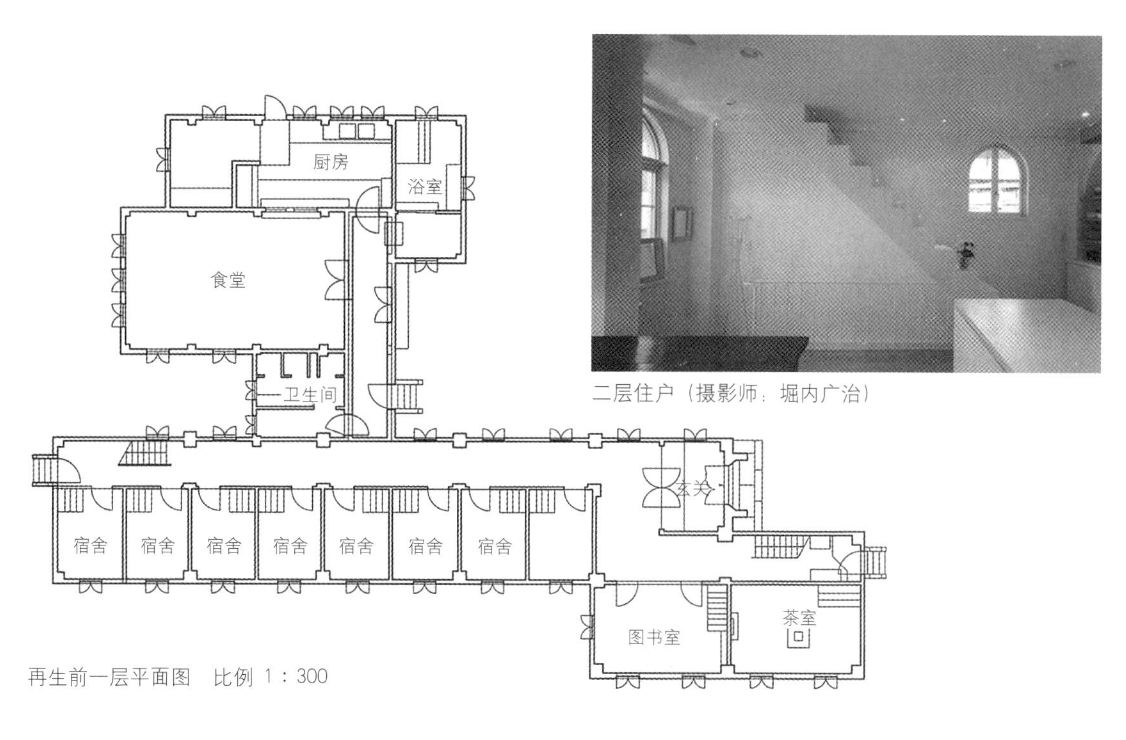

二层住户（摄影师：堀内广治）

再生前一层平面图　比例 1：300

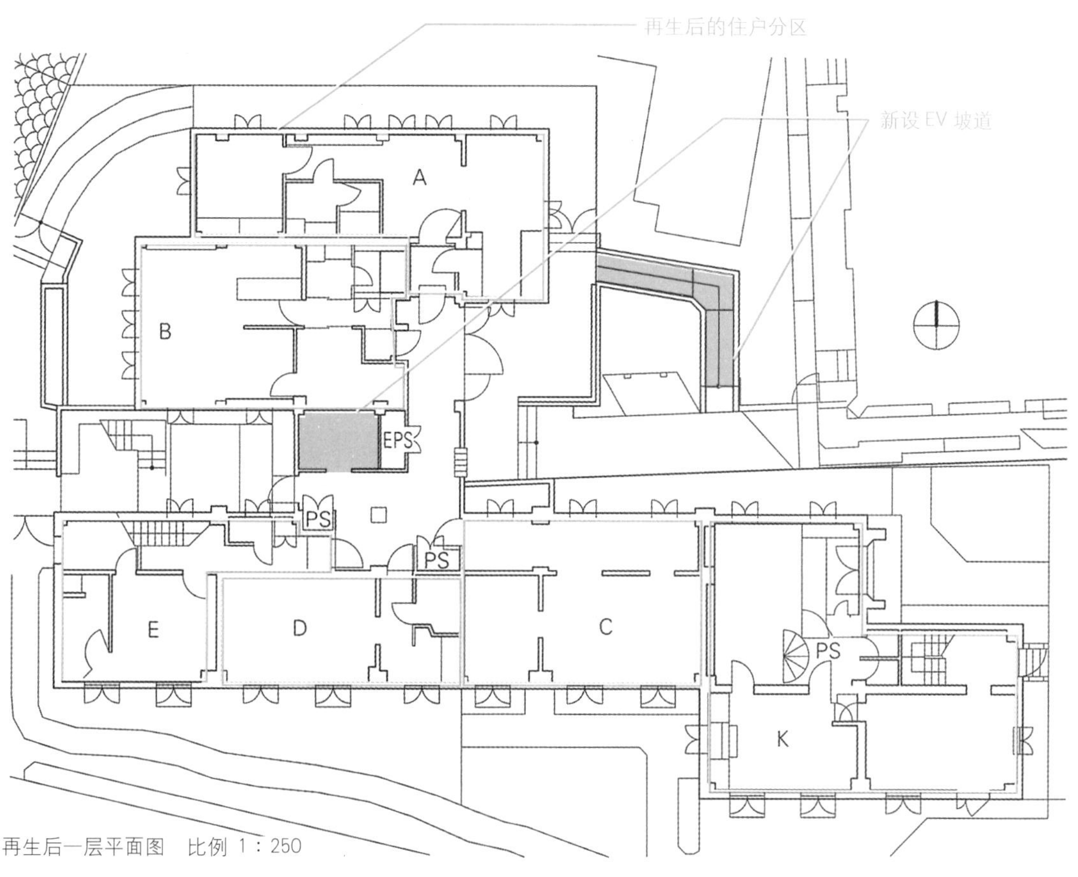

再生后一层平面图　比例 1：250

东京大学工学部 1 号馆

建筑物名称：东京大学工学部 1 号馆
设计师：内田祥三
再生设计：东京大学设施部・工学部建筑计划研究室・香山寿夫 + 环境造型研究所
竣工时间：旧）1935 年 → 新）1996 年
用途：大学

■再生・更新概要

该项目是在改造大学校舍时对一部分进行加建，将原来的外部空间改造成内部空间，创造出新的使用空间的再生实例。这栋建筑竣工于日本昭和 10 年，不仅在形态设计和平面计划上非常优秀，而且对东京大学本乡校园整体规划而言也具有非常重要的地位，并被指定为东京大学的“保护建筑”。因此，该项目针对建筑的中庭和北侧进行加建，建筑整体也得到了修复。

■再生・更新概要

修复中的基本方法是，尽可能不去改变原建筑的材料和细部，而将损坏部分按照原样进行复原。泥瓦匠用相同的瓷砖将脱落的瓷砖修补上，损坏的水刷石柱头也按当初竣工时的原样修复如初。

按照防火规范要求，入口要保证充裕的疏散空间，因此将原来狭窄的门窗框换成了宽敞的浅黄色不锈钢门窗，形状上发生了改变，但颜色上与原来的保持一致。

楼梯的扶手由原来厚重的混凝土材质换成钢材，拓宽了楼梯的宽度，不仅符合了现有规范的要求，而且还改善了楼梯间的采光条件。一层至地下室楼梯间的休息平台改为仓库，这样可以获得采光，使得入口大厅发生变化。

原来的中庭上空搭建了屋顶，下部空间用作制图室。新的制图室的墙面仍是原来的外墙，修复后依然保留了原来的风格。图书馆设置在北侧新加建的部分，跨越以前绘画区域，以前多角形的外墙壁在室内被原样保留下来，作为阅览室的隔墙。而且，三、四层北侧的内走廊墙壁上的柱子就是以前外墙的柱子，传承了往昔的记忆。这样，原建筑的外墙现在成了内墙，创造出了新的空间氛围。

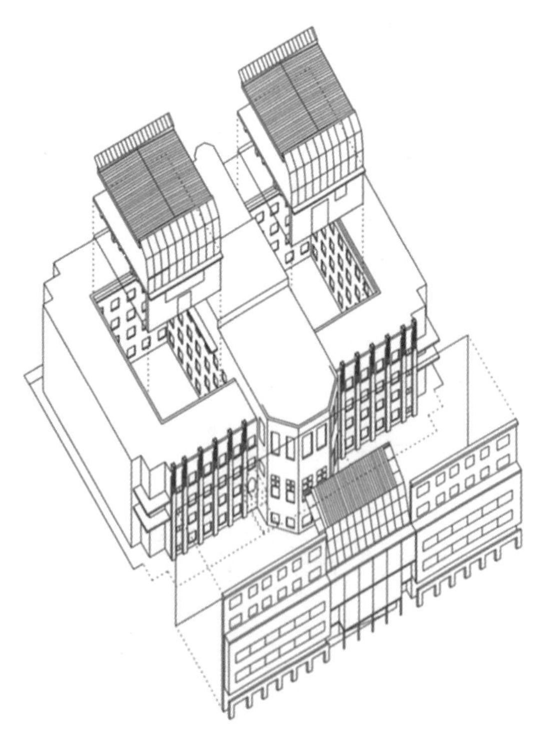

（左）轴测图
（右）拱门的内侧

（上）图书馆内部，再生前是绘画区域
（右）图书馆的阅览室内部，以前的外墙变成了内墙

教室前的休息厅
原来的外墙现在变成了内墙，空间也宽敞了

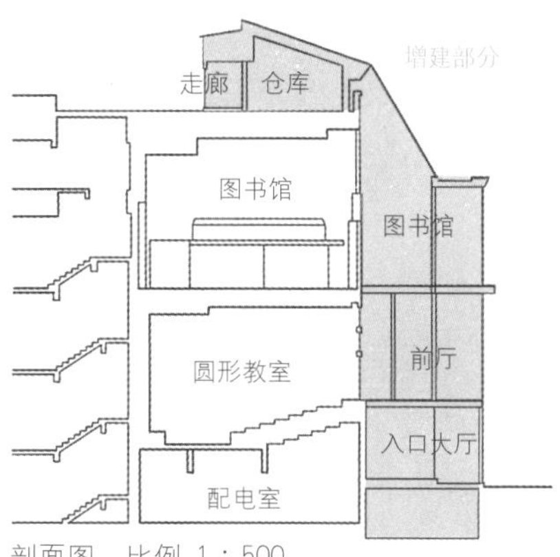

剖面图　比例 1：500

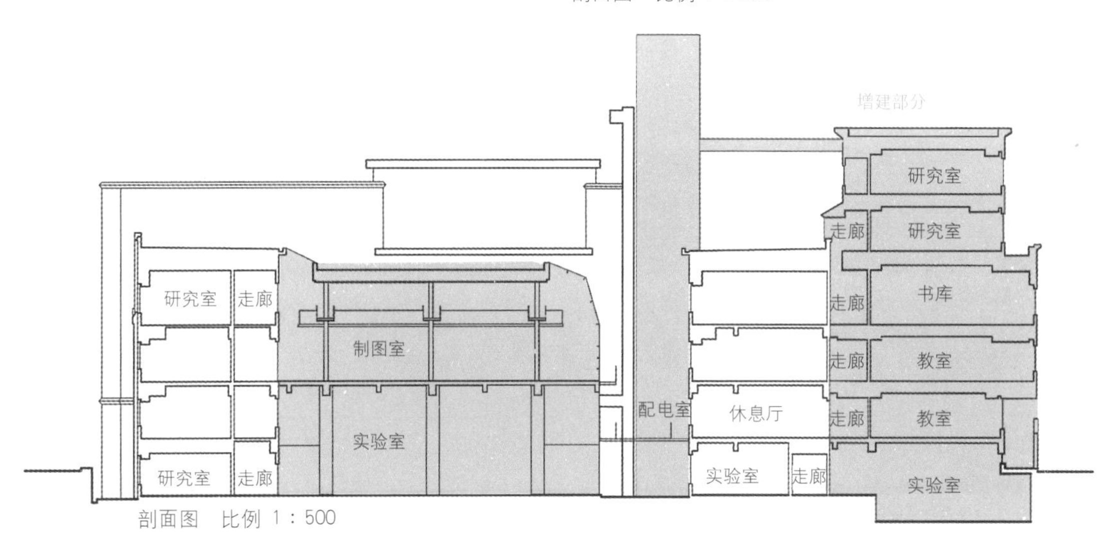

剖面图　比例 1：500

国际儿童图书馆

建筑物名称：国际儿童图书馆
设计师：久留正道
再生设计：安藤忠雄建筑研究所＋日建设计
竣工时间：旧）1906 年 新）2001 年
用途：旧）图书馆 → 新）图书馆

■再生・更新概要

这是一项为传承建筑文化的价值观、以将原建筑恢复原样为前提条件的再生改造实例。再生施工中尽可能充分利用原建筑的结构和空间，在原来地下室等处增设了减震装置，这样既保留了珍贵的外装修和内装修的样式，还提高了抗震性能。

加建部分主要体现在交通和设备空间，特别是采用了玻璃幕墙来重新组织玄关、走廊、休息厅等空间，所产生的透明感和原来厚重的砖墙形成鲜明对比，通过连续的再生手法体现出较强的空间效果。

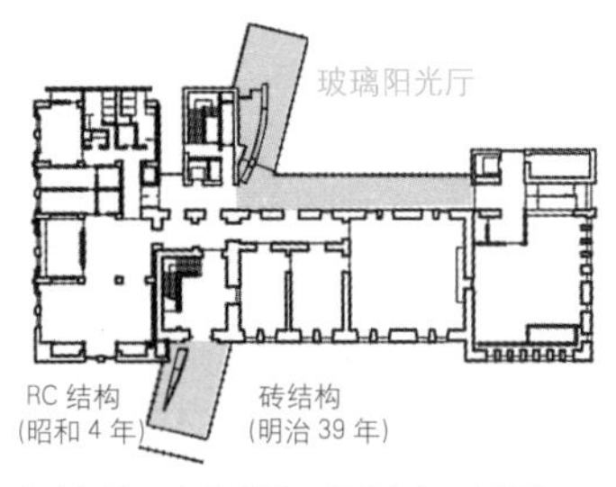

再生后一层平面　比例 1：1500

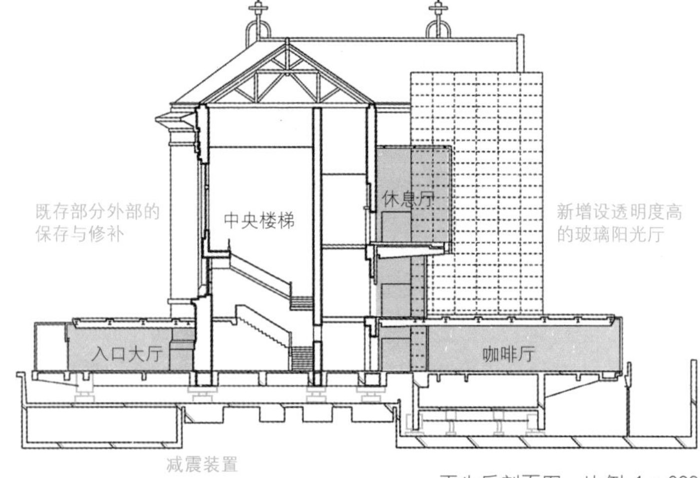

再生后剖面图　比例 1：600

东面外观

■再生现场的技术传承

对建筑外部的保护方面，仅对性能上有问题的部位进行了修复，尽可能地保留了竣工时的样子。然而，房子某些铜板装饰损坏较重，取下这些装饰后按照原样制作并全部翻新。室内保留了原来的天棚、墙面，而对钢结构的柱子和梁按照现行规范进行了耐火包裹施工处理，一些破损的雕刻构件也按原样进行了修复。

在该项目的修复施工过程中，重要的是可以将这一过程视为熟练的技术工人向年轻人传授传统技术的课堂，伴随最新技术的开发，传统技术也得到了有效的发扬与光大。

三层休息厅
加建了玻璃阳光厅，原来的外墙再生成了内墙

长滨黑壁地区

■再生・更新概要

“黑壁”建于日本明治33年，因建筑四周墙面涂抹黑泥灰而得名。原来是日本国立第113银行长滨分行，样式上采用的是西方现代风格。然而，“黑壁”作为长滨地区的标志性建筑在出让后也面临着被拆除的危机。在这样的情况下，长滨市考虑到当地居民主体第三产业的建设，为振兴商业街的繁荣又将“黑壁”收购回来。并决定对银行建筑进行修复和复原，以历史建筑为出发点，再现江户时代的街区景观，实现该地区的事业发展。

建筑物名称：长滨黑壁地区
　　　　　　黑壁玻璃馆
再生设计：材光工务店
竣工时间：旧）1900年 新）1989年
用途：旧）银行 → 新）展览・商业综合设施

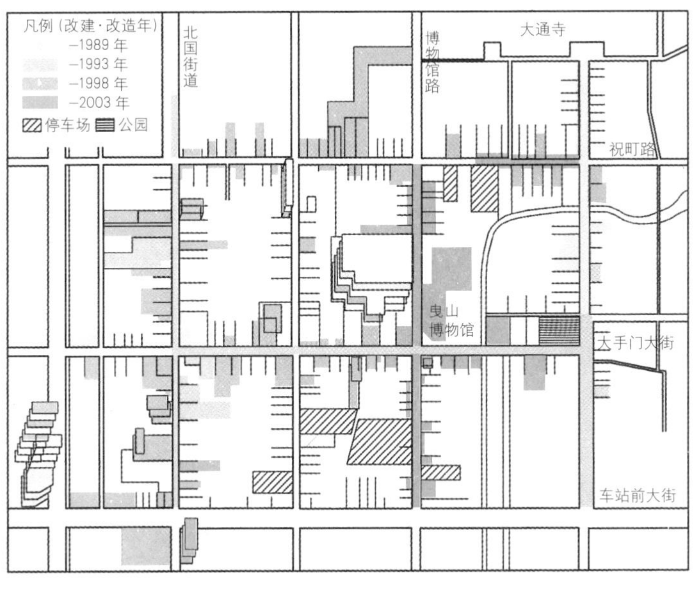

黑壁5号馆

大手门大街拱廊

沿北国街道的黑壁12号馆

长滨御坊表参道

■商业街区再生手法

黑壁街区建设的第一个特点是，并不是要复原一条老街道，而是试图挖掘与振兴观光产业（玻璃艺术）；也不是恢复原来老街的名称，而是以过去没有的商品为中心，发挥江户时代街区景观的作用，创造一条让人耳目一新的新街区。另外一个特点是，不以行政主导的商业街再生规划为开端，而是以黑壁这座历史建筑为核心，鼓励其他相关企业积极参加，形成自发性的街区再生环境。区域之间尽管没有形成建筑协定，但依然可以看出再生的建筑群所创造出来的景观与自然所形成的和谐与统一。

SOHO 地区

■地区概要

从 19 世纪 50 年代开始，小型企业以及仓库设施在 SOHO 地区不断出现，进入到 19 世纪 80 年代，大型纺织企业开始在这里建设，SOHO 地区成了轻工业中小型企业的集散地。当时这一地区建筑（多层工业建筑和仓库，每层都拥有相对较大的空间）的特点主要体现在铸铁的外立面和阁楼上，这些建筑大多建于 1875 至 1895 年。

但是，从 20 世纪 60 年代开始小型企业受到了现代机械类的大型企业的冲击而走向衰退，空闲厂房不断增加。这样，这些厂房的所有者开始以低租金向外出租。由于支付低廉的租金就可以租到大面积的房屋，因此从 20 世纪 50 年代到 20 世纪 60 年代初期，艺术家们陆续迁移到这里，许多艺术家将这里视为既可创作又可居住的选择。从此，这些由旧厂房和仓库改造的房屋（loft）开始升值，整个地区趋于高层次化，高档时装店和餐厅不断出现，成了一流名品商店的集聚区。由于房租上涨，原来从事轻工业的居民和 20 世纪 60 年代以后迁入进来的艺术家们不得不迁出这一地区。原来试图通过对衰退地区的再生，用低廉的租金吸引艺术家来到这里，但后来却使该地区变得品牌化、高级化，并提升了地区的价值。在这样的再生实例中，当属该项目最具代表性。

改造后的旧厂房外观

改造后的旧厂房内部

■再生 · 更新概要

从 20 世纪 50 年代开始艺术家们逐渐迁入该地区居住，当初他们只是租借部分房屋。1966 年，达达主义的"FLUXUS 运动"倡导者乔治 · 马休纳斯以协同组合的方式购下了一栋空闲的旧厂房，创建了艺术家工作室。自此，该地区的旧房屋以整栋的形式往外出租。虽然当时居住在这样的旧厂房、仓库中尚属违法行为，但到 1970 年有 600 栋这样的房屋被艺术家们租下或买去，约 2000 多个艺术家以及他们的家人在这里居住下来，同时各种画廊也相继进入了 SOHO 地区。

后来这样的使用状况得到了允许，并建立和实施了相应的法规制度，到 1977 年，三层以上的用于居住的旧厂房和仓库达到了 1000 余栋。

通过再生，提高了地区价值，2000 年以后，一、二层的建筑被改造成高级时装店和餐厅，并且许多旧厂房和仓库也被改造成了高级公寓。

由连续的外接楼梯构成的外立面及街景

川越地区

从一番街看到的钟界隈

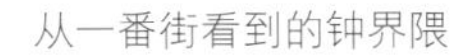

■城镇概要

川越是下城，日本明治年间一番街周围是繁荣的商业中心，后来由于铁路的开通，车站建设在远离一番街的南部，致使该地区的经济迅速衰退下来。

1893年（日本明治26年）3月的一场大火烧毁了商人们的店铺（现在的大泽家住宅——重点文化保护建筑），人们开始争相建造藏造样式（仓库）的建筑。

20世纪70年代初，专家们开始重视川越地区街区的再生问题，并开展了历史建筑保护运动。1971年，江户后期的藏造式建筑——大泽家住宅被指定为重点文化遗产，1981年又有16家藏造样式的店铺也被列在其中，并且这些建筑还得到了一半的维修补助费。1999年传统的建筑群均被指定为保护建筑，同时道路也得到了拓宽。通过再生处理的建筑也成了该地区的观光资源。

■再生·更新概要

川越的街道是从藏造样式的建筑发展起来的，再生并不是单单对这些历史建筑的保护，而是为主要街道创建繁荣的商业氛围，利用中庭划分出利于日照、通风的舒适安静的居住环境，进而打造居住与工作地一体的空间秩序。也就是说将商店用地进深狭长的缺点转变成优点。具体做法是，由于原建筑的屋面坡度和层高处于同一条水平线上，看上去缺少变化，再生中将高度和墙线在形式上做了适当的高低调整，使得天际线错落有致，让每一座建筑的细部和设计都具有个性。

1987年，该地区行政管理部门与专家组成了“城镇街区建设委员会”，就城镇改造建设的原则方面达成了共识。为促进所有者的创意热情，制定了《城镇建设规范》，其中对商店改造提供了指导性建议。在此基础上，对低利率融资和立面修复方面予以了援助。截至1998年，镇上的街道有意识地对自己的店铺进行改造的就有30余家。通过这样的再生，不仅保留了藏造样式建筑的历史性和古朴感，同时还使得店铺内部装修极具现代感。

重点文化遗产的大泽家（左）以及新建的藏造样式的“金笛”（右）

第三章

计划

设计并提升建筑价值

3.1 再生建筑的价值

正如第一章开头所述，如果将建筑再生定义为“使价值开始逐渐减退的建筑重新变得有价值”，那么就有必要考虑“建筑重新变得有价值”的状态是“对谁而言”。

为此在本章我们首先来考虑一下“建筑的价值”。它应当包括历史价值、文化价值、记忆价值、社会价值、性能价值、资产价值、利用价值、个人喜好、艺术价值等。

历史价值、文化价值及社会价值，相对于建筑的修缮、改造和增加的部分，在建筑所在的领域或者社会的关系中起决定性作用。

记忆价值基本上是由个人与建筑生发的感情所产生的，这同样也不属于建筑再生计划框架中的讨论对象。

建筑再生中考虑的价值，即通过对建筑进行改造、修缮等可以预期增加的部分，在本书中将以此为对象，分成资产价值和利用价值两大类来考虑。

建筑再生与新建最大的区别在于，再生时其所有者和利用者已经存在。根据 “再生的要求主体”是所有者还是利用者，所预期的价值的中心和计划的方向性是不同的。这就是“对谁而言”的价值之所以对于建筑再生计划很重要的理由。

当建筑再生的主体为所有者时，其目的在于增强可转化为市场经济价值的价值，以及从建筑中产生的项目利润价值。在本书中将此种价值定义为建筑的资产价值。

另一方面，当建筑再生的主体为利用者时，建筑再生的具体目标是如何扩大利用目的。在本书中将此种价值定义为建筑的利用价值。

由于所采取的立场不同，对已有空间的特质的处理也会不同。对于以资产价值为目的的“项目计划”，建筑物的“使用用途”和“空间特质”被视为项目资源之一加以处理。另一方面，在将重心放在利用价值上的计划中，“项目（成立）性”和“空间特质”一道被视为 “利用形态”的支持要素加以处理。

在此有一点不可忘记，那就是这两种价值会因与其他各种价值的关系，使其创造方法受到影响。

图 3.1 求道学馆—— 改造后的入口附近

3.2 建筑再生的项目计划——对于资产价值的计划

3.2.1 建筑项目和项目计划

为了实现建筑物的新建、再生等建筑项目，除了考虑设计方案等与“建筑”相关的计划之外，还需要考虑为了实现项目的“项目”计划。

所谓“项目”计划，是站在建筑项目主体的“业主”立场上，针对实现项目时的风险及项目成果，在项目实施前进行周密的讨论、验证的过程。具体来说，调查周边区域的“需求”以明确项目“概念”，通过估算建筑项目上必需的“初期投资额”，探讨“资金筹措”的方法，在建筑项目完成后，对包含“收入”“支出”“资金净流”这样一个“项目收支计划”的明确，以及开展项目时的“阻碍因素”和“风险”的明确等，都包含于这个概念中（图3.3）。

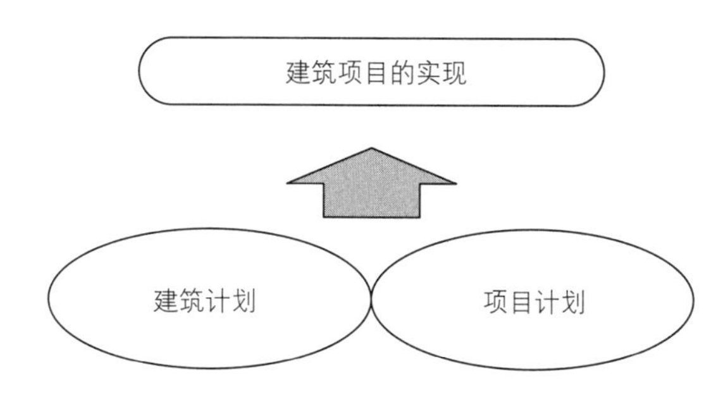

图3.2 实现建筑项目所需的计划

项目计划本来应该是由业主自己制定的，但正如某些建筑项目需要将投资额大、经验少的业主纳入一样，在有的情况下，由项目策划者和设计者站在业主立场上制定项目计划，往往可以有效地推进项目。

项目计划基本上是为了供业主决策之用而制定的。根据项目计划的结果，业主决定是按照当初的计划推进项目，还是停止，抑或是对一部分进行变更后再推进。以新建租赁用建筑物的建设项目为例，制定以需求调查的事业概念为基础的建筑计划，并在此建筑计划基础上制定“项目收支计划”，即计算项目所需的初期投资额，考虑相应的资金筹措问题，预测建筑物完成后的收入和支出项目，制定每年的损益计算书和资金计算书。

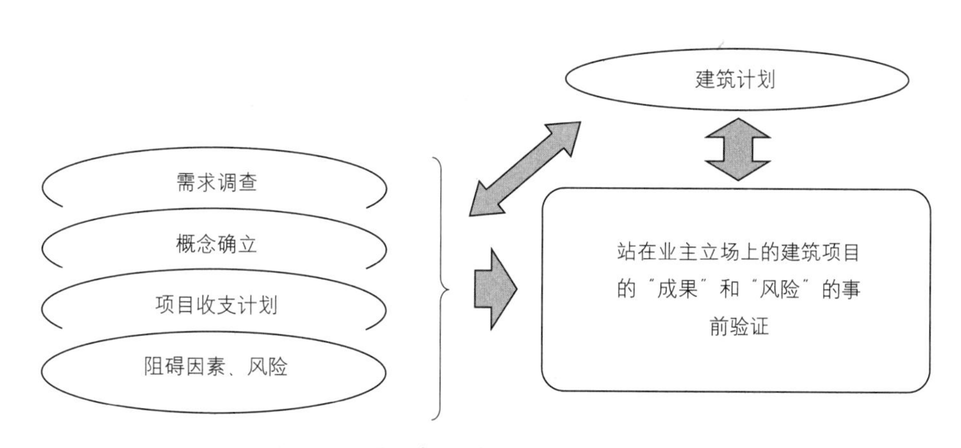

图3.3 项目计划的概念和建筑计划的关系

在这种情况下，作为项目收支计划的判断方法，包括投资额能否在一定年限内收回，借款在多少年内可以还清，可否保证每年的资金净流为正，应保持稳定的项目盈余（税后，借款还清后的剩余金）等指标。

3.2.2 建筑再生项目计划的思路

即使是在建筑再生项目已经具体推进的情况下，也需要制定项目计划。但建筑再生与通常的新建项目，在项目计划的考虑方法上稍有不同。这是因为在建筑再生中，建筑物已经存在，通常在这个建筑物上已经展开了一些经济活动，产生了一定的经济利润。也就是说，在新建项目时，如果项目是否成立已经确定，则业主即可进行决策。而与此相反，在建筑再生项目时，往往是项目已经成立，但即使基于建筑再生项目的项目在项目计划上已经成立，却不能仅以此就决定项目的实施，而是需要进行评价，即在包括维持现状等选项中选择最有利的选项。

下面以具体的实例来说明。

A 先生是一幢位于东京都中央区房龄 30 年的楼房的所有者。周边区域是纺织品批发集散地，曾经非常繁华热闹，但随着国家纺织业的整体衰退，批发一条街的繁荣不再，整个地区逐渐失去了活力。A 先生的楼房也因地区活力的衰退及自身的老化，租金水平降低，空房率最近高达 20% 左右。另一方面，在回归城市中心区的潮流下，周围区域的老旧楼房翻新成出租公寓和公房的实例也逐渐增多。实际上只比较租金水平的话，现在出现了住宅租金比办公室租金高的逆转情况。在这种背景下，A 先生得到通知，有一家承租他房屋的企业半年后将撤出，重新考虑楼房今后应如何经营已迫在眉睫。

也就是说，到底是不加修缮或改造继续将现有楼房租借出去，还是做一些改造翻新再租出去，或者改变用途用作出租公寓，甚至是将现有楼房推倒重建，或是推倒后出卖土地等等，需要从这些选项中做出选择加以决策。这种决策问题，不只 A 先生会遇到，对于建筑物的所有者来说，这是在某个时间点必然会遇到的普遍课题。为了解决这样的课题，就需要按照通用的评价基准对各自的选项进行评价、比较。在这种情况下，评价基准中，可以将定量基准和定性基准分开考虑，通过对这些评价进行综合的比较讨论，可以选定选项进行决策（图 3.4）。

所谓定量基准，是指经济性的评价。具体来说，通过制定各个选项的“项目收支计划”，可对选项进行比较。但是，建筑再生项目的项目收支计划，不需要像新建项目那样明确项目是否成立（编写盈亏报告表和资金计算表），而是需要计算出各选项（项目）的经济价值。这是因为如果不计算出这些经济价值，就无法和拆除建筑物再出售的情况进行比较。

3.2.3 建筑再生经济性的评价

在此我们来考虑一下实施建筑再生时，使建筑所有者的决策成为可能的经济性评价的方法。把这种情况下可供建筑物所有者选择的项目，归纳为以下四种：①维持现状；②翻新；③转换用途；④拆除后出售。另外，重建的方案，根据收益还原法的理论，等同于④拆除后出售。

接下来，对构成各方案中项目价值的要素定义如下，但金额均相当于现有建筑物专有面积的额度。

C_o ——以翻新为前提的建筑再生投资额；

C_j ——以转换用途为前提的建筑再生投资额；

n ——今后的投资期间（①～③各方案通用的假定值）；

A_k ——不追加投资，在 n 年间生出的经济利益折合到当前价值的总和；

A_o ——通过进行以翻新为前提的建筑再生投资，在再生后 n 年间生出的经济利益折合到当前价值的总和；

A_j ——通过进行以转换用途为前提的建筑再生投资，在再生后 n 年间生出的经济利益折合到当前价值的总和；

K ——现有建筑物的解体费用；

S ——租赁方清退费用；

T ——建筑物专有面积的土地价格单价；

i ——折扣率；

P_1 ——基于①的投资价值；

P_2 ——基于②的投资价值；

P_3 ——基于③的投资价值；

P_4 ——基于④的投资价值。

按以上定义，则

$$P_1 = A_k + (T - K - S) / (1 + i)^n$$

$$P_2 = - C_o + A_o + (T - K - S) / (1 + i)^n$$

$$P_3 = - C_j + A_j + (T - K - S) / (1 + i)^n$$

$$P_4 = T - K - S$$

由此可知，P_1、P_2、P_3、P_4 最大值对应的选项即为最经济合理的选项。

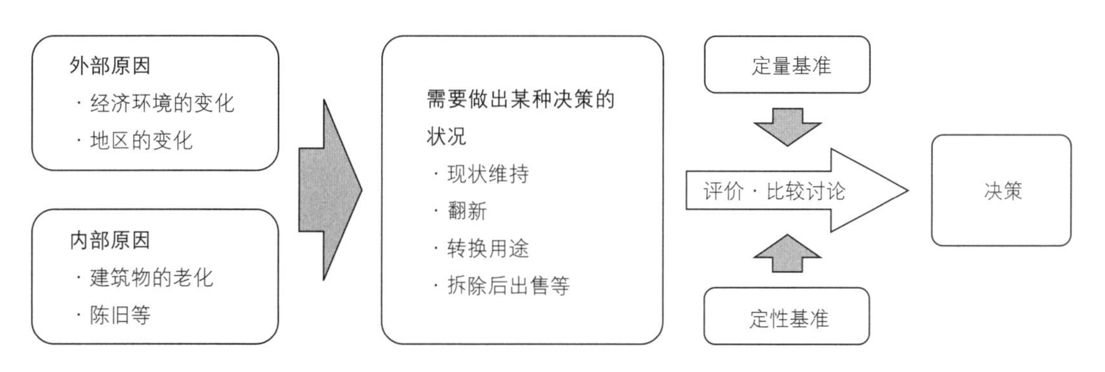

图 3.4 建筑再生项目的代表性决策模式的概念

●建筑再生经济性评价的计算例子

下面，将前述A先生的实例作为示范方案做一个具体的计算。

表3.1 示范方案的概要

土地概要
地点：东京都中央区
占地面积：500m^2
土地价格：120万日元/m^2
既有建筑物概要
建筑物建筑面积：2800m^2
建筑物专有面积： 2000m^2
当前空室率：20%
当前平均租金：2200日元/月·m^2
当前平均经费额：700日元/月·m^2
翻新时的建筑物再生概要
建筑物再生投资额：60 000日元/m^2
再生后的假设空室率：10%
再生后的平均租金：3000日元/月·m^2
再生后的平均经费额：600日元/月·m^2
转换用途时的建筑物再生概要
建筑物再生投资额：90 000日元/m^2
再生后的假设空室率：5%
再生后的平均租金：3500日元/月·m^2
再生后的平均经费额：700日元/月·m^2
通用事项
投资年数：10年
单位建筑面积的建筑物解体费用：25 000日元/m^2
单位专有面积的租赁方清退费用：30 000日元/m^2

示范方案的概要如表3.1所示，下面针对这栋既有楼房的再生，站在建筑物所有者的立场上来考虑一下。

基于表3.1，对于维持现状时的投资价值P_1、翻新时的投资价值P_2、转换用途时的投资价值P_3、建筑物解体后出售时的投资价值P_4，分别进行如下估算。

$P_1= A_k+(T-K-S)/(1+i)^n$

在此，T=500m^2×120万日元/m^2÷专有面积2000m^2=30万日元/m^2

K=2.5万日元/m^2×建筑面积2800m^2÷专有面积2000m^2=3.5万日元/m^2

S=3万日元/m^2　i=5%　n=10年

A_k=在维持现状的情况下，10年间纯收益折合到当前价值的总和（折扣率5%）

=[（2200日元－700日元）/月·m^2×（100%－20%）×12个月]×7.722=11.12万日元/m^2

因此P_1=11.12万日元/m^2+（30万日元/m^2－3.5万日元/m^2－3万日元/m^2）×0.614=11.12万日元/m^2+14.43万日元/m^2=25.55万日元/m^2

$P_2=-C_o+A_o+(T-K-S)/(1+i)^n$

这里C_o=6万日元/m^2

A_o=以翻新为前提进行再生投资时的10年间纯收益折合到当前价值的总和（折扣率5%）

=[（3000日元－600日元）/月·m^2×（100%－10%）×12个月]×7.722=20.01万日元/m^2

因此P_2=−6万日元/m^2+20.01万日元/m^2+14.43万日元/m^2=28.44万日元/m^2

$P_3=-C_j+A_j+(T-K-S)/(1+i)^n$

这里C_j=9万日元/m^2

A_j=以转换用途为前提进行再生投资时的10年间纯收益折合到当前价值的总和（折扣率5%）

=[（3500日元－700日元）/月·m^2×（100%－5%）×12个月]×7.722=24.65万日元/m^2

因此P_3=−9万日元/m^2+24.65万日元/m^2+14.43万日元/m^2=30.08万日元/m^2

$P_4=T-K-S$=30万日元/m^2－3.5万日元/m^2－3万日元/m^2=23.5万日元/m^2

因此，可算出 P_1=25.55 万日元 /m^2，P_2=28.44 万日元 /m^2，P_3=30.08 万日元 /m^2，P_4=23.5 万日元 /m^2

则 $P_3 > P_2 > P_1 > P_4$

由此可知，在表 3.1 的示范方案中，以转换用途为前提的建筑再生投资是经济上最有利的方案，然后依次是以翻新为前提的建筑再生投资方案，以及维持现状方案，而拆除后出售的方案是最不利的。这种投资价值的计算，依前提条件的不同计算结果会大相径庭，尤其应充分注意根据折扣率 i、投资期间 n 等的设定，否则结论会有相当大的变化。另外，在这个决策模式中并未考虑税制的影响，而实际决策时需要考虑不动产保有及出售所带来的税制上的影响。

3.2.4 建筑再生的阻碍因素

在前一节中，向大家介绍了建筑物所有者进行建筑再生时各种选项的经济性评价方法，而在实际的建筑再生时，并非一定按照经济性评价的结果进行选择。

例如，在基于经济性的决策模式下，即使经评价后认为追加投资、改变建筑物的用途是最佳选择，但如果与现有租赁方无法达成清退协议，就不能进行用途变更投资。即现有租赁方的清退成为阻碍因素，有可能因此无法实现建筑再生。诸如此类在要实现建筑再生时，虽然经济性评价上是有利的，但也有可能因为个别阻碍因素而导致最终难以实现事业化。具体来说，逐一解决以下各项目，是实现建筑再生必不可少的前提。

①因现有担保权的问题导致资金筹措困难的情况；

②因现有租赁方的存在，导致建筑再生对象的空间难以清空的情况；

③因再生对象建筑物存在不合格现象等原因，使建筑再生难以实现，或成本相当高的情况；

④再生对象建筑物的权属关系属借地型，建筑再生时无法取得土地所有人的同意，需要支付大笔同意金的情况；

⑤建筑物所有者没有办法规避项目风险的情况。

①的资金筹措问题，容易成为实现建筑再生时的最大障碍。实际上由于现有担保权的存在，建筑物所有者重新进行贷款变得困难重重的实例相当多。在这种情况下，作为资金筹措的方法，也可能需要考虑抵押再生对象建筑物以外的贷款方法。

②的租赁方清退问题，也是在实现建筑再生项目时很大的障碍。原因是在本来利润就不太高的建筑再生项目上，因为支付现有租赁方即承租人清退费等，很有可能严重影响项目的利润。因此，在实际情况中，往往选择对当前不存在租赁方的空闲空间进行翻新和用途变更，或是提前调查现有租赁方的意向，当判断租赁方的清退没问题时才对空间进行翻新和用途变更。此外，当建筑物所有者拥有多处租赁楼宇时，或者再生对象建筑物的空闲空间散布于多处时，让现有租赁方迁出，将空闲空间集中起来，从而实现建筑再生项目也是一种现实的选择。

③是起因于再生对象建筑物本身的阻碍因素。具体来说，如果抗震性和结构强度方面存在不合格因素，或日照限制、容积率、建

筑面积率、斜线限制等方面存在不合格的现象，在提出建筑再生的用途变更申请时，为符合现行法规需要加固抗震结构、改变建筑物形状或者减筑，导致技术上和成本上负担过重这种实例也很多。但通过抗震改造促进法的认定，有可能获得一定的减缓措施，这一点还是值得充分探讨的。

对于④的借地型再生对象建筑物，建筑物所有者为了进行建筑再生，通常需要获得土地所有人的同意，并支付一笔同意金。另外，因为对土地担保权的设定是不可能的，在资金筹措方面存在相当的难度。因此对于借地型再生对象建筑物，为了实现建筑再生项目，有可能需要考虑由开发商等再生对象建筑物所有者以外的项目主体收购再生对象建筑物的权利以实现事业化。

对于⑤的项目风险，即使建筑物所有者的建筑再生项目已通过核算，资金筹措等阻碍因素已经解决，但建筑物所有者经判断，认为项目风险无法消除的情况也很常见。例如，建筑再生后的入住者无法确定，以及租金收入只是基于单纯假设等情况。对此可通过可靠的分租公司将建筑再生后的住宅一次性租借出去，以减少建筑物所有者的项目风险。另外，建筑再生项目自身的复杂程度对于很多建筑物所有者来说，由于难以把握项目整体情况，而容易产生不安感，这极可能成为使建筑物所有者踌躇不决的很大因素。关于这一点，咨询专家、设计师以及开发商等，在实地积累建筑再生项目业绩的同时，通过项目的配套建设，使建筑物所有者更易于理解，解除其不安感，除此之外没有更好的方法。另外，当建筑物所有者无法直接消除建筑再生项目的项目风险时，由其他项目主体承担项目风险也是一种方法。

3.3 活用方案——对于利用价值的计划

3.3.1 从利用者角度看到的价值 / 利用者发现的价值

对于利用价值的计划基本上是从现有空间和利用者、利用活动存在的地方开始的。为了将这种利用状态作为计划要素来把握，必须将“现有空间”和利用价值一起来评价。

为此可以重新考虑利用自身的存在方法，例如，“从现有的利用形态中分离出来，对空间和利用活动重新进行匹配评价，在此基础上进行计划”“在现在的利用形态延长线上进一步构思其空间性能”等。

将利用或欲利用此空间的主体和其利用方法、空间重新构筑成更合理的关系，这成为以利用价值为对象的建筑再生的目标。

针对利用价值进行再生计划时，并不一定能明确划分制作者和使用者的作用，实际上往往利用者即计划者。兼具这两者身份的主体从利用和计划两方面对空间进行再生计划。

另外，在很多方案中，对建筑物进行物理再生的过程和用户主导的形成过程是并行的。

总之，正如本章开头所提到的，进行价值再生的计划，是需要考虑“对谁而言的价值”。

实例1　　空间再生与形成用户主导的联动

“桐生演变”原森山芳平工厂的再生（桐生）（工厂旧址→驻场艺术家的基地）

地点：群马县桐生市
现用途：工作室＋居室
结构：木制
规模：平房
占地面积：300m²
建筑面积：110m²
改造时间：2003—2004年
施工：自主施工

在位于桐生市的森山芳平工厂旧址，艺术家将废弃的纺织厂改头换面，变成工作室。

当时东京艺术大学美术系的志愿者们，于1994年对桐生进行了调查，以原森山芳平纺织厂为中心，启动了名为“桐生演变”的项目。

在当地的展览会项目持续过程中，启动了对作为展会地址的原森山芳平纺织厂进行进一步活用的改造计划，自2003年起项目工作人员开始了建筑再生活动。

再生的过程和要点

- 利用空置纺织厂的展示计划并公开；
- 当地企业展的持续进行（13年）；
- 将工厂空间改造成工作室空间；
- 用于提高驻场率的最低限度的改造；
- 与所有者合作，实施长期基地的改造计划；
- 以持续利用为目的的抗震结构加强；
- 老化内外墙、屋顶的改造；
- 采光开口部位的追加；
- 驻场者居住空间的整备；
- 设备的更新；
- 外部结构、署名计划等。

这些活动与艺术品街市公开活动联动，使得项目工作人员不需借助专家的力量，自行完成了大部分工作。

这个再生项目是当地遗留的锯齿形屋顶工厂群落今后再生的象征，此项目关系到地区的活力提升。同时，它还作为当地居民和艺术家们的交流地点，成为工作室等的活动基地。

应关注的概念

- 使用者变成创造者，并且围绕建筑再生形成循环，在这个循环中使用者自身成为更大地区活动的主体。
- 与其说是基于功能计划论的再生行为决定了改造内容，不如说因场所和行为触发的对空间的影响力决定了改造内容。
- 通过艺术的融合性及场所具有的能力而触发的环境指向性思考方法，使废弃工厂作为地区活动的核心得以再生这样的项目，同一时期在其他好几个地区都有实施。

“桐生再演 8”以前未经改造的森芳工厂

改造后：外装更新后的景象

“桐生再演 8”改造后的森芳工厂

改造后：内部装饰、设备、结构的更新

“桐生再演 9”改造中的森芳工厂

改造后：抗震改造部分

实例 2　通过建筑再生而被重新发现的建筑物的存在价值
国际文化会馆（东京都）（抗震改造 + 翻新）

地点：东京都港区六本木
设计师：三菱地产设计
基本构思：日本建筑学会
占地面积：10 937.31m²
建筑面积：1966.55m²
总建筑面积：6702.13m²
规模：地上 4 层、地下 2 层、塔楼 1 层
结构：钢筋混凝土，一部分为钢梁、钢梁钢筋混凝土制造
设计时间：2004 年 9 月—2005 年 5 月
施工时间：2005 年 5 月—2006 年 3 月

1955 年建成的国际文化会馆因老化原因曾经被提交讨论其解体事宜，但因建筑学会 2005 年开展的保留活动，得以保留下来，于 2006 年以既存建筑活用的形态实施了再生计划。

再生的过程和要点

- 为克服财政困难、提高抗震性能、实现无障碍化等功能上的更新，公布了翻新改造计划；
- 和翻新方案对立，建筑学会及志愿者开展了保留活动，提出保留计划方案，其核心是保留现有庭院；
- 通过理事会委托的再生方案策划组，出售会馆的一部分土地和剩余容积，筹措了资金，提出了翻新和财政重订计划，并得以实施。

- 以下为工程的主要内容
  利用起重器调查地基的坚固程度；
  对墙壁、梁柱等结构件进行抗震加固；
  面向庭院方向设置新的大厅；
  各居室中设备的改造；
  无障碍化等。

应关注的概念

- 保留再生不是打着所谓真实性的名号，而是以项目计划来担保“历史价值”“空间价值”的经济合理性。
- 使建筑物和土地价值变成可流动的，表明经济与建筑活用变得密不可分。
- 登录到 DOCOMONO 后可以发现现代建筑史上的建筑物，其保存活用正沿着“在使用的同时加以保留”的方向得以策划并实施。

改造前计划

改造后计划

增设抗震墙

地下部分的改造

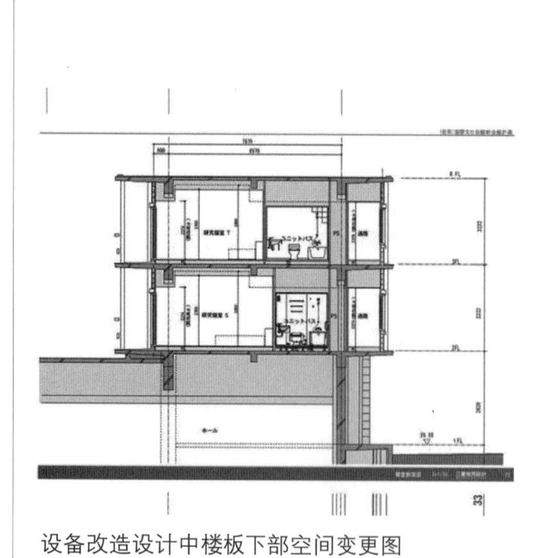
设备改造设计中楼板下部空间变更图

南侧外观

庭院侧外观

入口

木质建材

实例 3　用户主导计划的实验
住宿体验交流设施“月影之乡”

企划：月影小学再生计划（法政大学渡边真理研究室 + 横滨国立大学北山恒研究室 + 早稻田大学古谷诚研究室 + 日本女子大学筱原聪子研究室）
设计师：N.A.S.A 设计共同体
地点：新泻县上越市
用途：住宿体验交流设施（前身为小学）
结构：钢筋混凝土结构
规模：地下 1 层、地上 3 层
占地面积：12 800m^2
建筑面积：1284m^2
总建筑面积：2078m^2
竣工时间：2005 年 4 月（最初建造：1972 年）

此方案是将以前的小学改造为住宿体验交流设施的再生实例。

由于市町村合并，原小学被关闭，四所大学的研究室共同讨论制定了此方案，通过建筑的再利用实现当地社区的再生。

和基本设计平行，大学学生和当地居民成立了研究会，研究了此建筑物再生后的方案、规模以及设计等。

在设计的过程中，身为建筑师的各研究室教授们起主导作用，在他们的领导下，四所大学的学生混编组成设计组。

研究会对此空间〝尝试使用〞，并〝尝试站在用户角度上〞，通过经常改变〝制造者〞和〝使用者〞的视角来设计方案。

最终原来的小学被改造成体验型住宿设施。

再生的过程和要点

· 学校废除的决定和再生计划的确立；
· 进行实地调查，决定由四所大学的研究室共同实施项目；
· 研究会的设立：地区与学生的交流；
· 企划案的策划、提案、运营委员会的成立；
· 让学生参与到现场的建设改造过程中；
· 自我建造工程的方案；
· 改造色彩计划；
· 改造照明计划；
· 改造建筑正面的计划；
· 设备、内饰的更新；
· 住宿用设施、家具的设置；
· 设置连接长廊，创造社区空间；
· 新设外墙天窗，以创造良好的日照和个人私密空间；
· 新建浴室楼；
· 以成为当地文化基地为目标的长期研究会和策划提案等。

应关注的概念

· 为了明确基于使用形态、使用者特性的改造内容，通过〝尝试使用〞的过程，形成利用方案。
· 让创造者作为用户进行运营，针对后续阶段的计划和维护，经常性地使利用者向计划者反馈。

修学旅行

外部装饰研究会

软件的讨论（料理菜单）

地区研究会

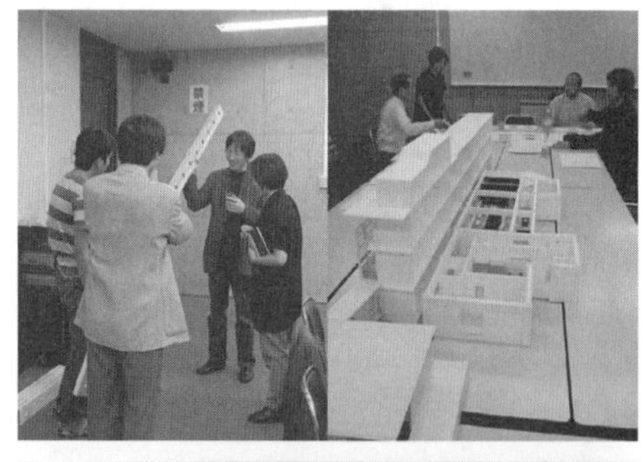

（模型、素材的学习）

自行施工部分

全景

内装：餐厅

改造后的绿地

内装：住宿室

第四章

诊断

诊断既有建筑的健康状态

4.1 财产管理方面的诊断

4.1.1 今后的建筑管理

建筑不是一次性就能够完成的。必须养成良好的习惯才能够恰当地使用建筑。因此日常的清扫、保养、检查、日常修缮、计划修缮，以及更积极的再生是有必要的。清扫、日常修缮、计划修缮和这里所说的积极〝再生〞有很大不同，前者是以维持建筑的原状为前提，后者是从原状的方向转换，是把改善作为目的点。

方向转换不仅指空间的变化，同时也有为了有效使用其建筑的所有形态、管理方法、使用方法和用途转换的意思。被要求这样的转换，不仅是建筑退化和陈旧化之类的持续性老化的原因，也有经营不善的因素。也就是说不仅是建筑方面，还要把包含经营方面的建筑管理作为财产管理来掌握。

财产管理既不是指建筑的管理，也不是指建筑的维护，而是指更具有包容性的概念。考虑建筑再生的时候，理解此概念十分必要。

通常把财产维护叫作〝接受建筑所有者委托的专家，不动产当中主要以建筑作为对象，将对其管理作为工作来进行〞。将建筑管理、出租管理、会计管理作为核心来进行，把这些业务进行再委托或是亲自来做，或者作为其衍生的业务，来进行招租和长期维修计划、工程监督等。但是，对于今后来说进一步加强财产管理是有必要的。也就是说，需要将符合地域、符合时代的建筑作为资产进行有效管理。建筑，对于所有者、居住者或是地域的居民来说，有的时候甚至是超越国家意义的资产。将这些建筑进行妥当管理就是财产管理。

妥当的管理不单是指维持，也包含根据要求来改变建筑，倒不如说是不得不改变。这是因为使用者、所有者、经营者的状态、社会状况、地域状态都在不断地变化之中。空间应与这些变化相适应。因此，此时的建筑变化行为就是建筑再生。总之，建筑的原状维持或现状维持就是〝修缮〞，提高建筑质量的行为就是更加积极的〝再生〞。

4.1.2 诊断的范围

财产管理比以前的建筑管理、不动产管理的意思还要广泛，第一是不把原状维持、现状维持的修缮作为前提，同时包含了积极的再生，第二是把硬方面和软方面的妥当的对应关系的维持、提高作为目标。判断进行修缮建筑还是再生建筑，还有什么时候做和怎么做，以及所实施的事就是财产管理，是持续改善围绕建筑的环境的对应关系的行为。

因此，把建筑物作为财产管理来诊断是必要的。所谓诊断，是根据特定的时间和目的，来正确把握建筑对象的工作。对于财产状态的把握和管理方向的确定，诊断也是必要的。财产管理的目的是使用环境的改善、经营的改善、地域环境的改善。因此无论从经营者还是使用者，或是地域来看，为了达到更好的状态进行综合的判断是有必要的。总之，不仅要针对建筑物的物质特性，还要从经营角度、使用者的满意度以及地域性等方面进行综合诊断。

4.2 诊断的目的和内容

4.2.1 使用价值的诊断（建筑的老化程度）

❶ 建筑的老化（退化和陈旧化）

诊断的内容大致分为两个方面。第一方面是作为使用空间的使用价值的诊断；第二方面是作为资产，也就是作为得到收益的资产价值的诊断。

建筑自竣工之日起，应该采取必要的措施来应对建筑的老化问题。老化，一方面是建筑的物理方面的老化，也就是由于物理性、化学性以及生物性的因素致使建筑的机能和性能的降低。这也叫作“退化”。老化是可以重复修缮的，可以几乎恢复到初期的性能。另一方面，老化包括“陈旧化”，这是指随着社会信息和技术的进步，建筑的性能、机能的降低。建筑的老化不单是物理性的，还由是否具有当代的机能、经济性如何，以及社会水准来综合决定的。因此，不仅局限于维持建筑原状的修缮，同时改良和改修，以及大规模的改修、改建等方面的再生也是必要的。

❷ 建筑的陈旧化的原因

建筑为什么陈旧化了呢？一般是因为不符合使用者的使用要求，这包括空间与使用者、空间与地域需求的不相协调。由于建筑在建设初期没有进行充分的市场调查，所以这种不协调从建筑初期时就开始了。比如说，在没有条件建设事务所大厦的情况下建设了事务所大厦；或者在郊外建设了面向单身人群的公寓等。这些都是属于地域和建筑的关系自一开始就不成立的情况。

另外，建筑的年头越长，越容易发生不相协调的情况，也就越容易导致陈旧化。

首先，随着社会的变化，产生了新的使用需求，因此便发生了空间上的不相协调。例如，住宅逐渐朝着大开间以及西式化发展，那么传统的日式窄小的房间便显得不协调。另外，对于事务所大厦来说，设备陈旧、层高低矮、IT 环境不够好等也是属于这种情况。

其次，来自使用者方面的需求变化。例如，住宅的入住者的构成发生变化。公寓住宅自入住开始十年后，孩子会长大或者数量会增多，会发生需要另外一个房间的情况。随着居住者的生活阶段的变化，需求也会发生变化。

第三，来自所有者和经营者需求的变化。例如，随着经营者年纪的增加，不能够再继续增加投资，或者不愿意继续投资。因此，不愿意进行修缮，或者不修缮。当然，更不能考虑再生等问题。

第四，来自地域环境的变化。由于很多事务所大厦中发生租赁者的迁移，造成地域整体活力的丧失，因此也就失去了作为事务所的使用需求。

以下，通过大量建设时期建造的公寓住宅的情况，实际探讨再生的必要性以及需求。

20 世纪五十年代中期到七十年代中期（日本昭和三四十年代）建设的公寓住宅，住户的专有面积狭小，没有放置洗衣机的地方，电气容量比较低。公用部分存在没有电梯以及缺少停车位等问题。这些都属于社会老化、机能老化的范畴。

还有来自经济性方面的老化。如果公寓建成超过 20 年，第二次以后的外墙与屋顶防水修缮工程、给排水管的修缮维修费用会有所提高。其中，20 世纪五十年代中期到七十年代中期（日本昭和三四十年代）所建造的公寓在其建设之初还没有法律规定要求制定长期修缮计划，并且形成正规的修缮费用的公积金计划也很少。因此，在进行修缮时的一次性投入的负担也相对提高了，这就出现了经济性方面的老化问题。

那么，事务所大厦的情况又是如何呢？几乎也是空空的，没什么人租借。其原因有设备陈旧方面的，也有布局不好、租金高方面的。这样的状态也属于经济性的陈旧化，由于没有了租户，日常的维护检查就不能顺利进行，所以建筑物就更加趋于老化。

4.2.2 资产价值的诊断（建筑的收益性）

第二个方面，有作为建筑财产的收益下降的情况。用于出租的建筑如果没有入住者的话就没有收入。所以，确保有入住者是项重要工作，确保收益是非常必要的。另外，即使是用于销售的不动产或者拥有产权的不动产，卖出的时候也需要一定的利益。

收益的降低有其相应的道理。降低的原因：第一，空间和价格的不相协调。例如，价格比市场行情还要高，或者房子的品质（例如，装修和设备的品质）虽然不是很好但租金却很高。第二，空间和用途的不相协调。比如，从区位上看这里不适合建两层的店铺，或者不适合建事务所大厦等。第三，空间的所有形态的不相协调。从区位上不会有人会租下宽敞的 100m^2 的公寓，或者有人认为买下来会更便宜的话就没有人会去租。第四，空间和区位的不相协调。比如，从区位上没有人会租下或买下如此豪华的高级公寓。建设初期如果市场调查不充分的话，那么从建设初期就会出现类似不相协调的情况。但是随着建成年代的长期化，这种问题会更容易出现。总之，随着不同时期需求的变化，空间会出现上述不相协调的情况。

从另一方面来说，由于没有进行合理、妥当的管理，导致其支出增加、收益降低。

根据以上的使用价值、资产价值这两个侧面来判断建筑的状态，决定再生的方针。

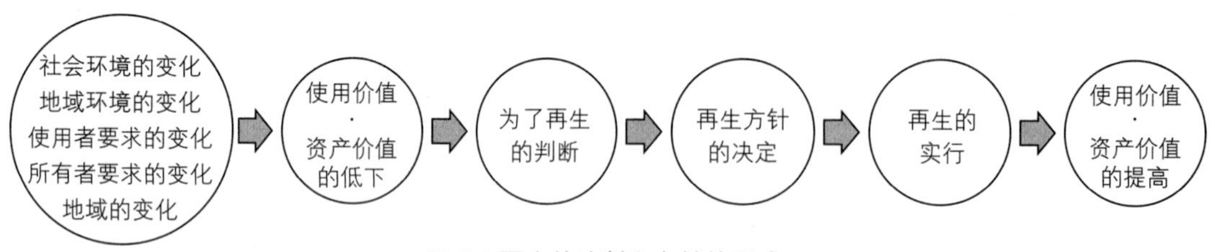

图 4.1 再生的诊断和方针的形成

4.3 诊断和建筑的再生内容

4.3.1 针对建筑的再生内容

❶ 针对建筑的空间变化的再生内容

在把握老化程度、收益性的基础上，为了改善收益性和使用空间，通过制定财产管理方针、实施建筑的再生来最终实现地区环境的改善。

具体有什么样的再生内容呢?

从建筑的维护管理角度、从空间的量和质的变化来看，大致分为四个阶段。只关注空间的话，级别Ⅰ是修理、修缮，是原状性能的级别，级别Ⅱ是进行现状级别以上的提升，级别Ⅲ是大规模的改修、改善，级别Ⅳ是更新、改建。级别Ⅰ～Ⅳ是广义上的再生，其中级别Ⅲ和Ⅳ是狭义上的再生。

❷ 财产管理和再生内容

从财产管理来看的话，再生内容就不仅仅是空间的变化了。进行修复改善地域和空间的不吻合、空间和使用者的不吻合，只通过建筑的改善是不能达成的，空间的用法、主要的用途的变更、所有者以及所有形态的变更也成为必要条件了。用途的变更，比如说把事务所大厦里所使用的东西作为住宅使用等。伴随着修复工程，来转换用途。或此时，为了筹措出工程的费用，通过对一层进行划分等对建筑变更进行区域划分。此时就是用途和所有形态的转换，双重转换。

即使是在改建的时候，如果考虑到所有形态和用途的变更的话，也有四种改建内容。

级别Ⅰ 修理·修缮。恢复到原状的性能。

级别Ⅱ 改良·改修。翻新，比原状级别高，提高现状的社会级别。

级别Ⅲ 大规模改良。修复，增加建筑面积，更改建筑用途，增强耐震，更改外表，全面改造住户内部，改变公用空间，改善外部环境等。

级别Ⅳ 改建。

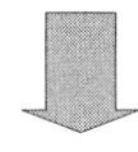

再生内容

空间的变化	用途的变更	所有者·所有形态的变更		
级别Ⅰ	无	无	修缮	
级别Ⅱ	无	无	修缮	
级别Ⅲ	无	无	狭义的再生	修复
	有	无		（修复+）转换
	无	有		双重转换
级别Ⅳ	无	无		改建
	无	有		所有变更型改建
	有	无		用途变更型改建
	有	有		所有·用途变更改建

图 4.2 建筑的维持管理级别

4.4 使诊断成为可能的调查和信息

4.4.1 使用价值的诊断方法

应该如何进行再生呢？为了根据目的来决定方针，恰当地进行判断建筑是有必要的，因此才有恰当的信息。从居住环境的改善和地域环境的改善这样的视点来看，判断作为资产价值的侧面诊断是有必要的。

使用价值的诊断中的退化诊断和陈旧化诊断十分必要。总之，建筑状态的把握和对使用者／所有者意向的把握是必要的。具体的必要信息是用以下方法来把握的。

1）建筑状态的把握：退化诊断

· 画面等的设计图纸

· 建筑诊断

· 入住者的问卷调查 · 意见听取

2）陈旧化诊断

· 入住者的问卷调查 · 意见听取：对居住者要求的把握

· 经营者的问卷调查 · 意见听取：对经营者意向的把握

4.4.2 资产价值的诊断方法

❶ Due Diligence

资产的判断方法有"Due Diligence"。Due Diligence是"应该注意的义务"的意思，是美国投资家从保护的视点来看所产生的东西。现在的意思是，投资家为了进行投资判断，而进行的必要的、详细的全面调查。

调查大致有三个项目。第一个是被称为物理的调查，其报告书是工程报告；第二个是法律上的调查；第三个是经济方面的调查。

❷ 物理的调查

物理的调查，首先进行事前调查。通过档案和设计图来把握建筑的履历等。必要的档案如图 4.3 所示。

■全体

1. 土地登记簿的副本
2. 建筑登记簿的副本
3. 建筑前土地使用状况图
4. 登记数据

■确认申请 · 完成检查关联

1. 建筑确认申请副本
2. 确认完毕证明
3. 建筑基本法第 12 条 3 项报告
4. 中间检查合格证
5. 检查完毕证明（建筑物、升降机、消防设备等）
6. 构造概要书
7. 构造计算书
8. 构造决议书
9. 防灾决议书
10. 开发许可通知书

■设置报告 · 使用报告关联

1. 防火对象使用登记书（建筑、设备）
2. 防火对象检查结果通知书
3. 防火设备等开工登记书
4. 消防设备等设置登记
5. 消防设备等的检查结果通知书
6. 使用火的设备等的设置登记书
7. 使用火的设备等的检查结果通知书
8. 少量危险物的储存的使用登记书
9. 电气设备设置登记书
10. 电气设备设置检查结果通知书

■估算 · 施工关联

1. 施工图（建筑）
2. 施工图（设备）
3. 施工图（构造）
4. 工程费条目明细书
5. 大规模增改建设计图书
6. 修缮记录 · 实际费用

■定期检查关联

1. 特殊建筑物等定期调查报告书
2. 建筑设备定期检查报告书
3. 进入检查结果通知书
4. 消防进入检查结果改修报告书
5. 基于建筑卫生环境的确保关联法律的指导票以及报告书等

■其他

图 4.3 完成工程 · 报告的必要资料一览

接下来进行现场调查，具体是听取所有者、管理者、管理公司和使用者的意见，再把握以下内容。

1. 需要维护、维修场所的种类与程度
2. 对已知缺陷的维修所需费用的预测
3. 维修、改换图案以及反复更换等所需费用
4. 针对计划的预防管理、修缮、更新的费用
5. 系统与设备的使用年数
6. 现在以及最近的管理实施的状况
7. 对于违章建筑的改善命令等
8. 过去的耐震诊断结果等

最终计算出以下五个内容。

(a) 修缮及更新费用

根据建筑的退化诊断，计算出预想的所规定的年限内发生的支出，然后再来计算修缮、更新的费用。对象建筑物的价格估算会反映在收益性的检查中。

(b) 地震风险

作为地震风险评估，根据建筑的简便耐震诊断，计算出预想地震的最大损失。

(c) 环境风险

针对土壤污染的可能性，对建筑是否包含有害物质等进行调查。

(d) 守法性

讨论建筑是否是违法建筑。

(e) 价格再调度

对新建与对象建筑同一规格建筑的建设费用进行计算。

"Due Diligence"不停留在对建筑的把握上，而是将计算"费用"和"风险"看作重要目的。

❸ 法律方面的调查和经济方面的调查

法律方面是对法的限制、权限进行确认，经济方面注重建筑的收益性，搜集市场价值的判断信息，然后以这些信息为基础，对再生内容进行讨论。具体的调查内容如下所示。

(a) 法律方面的调查内容

· 建筑概要：所在地、面积、构造、建筑年限、用途以及其他
· 物权关系：所有权、担保物权等
· 占有的状况
· 合同关系、债券债务关系等：租赁权、转租、工程承包合同所产生的权利义务关系，与接壤地所有者的约定，共有者与区分所有物间的约定等。
· 法律方面的规定：国土使用计划法、城市规划法等
· 身份：人民、政府与民众的身份确定
· 私有道路：是否是私有道路以及权力关系
· 纠纷：有无物品相关的纠纷，有无负担

(b) 经济方面的调查内容

· 过去收入：出租收入（出租房屋费、停车场使用费、仓库使用费、公共开支、水电瓦斯费收入、违约金、其他收入）
· 过去支出：运营支出（向外订货委托费、资产管理报酬、修缮费、损害保险费、捐税和杂费、信托报酬、水电瓦斯费、租地租屋费、其他支出）、资本支出
· 租金费：租房人名字、层数、面积、合同期限、出租费、公共开支、保证金
· 未收状况：合作伙伴、未收金额、延迟期间、延迟理由

4.5 诊断的推荐方法（以公寓为例）

4.5.1 再生内容与诊断

进行修缮、改修、积极再生的时候，不管对什么建筑来说，建筑诊断都是有必要的。但是，针对公寓（区分所有的共同住宅），在诊断的基础上来进行计划性的修缮，从改修的观点来看，与其他建筑有很大不同。这样的计划性在今后的建筑再生中对任何建筑来说都很重要。这里以公寓为例，来解说从诊断开始到大规模的修缮、改修的一连串内容。

不管是公寓还是事务所大楼，建筑的诊断流程基本上都是相同的。但是公寓和事务所大厦不同，诊断和再生工程的方法、诊断实施和协议形成的做法都有其自身的特征，应该注意的地方有很多。

首先，公寓是共同使用的住宅，是很多人居住的场所，同时也存在很多的所有者。因此，根据诊断的结果来决定方针以及再生内容的选择，都需要所有者形成协议。从诊断，到建筑的修缮·再生方针决定的过程、信息共有的方法、运营的做法，都有其特征。

4.5.2 管理计划的诊断

❶ 公寓运营的结构

公寓的再生方针必须由〝区分所有者〞全体制定。区分所有者是指各住户的所有者。公寓的每个住户部分叫作专有部分，由各区分所有者所有。专有部分基本上是由其住户的所有者来进行管理的。其他的大家一起使用的走廊、楼梯、电梯、建筑的外墙、屋顶、停车场、自行车停放处、集会所等叫作公用部分。公用部分是由区分所有者全员共同进行管理的。因此，由区分所有者全员来组建管理工会。进行管理的基本规则是遵从与建筑的区分所有者等关联的法律，并且根据各公寓中独自的规则制作管理规约。另外，重要的事情是需要区分所有者全体来参加的大会来进行决定的。

❷ 长期修缮计划和诊断

修缮不是临时的工作，而是对损坏的地方进行妥当修缮，以及为了预防建筑上大的损伤而进行有计划的修缮。因此，在修缮中，有类似于〝那里有故障了，快点修缮吧〞那样的日常进行的修缮，以及按照计划进行的长期的修缮。

1. 公寓等的住宅因为是 24 小时、365 天使用的生活场所。因此，进行设备等修缮的时候，如果水不能长期供应的话，那各住户在生活上是很不方便的。另外，有必要在必须对电梯进行检查和交换时，如果不能使用的时间、日期过长的话，给生活带来不便的同时，会给居住者的精神和肉体带来很大的痛苦。因此，必须要缩短施工时间，另外必须照顾到由于工程所造成的噪声、排渣、震动等。这些都是对生活方面的考虑。
2. 诊断、再生工程应同时确保安全性，采取防范对策是必要的。在有很多工程人员出入的场合，需要明确谁是工程人员等，提高防范意识很重要。
3. 在督促居民一起努力的同时，理解和积极的参与是也十分必要的。住宅的再生是对居民之间的和睦关系的改善，是一种为了创造更好的关系的行为。因此，让居民关心〝是怎样的建筑状态，如何进行再生呢〞，让其积极地参与其中，让其理解、决定事务，在过程中非常重要。修缮中有类似〝那个地方出故障了，赶紧修缮吧〞那样的日常进行的修缮，以及按照计划进行的长期修缮。

图 4.4 公寓和事务所大厦在维持管理上的差异

修缮是根据长期修缮计划进行的。区分所有者共有的修缮计划书里的长期修缮计划是，关于建筑是何时、何地，如何修缮及修缮花费多少的长期展望。具体是讨论将来 25 ~ 30 年之间设想的修缮工程的内容之和，通过为此的收支（修缮公积金）来决定资金计划。

有计划地实施修缮，可以避免对日常生活造成影响，也可以避免徒劳的工程。另外，制定长期修缮计划，区分所有者之间针对公寓的将来共同承担责任，可以确保获得此基金。总之，如果没有制定长期修缮计划，公寓各区分所有者持有形形色色的修缮意向，不能够确保此修缮在必要时的必要费用，修缮的实施就变得很困难。

修缮建筑时，根据建筑现状，其后的过程方法各不相同。因此，有必要进行诊断。但是，修缮目标包括：3 ~ 5 年金属部分的涂饰、9 ~ 15 年外墙的涂饰和屋顶防水的重做，建筑过了 20 年的话，与设备有关的修缮工程等就有必要了。这样的外墙和屋顶还有设备的修缮被称为大规模修缮。

在销售公寓时，有很多分开销售公司附带长期修缮计划进行销售。尽管如此，在某种程度上某个时期也有必要进行改修计划。这个按照计划，不局限于建筑的损伤，因为也有不修缮的情况。另外，相反也有比计划更急于进行修缮的。为了重新计划内容，诊断建筑的损伤程度，就像对待人自身的身体一样是有必要的。总之就是人们所说的健康状态，这被称为建筑的退化诊断、调查诊断、建筑诊断。

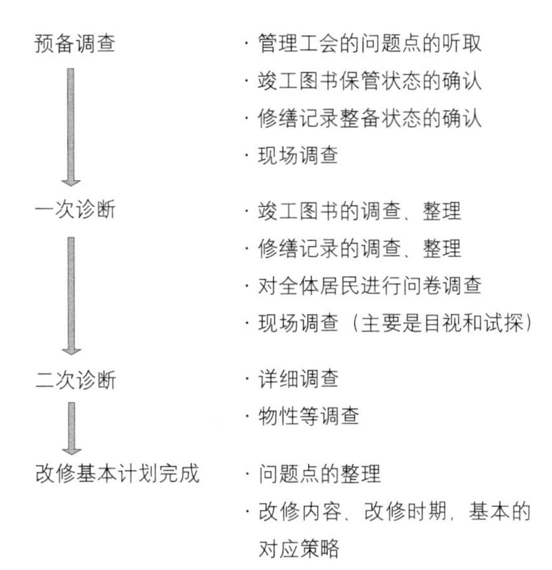

图 4.5 建筑诊断的流程 [2)]

❸ 主要诊断内容

建筑诊断应把握公寓的概要和维持管理状态的概要的基础调查或预想调查，有目视和机械测量等工作方法，以及试探（用实验锤等轻轻敲打外墙等来进行调查）等一次诊断。此时，为了把握建筑的损伤状态，对所有住户实施问卷调查。了解全体住户、正确判断全体情况是有必要的，居住者一般不提出关于住户内和阳台等的专用部分的问题，所以很难进行把握。

还有使用特别机械的二次诊断。二次诊断是用来确定用眼睛看不到的性能退化状态的，比如说为了确定构造躯体的状态的混凝土的中性化实验，与为了调查排水管的状态的探入性检查。

表 4.1 建筑诊断的种类与内容[3)]

		一次诊断	二次诊断
构造躯体	混凝土	裂纹、凸出、易碎	压缩强度、中性化、骨材的碱反应
	钢筋	生锈钢筋露出	腐蚀状态、配筋状态
上色	露出防水	裂纹、膨胀、破损、漏洞、接头、表面退化状态，有无漏雨	退化度，有无漏雨
	外墙涂饰	裂纹、膨胀、破损、褪变色、污垢、表面退化度	附着力（拉张力实验）
	外墙瓷砖	裂纹、膨胀、破损、污垢	附着力（拉张力实验）
	天花板	裂纹、破损、厚度、表面退化度	伸缩率等性能
	扶手等	腐蚀状态、固定度、污垢	支柱埋入部分的腐蚀状态
设备	供水管	生锈、漏水、出水状态	内外生锈腐蚀状态
	排水管	生锈、漏水、外部腐蚀、接管状态	内外生锈腐蚀状态
	电气	接线状态、盘类接线状态、危机腐蚀状态	绝缘电阻

◆第一阶段：建立配合制度

公寓是理事会或大规模修缮专门委员会（修缮委员会）来建立包含诊断的建筑的大规模修缮实施体制。

◆第二阶段：建立修缮计划

需要进行怎样的修缮，是根据建筑诊断以及对居住者的问卷调查来进行把握的。其结果会报告给居住者，针对建筑退化的状况以及修缮的必要性，来加深居住者的理解。还要商谈怎样进行修缮，最后进行基本设计。根据需要，召开大会和说明会，并最终确定修缮计划。

◆第三阶段：进行修缮的决议

为了查清工程的具体内容，准备图纸和规范书等设计图书。然后决定工程的实施方法、工程内容、施工公司等，最后大会认可决议并进行工程订货。并且，决议遵从区分所有法。

◆第四阶段：实施工程

实施工程的说明会需要所有居住者以及不在家的所有者的配合。工程如果开始的话，工程管理者和管理工会要召开会议等，在信息交流的同时，居住者也可以通过宣传活动得知工程的进展情况。

◆第五阶段：对修缮履历信息的存放与新的维持管理

工程结束后，要确认检查竣工图书的收据、工程费的结算、竣工后的定期检查，以及售后服务等内容。

为了今后的修缮，应妥善存放修缮信息，并讨论这次没能完成的工程和新的问题点，让其在今后的计划修缮中发挥作用。

图 4.6 公寓大规模修缮的推荐方法

❹ 诊断的要领

第一，有必要对建筑的损伤进行判断，究竟是由于时间太久而退化，还是属于建造时的瑕疵。

第二，判断紧急性事务。公寓的情况有必要按照图 4.6 那样进行大规模修缮。公寓需要人们达成协议，所以提议诊断的必要性，让人们理解其必要性，进行诊断，其结果是到进行修缮和再生工程的决议为止花费了很多时间。现实是从诊断到大规模修缮的实施花费大约一年的时间。因此，有等不了一年的危险状态的紧急情况就需要应急装置等。

<基本性能的提高>
1. 提高抗震性能：建筑主体的加强
2. 提高绝热性能：屋顶、外墙以及屋顶阳台的绝热性能的提高，开口部（门、窗）的绝热性与气密性的提高
3. 改善雨水排放：雨水管的设置
4. 电气容量的提高
5. 供排水系统的变更
6. IT 对应：网络的导入、光纤的导入
7. 公用玄关的弹簧锁的导入
<公用设施的改善、机能附加>
8. 管理室和会议室的整备
9. 垃圾处理机的导入、垃圾存放场所的设想
10. 停车场的改善——由机械式车库到自由式车库的转变
11. 汽车停车场的增设
<无障碍化、便利性的提高>
12. 斜坡的设置
13. 电梯的设置
14. 断坡的取消
15. 走廊台阶的改善：台阶的防滑和倾斜的改良，以及扶手的设置
<美观提高>
16. 外观与色彩的变更
17. 出入口大厅的改善

图 4.7 公寓大规模修缮的推荐方法 [4)]

第三，决定大规模修缮的时间和内容。另外，尽管把握了居住者的要求，也要针对“究竟是只进行修缮，还是将改善和再生工程一起进行”这一问题进行讨论。实际上公寓进行的改善工程正如图 4.7 所示。

第四，如果在大规模修缮和大规模改善中有不能够应对的情况，就要进行改建。这个需要判断是进行改建，还是进行大规模改修。

4.5.3 改建讨论的诊断

❶ 改建的讨论阶段（改建还是改修）

随着公寓的建造年数的增加，需要进行判断，到底是对其进行改建、大规模的改修，还是进行某种程度的再生（图 4.8）。

第一阶段，老化的判断。有两种判断方式，分别是由管理工会进行简单判断，由专家对老化度进行判断。此时，在客观的老化度判断（详细参考图 4.10）基础上，也需要对所有者的要求进行把握。

第二阶段，再生费用的估计。一是，对修缮、改修的工程内容和费用的估算。二是，对改建的构想以及费用的估算。

基于以上内容，鉴于改建时候和大规模改修时的使用价值、资产价值的提高，让区分所有者全员决定方针。在判断时，对改建和修缮、改修的改善效果满意度的比例，与为了得到改善效果所投向改建和修缮、改修以及各自的单位所需费用的比例进行比较。计算出改建的修缮、改修的优势度，管理工会把这个作为参考指标，来进行决议（图 4.9）。

进行改建的时候，诸如“改建公寓吧！”之类的决议（改建决议）是有必要的，分为准备阶段、讨论阶段、计划阶段三个阶段。

在准备阶段，收集公寓区分所有者的意向，实施关于改建的基本研讨会。

在检查讨论阶段，设置管理工会中的讨论组织，着手具体的讨论。

基于以上内容，管理工会进行为了推进改建计划的改建推荐决议。

之后进入计划阶段。在改建推荐决议中，围绕"究竟是实施改建，还是做成改建的具体计划"进行讨论，并讨论其相应的费用负担。把这些信息提供给区分所有者全员，然后再进行改建决议。公寓的改建决议遵从区分所有法。

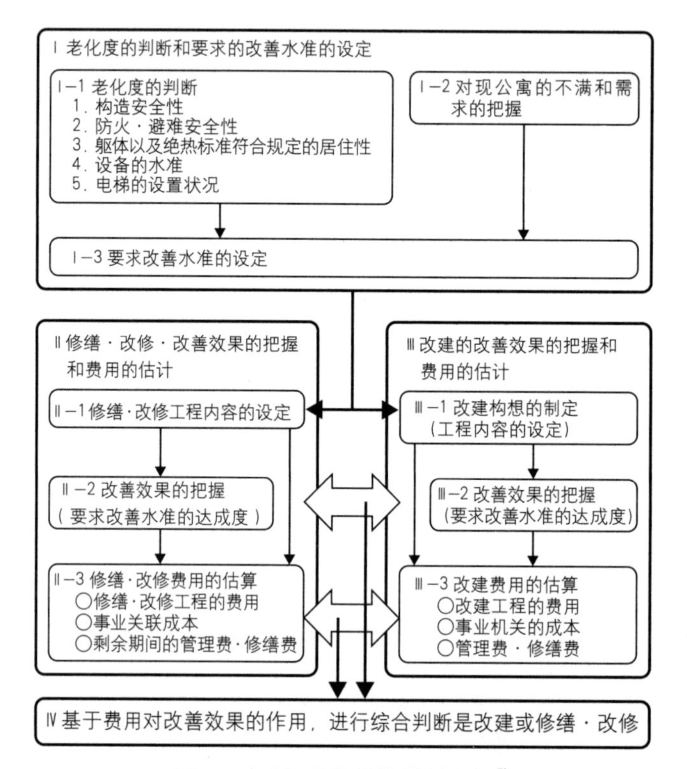

图 4.8 改建还是修缮的判断流程 5)

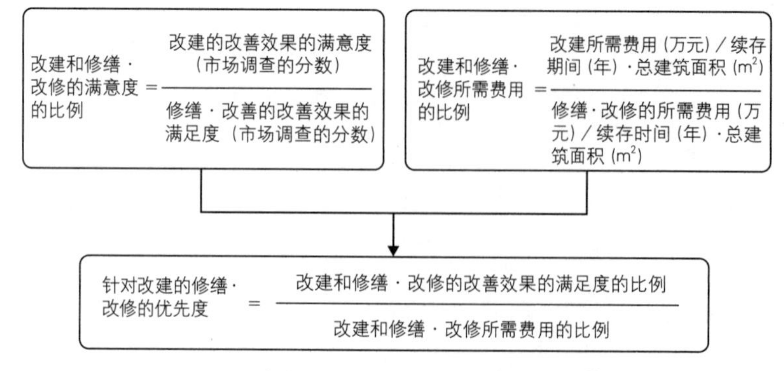

图 4.9 改建还是大规模改修的判断标准 5)

上述改建决议的过程、其后的改建工会的设立、权力的变换、公寓拆毁和改建工程的实施、再入住的过程中各阶段的讨论组织的设置、讨论意见的调整，有必要据此来准确地推进工会的形成。这里需要妥切的专门知识以及专家支援。

❷ 诊断的要点

判断改建还是大规模改修的要点是确定公寓区分所有者和入住者的空间改善要求。总结各个利害关系，征得他们的同意，明确目的，收集哪个方法能够合理、效率、经济地达到其目标的信息，进行提示很重要。

如果大规模的改修不能够达到要求，或者即使达到要求，也没有未来性，或花费太多费用等，不仅要对建筑的物理方面进行判断，同时也需要对经济方面进行计划性的判断。

1. 构造的安全性
   1）抗震性
   2）构造躯体的材料退化、构造不佳
   3）非构造部位的材料退化
2. 防火、避难安全性
   针对内部的火势蔓延的防火性能
   避难途径的安全性
3. 规定的躯体以及绝热使用的可居住性
   公用部分：层高、隔声性、针对残疾人的无障碍设计、节能性
   专有部分：宽阔的面积，以及针对残疾人的无障碍设计
4. 设备的水准
   公用部分：消防设备、供水设备、排水设备、瓦斯管道、供热水设备、电气设备
   专有部分：供水设备、排水设备、瓦斯管道、供热水设备等
5. 电梯的设置状况
★上述的内容分为三个阶段
A：无问题；B：陈旧化；C：安全性有问题。

图 4.10 改建还是大规模改修的诊断内容和判断基准[6]

因此，诊断需要明确以下两点——“现状中是否有构造安全性和防火、避难安全性问题，且改善是十分必要的（图 4.10 的 C）”，以及“虽然有退化和陈旧化现象，但可以任意进行改善（图 4.10 的 B）”——这是非常重要的事。对各自花费的费用的提示是有必要的。

❸ 财产的管理

在公寓中，原则上建筑的所有者和居住者虽然是同一个人，但是根据建筑的物理判断结果，因为与费用有关，决定再生方针也不是容易的事情。因此，在所有者和居住者不是同一个人的情况（租赁公寓等）下，进行决定再生的方针的所有者要中止更进一步的费用关系，费用对效果影响很大。总之，这是资产价值方面的。还有，再生需要支付费用，因此，从金融方面来看，有必要成为融资对象的建筑物。换言之，这是出于资产管理的目的。存在投资不动产的投资家，进行不动产证券化等虽然放大了资产管理的重要性，但是建筑再生确实需要这方面的考虑。

建筑的健全状态是其运营和运转的根本。硬、软两方面一起进行管理，判断其状态，将其提高到比往常更好的状态，这就是资产管理。因此在建筑资本时代里，把建筑物作为资产进行诊断，从中寻求管理办法。

●引用文献

1）「社团法人 建筑・设备维持保全推进协会 工程・报告做成的观点 2004. 5. 20 p.63」

2）「实例中所学到的公寓的大规模修缮 （财产）住宅综合研究财团公寓大规模修缮研究委员会编 p.137 图 3.2」

3）「实例中所学到的公寓的大规模修缮 （财产）住宅综合研究财团公寓大规模修缮研究委员会编 p.136 表 3.1」

4）住宅金融合作社 ,「金融合作社推荐的公寓改善计划 2004. 7. 20」中汇总所举的实例

5）「国土交通委员会 判断公寓改建还是改修的手册 2003. 1」

6）「国土交通委员会 判断公寓改建还是改修的手册 2003. 1」

●参考文献

1. 齐藤广子. 不动产系中所学的公寓管理学入门. 鹿岛出版社，2005. 4

2.（财产）住宅综合研究财团，公寓大规模修缮研究委员会编. 实例中所学的公寓大规模修缮，2001. 11

3. 国土交通委员会住宅局市区建筑课，《公寓改建实际业务手册》行政，2006 年 3 月

第五章

构造

改善构造安全性

5.1 再生中构造躯体的掌握方法

5.1.1 持久性、抗震性以及居住性

建筑物构造躯体的主要性能是抗震性和持久性。这些都与不动产估价有很大关系。如果由于某些原因躯体持续退化的话，建筑的期望寿命也会随之变短，其担保价值也会降低。另外，如果由于修改了抗震标准，而导致现有构造不合格的话，其安全性与新建筑相比会较低，担保价值也会随之降低。因此，在对这些性能较低的构造躯体进行再生时，为了达到再生后的利用期限目标，有必要进行满足防劣化和现有标准的抗震改修。

但是，建筑再生的原本动机不是提高躯体性能，而是提高建筑的利用价值。把现有建筑的居住性能提高到新建建筑水准，将其改变成有利于租赁的建筑，才是最大的目的。

通常，在尝试提高建筑利用价值的同时会伴随着建筑重量的增加。比如说，针对重量作用产生的冲击声实施板层加厚，而且如果把建筑从住宅转换成办公室的话，就需要增设公用墙壁等，总之更新利用价值会带来建筑重量的增加，容易导致抗震性恶化，这是与建筑再生和单纯的抗震改修有很大差异的地方。因此，在建筑再生过程中，只注重现有的躯体性能是不够的，由于伴有居住性更新的分量得到重视，就有必要进行躯体的再生。

5.1.2 防止躯体退化

❶ RC 躯体的退化和耐力的降低

初始灌入的混凝土具有强碱性，但随着建筑年数的增加，逐渐从表面开始中性化。空气中的二氧化碳与混凝土中的氢氧化钙中和了。另外，混凝土也开始产生裂纹。灌入混凝土的数月后，由于干燥收缩也会产生裂纹，以及之后地震时的变形等也会导致裂纹的产生。如果混凝土的中性化以及裂纹的多年变化，恶化到钢筋周围的话，钢筋就会因为水分侵入而生锈。生锈的钢筋不但直径会变小，而且由于体积膨胀也会让混凝土脱离。

这就是钢筋混凝土的老化现象，由于截面

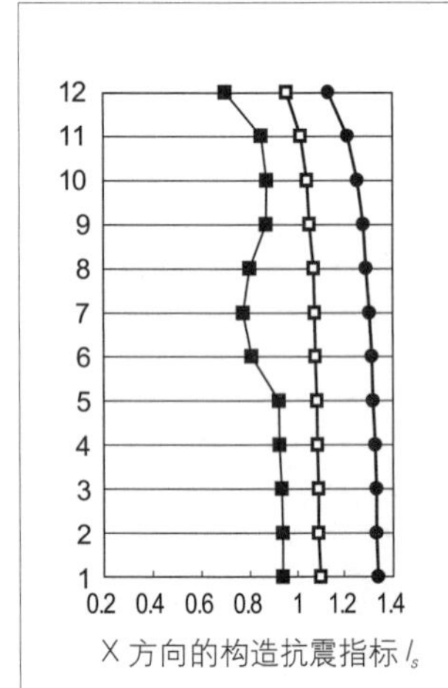

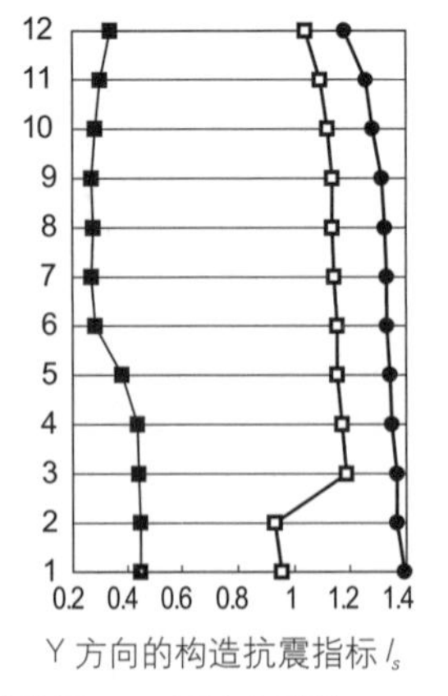

现有状态 抗震改修后 用途变更后

诊断抗震性的每个方向的数值。如果构造抗震指标 I_s 是 1 的话，显示有和新抗震标准的要求同等的抗震性，指标达到 0.6 以上就可被诊断为安全。

右图是针对旧标准的钢铁架构造建筑的抗震性，与现有状态、抗震改修后、抗震改修 + 用途变更后状态进行比较。这个建筑中向 Y 方向崩溃的危险性很高，但由于抗震改修，这个方向的 I_s 值被修改到 1.3 左右。由此可知，如果加上用途变更的话，由于重量增加，指标可以降低到 1.1 左右。

图 5.1 随着抗震改修和用途变更的抗震改修的抗震性比较

缺损，构造部分材料的耐力也随之下降了。但是，有必要注意这样的现象不只是中性化所产生的。品质有问题的混凝土因为中性化，常常被误解为是中性化降低了混凝土的强度，但退化的 RC 部分材料的耐力降低也是钢筋腐蚀的原因。

因此，即使产生这样的退化现象，如果在实施钢筋的防锈处理后进行防水处理的话，也可避免 RC 部分材料的耐力降低的现象。比如说，对四周进行外部装饰来防止雨水溅入，屋内由于进行管道漏水防治，对用水的位置进行修改，混凝土经年变化所产生的危害就不存在了。

❷ 钢骨躯体的劣化

钢铁架构中有热间成型的重钢骨和冷间成型的轻钢骨两种。

一定规模以上的钢骨里的主要构造材料使用了重型钢骨，这种规模的钢骨需要含有耐火层的矿毛保温纤维（石棉）等喷涂材料，在其之上再加面层。通常，重型钢骨因为受到多重保护，因此不产生退化就不会发生问题。另外即使表面生锈了，因为比较厚，也不至于影响到截面性能。

但是，因为轻型钢骨比较薄，生锈后截面就会被侵蚀。比如说，热桥结露的话，随着生锈的发生，轻钢骨就有可能被完全腐蚀。这时，解决躯体老化的对策就是解除热桥，变更外包装和躯体节点等。

另外，1975 年 Asbestos（石棉）喷涂工程被禁止之前，钢骨的防火层中大多使用 Asbestos，1980 年以前含有 Asbestos 的喷涂矿毛保温纤维也被使用，附着这些喷涂材料的建筑躯体，都要根据《妥善处理含有石棉废弃物的建筑物的拆卸或改修工程指导方针》进行适当处理。

5.1.3 现有建筑物的抗震性

❶ 抗震标准的变化与现有不合格建筑的产生

《建筑标准法》的前身是 1919 年制定的“市区建筑法”，日本的构造规定是从这里开始的。其后，关东大地震、十胜海上地震、宫城县海上地震等重大损失给人们以深刻教训，重新对建筑法进行修改，直到今天的构造规定被完善为止，这样的构造规定变化，导致了现有建筑物的抗震性差异。

不满足现行规定的建筑被称为“现有不合格建筑物”，竣工时的状态仅限于使用，并未达到现行规定。因为根据法律不溯及原则，所以在新规定制定之前所建成的建筑，不适用该规定。因此在更新多半外部装饰、变更用途的建筑再生中，要求必须按照和新建建筑同等的抗震性进行抗震改修。另外，在已有的不合格建筑中，构造以外的包含关于避难和形态限制等方面在大幅度变更建筑的再生中，原则上都需要满足这些现行规定。

❷ 建设年代与抗震性

表 5.1 展示了构造规定等的主要变化。现在的构造规定是基于 1981 年的《建筑标准法》进行修正的，所以被称为新抗震标准。根据这个标准引进了保有水平耐力这样的新指标，但旧标准中的建筑几乎没有达到该保有水平耐力的必要值。具体来讲，对于抗震墙不足的观点没有影响。另外，RC 造的规定在 1971 年也有大幅度的修改，带筋间隔由 30cm 修改为 15cm，支柱的切力也有很大变化。因此，

表 5.1 建筑法令中构造规定、避难规定、形态限制等的主要修改事项

年代	关联的主要规定内容
1919 年《市区建筑法》的制定	· 垂直负荷计算的义务化 · 建筑物高度（层高）限制（31m）的引进
1924 年《市区建筑法》的修改	· 水平震度（0.1）的导入
1950 年《建筑标准法》的制定	· 所有建筑物抗震设计义务化：水平震度 0.2 · 向负荷以及容许应力度导入长期和短期的概念
1963 年	· 建筑物高度限制的撤销。容积率限制限度的引进
1964 年	· 高层建筑物（15 层以上）的避难规定的整备
1969 年	· 避难规定的适用范围的整备
1971 年	· 强化 RC 造的支柱切力：带筋间隔 15cm 以下（梁、柱脚附近是 10cm 以下） · 容积率限制制度的全面适用
1974 年	· 设置两个以上直通楼梯的标准
1977 年	· 阳光（日照）限制的引进
1981 年 新抗震标准的引进	· 保有水平耐力的计算方法的引进 · 修改震度为层的切力系数 · 三种抗震构造计算途径的新设（建立）
1995 年 街道诱导型地区计划的创办 抗震改修促进法的制定	· 在规定墙面位置和建筑物最高限制等地区，根据前面道路宽度限制容积率和斜线（阴影） · 放宽规定的主要内容：放宽《建筑标准法》对不合格建筑的限制；放宽耐火建筑的相关限制
2000 年《建筑标准法》的性能规定化	· 限界耐力计算方法的引进 · 避难安全验证法的引进
2005 年	· 作为与抗震性和避难等相关的现有不合格事项的改善方法，肯定了建筑的部分修改和阶段修改
2007 年 建筑确认审查手续政策的变更	· 对于具有一定规模的建筑物，指定机关进行构造计算合格性判断，构造合格性判断义务化 · 构造计算程序的负责人认定内容的变更

1971 年以前的 RC 造，和这之后建造的建筑所产生的地震损失是不同的。另外从 1979 年开始引进了新的抗震标准，所以，1979 年到 1981 年建造的建筑，也有满足新抗震标准的情况。

❸ 非源于建设年代的地震损害

在阪神淡路大地震中，这样的构造规定变化如实地表现出来，发生了与建筑建设年代有关的灾害。但是，如果从建筑形状和构造材料来看的话，也有不是源于建设年代的地震损失。

这样的损失之一是 RC 造的基柱损害。比如说，在一层停车场设置的集体住宅中，只有该层的壁量减少了，刚度也比其他楼层降低很多。因此，即使满足新抗震标准，发生基柱损害的建筑也是不少的。另外一个 RC 造的损害的典型是短柱破坏。四周的柱子，例如顶壁和矮墙，限制较多，在这样的柱子里，因为产生较大的变形角，所以很容易发生切断破坏。

一方面，钢骨造的柱子下部与柱子和梁接合部等产生了损伤。中低层钢骨造经常使用

露出型柱脚，被看作是以前的构造设计中的常规连接。前者的损害会对柱脚的弯曲力矩产生影响，而且还会发生断裂的情况。针对柱子与梁接合部位的损害，冷间成型的角形钢管的焊接部位产生的脆性破坏是根本原因。焊接不良也被经常视为扩大此损害的原因。因此，在 2000 年的《建筑标准法》修正中，设立了关于钢骨造接合部的详细技术标准。

（1）柱子的切力破坏：1971 年以前的建筑所产生的

（2）柱子的弯曲破坏：
1981 年以后的建筑基柱所产生的

（3）短柱的切力破坏：垂壁和腰壁所产生的

（照片提供：东京大学坂本・松村研究室）

图 5.2 RC造的典型地震损害

（1）建筑的倒塌：柱脚被破坏，从底部开始连根拔起

（2）柱脚的破坏：底板的锚栓断裂

（3）顶梁柱接合部位的断裂：冷间成型的角形钢管焊接部位的脆性破坏

（照片提供：东京大学坂本・松村研究室）

图 5.3 钢骨造的典型地震损害

5.2 从抗震诊断到抗震改修

5.2.1 判断抗震的方法

❶ 构造抗震指标与其构成要素

在进行抗震诊断的时候，比较方便的方法是根据一个标准对各种现有建筑物进行评价。但现有建筑物的抗震性、其建设年代和抗震墙的设置等与各种因素有关。另外，即使能够对抗同程度的地震，但因为既有用强度对抗的构造形式也有顽强抵抗的形式，所以有时候也不能够对抗震性进行妥切的评估。总之，在抗震诊断标准中采用各种因素的同时，也要求其能够适用各种构造材料和形式。构造抗震指标（I_s）将这些都考虑在内，并且现有建筑物的抗震诊断中采用了该指标。

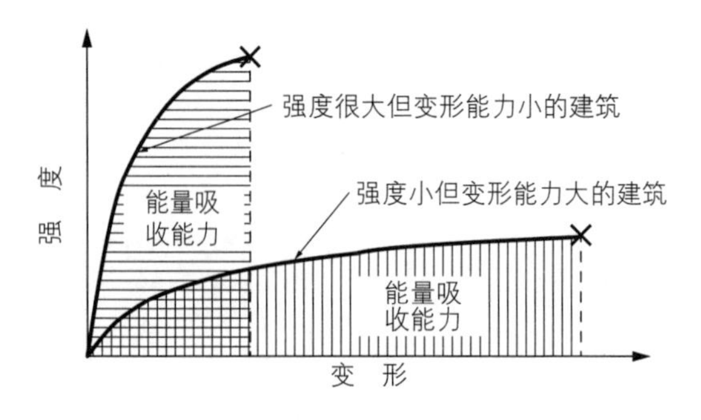

图 5.4 抗震性和能量吸收能力

构造抗震指标的构成如表 5.2 所示。RC 造中用保有性能基本指标（E_0）、形状指标（S_D）、经历年数指标（T）的成绩进行表示。保有性能基本指标是评价建筑的强度和顽强度的指标，评价对地震所输入能量的吸收能力。总之，RC 造的构造抗震指标表示了，构造的保有能量吸收能力中削减了由于建筑形状和经历年数变化的能力。

表 5.2 构造抗震指标（I_s）的构成 [1)、2)、3)]

RC 造 SRC 造	$I_s = E_0 \times S_D \times T$ E_0：保有性能基本指标 S_D：形状指标　T：经历年数指标
钢骨造	$I_s = \dfrac{E_0}{F_{es} \times Z \times R_t}$ F_{es}：形状特性系数　Z：地域系数 R_t：震动特性系数

❷ 抗震诊断的种类

表 5.3 是表示抗震诊断的使用方法。RC 造和 SRC 造的建筑物有三种诊断方法。实际应用上多用二次诊断，I_s 值达到 0.6 以上的建筑被诊断为安全的。但是大地震的时候，成为救援地点的建筑用途中辨别值增加了。比如说，东京都的医院等的辨别值被要求为 1.25 倍，I_s 值 0.75 以上。一次诊断是只对柱子和墙壁截面进行评价的简略法，适用于壁构造的诊断。三次诊断是评价梁和平板强度的方法。这个诊断法一般推荐六层以上的建筑使用，但也有必要进行保有水平耐力的评价。

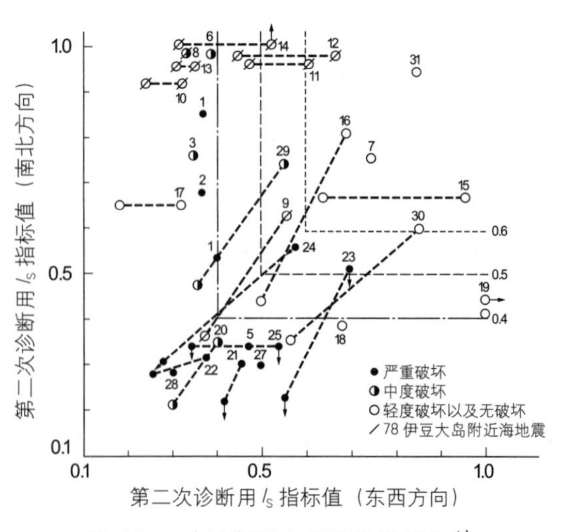

图 5.5 二次诊断用 I_S 值和地震损害 [4)]

表 5.3 抗震诊断法的种类与适用范围[1)、2)、3)]

诊断法	对　象	评价对象	评价基准值
一次诊断	RC 造・SRC 造	柱子和墙壁的切力强度	$I_S \geqslant 0.8$
二次诊断		一次诊断＋柱子和墙壁的弯曲强度	$I_S \geqslant 0.6$
三次诊断		二次诊断＋保有水平耐力	$I_S \geqslant 0.6$，保有水平耐力≥必要保有水平耐力
抗震改修促进法	所有的建筑	构造抗震指标，保有水平耐力相关系数：q	$I_S \geqslant 0.6$ $q \geqslant 1$
新抗震设计		保有水平耐力	保有水平耐力≥必要保有水平耐力
应答分析		保有水平耐力，变形	保有水平耐力≥应答地震力 可塑性率≤应答变形

总之，因为基本类似于新抗震设计的途径3，所以在高层 RC 造的诊断中，有不少根据现有基准进行构造计算的。

钢骨造建筑物的抗震诊断法中，利用了根据普通抗震改修促进法所显示的方法，但是也有不少基于现有基准的构造计算的。

变化的应答解析是对 60m 以上的超高层建筑物进行的。即使中低层也有必要根据创造地震构造法和免除地震构造法进行抗震改修的解析。

❸ 抗震诊断的资料收集

抗震诊断是根据现有建筑物的设计图纸和现有调查等进行的。资料收集的概要如表 5.4 所示。抗震诊断里很多必要信息是从设计图纸中得到的。构造计算书虽然不是必需的资料，但可以在想得到的时候节约很多抗震诊断的时间。现场调查基本上是为了计算出经历年数指标而进行的。还有在接下来所说的建筑图纸部分缺少的情况中，也能发挥作用。

在建筑再生计划里，现有建筑虽然不缺设计图纸，但关联图纸都存在是很少有的。

建筑既然是已有的，补充由于测定和检查所欠缺的信息也是可能的。但是项目决策以前，所需费用的检查是很困难的，所以实际上要求根据可能掌握的设计图纸和现场调查来进行推测。

表 5.4 为了进行抗震诊断的资料收集

方　法	项　目
设计图纸收集	・普通图、构造图、构造计算书
现场调查	・建筑的变形、漏水和火灾的履历 ・混凝土的裂纹、钢筋和钢骨的腐蚀 ・内外装饰的着色状态
检查・试验	・混凝土强度、中性化的程度（放气＋压缩试验） ・钢筋的直径和配置（X 线检查等） ・钢骨的柱梁接合部的焊接（超声波探伤检查）

表 5.5 是根据设计图纸的欠缺而整理的对应方法。限定构造躯体的再生，保留普通图纸或构造图纸，根据现场调查推断所欠缺的信息。问题是构件截面一览图都没有被保留。钢骨造的建筑物，有不少可以从垂直断面图得到顶梁柱截面的线索，但 RC 造建筑物不能把握钢筋的状态，所以不能够进行二次诊断。

但是在判断可行性的时候，必须要对抗震改修费用进行大致的计算。因此，如果在缺少设计图纸的时候，在工程初期阶段也可以根据一定的假设来进行抗震诊断。这样的诊断可以参照与建设年同时期的《JASS5 钢筋混凝土工程》里刊登的类似建筑等，来假设钢筋的直径及其配置。

表 5.5 针对设计图纸欠缺的应对方法

欠缺资料	主要欠缺信息	信息补充方法
普通图	建筑的形状 内外装饰的着色（固定负荷）	根据现场目视调查的确认
构造图	构造构件的截面以及位置	普通图以及现场调查的推断
构件截面一览表	平板的钢筋直径以及配筋 柱子和梁的钢筋直径以及配筋：RC 造的情况 柱子和梁的钢筋截面以及接合部：SRC 造以及钢筋造的情况	根据 X 射线检查等的确认 根据着色・耐火覆盖材料的撤除的确认

5.2.2 抗震改修

❶ 抗震改修的种类和选择

判断为抗震性不足的时候，建筑再生计划中加入了抗震改修计划。抗震性的改善方法是表 5.6 所示的四种。但是实际上很多时候是同时采用多个方法的，短柱等局部弱点的消除以及建筑的轻量化等，无论是什么方法都有效果。特别是在建筑再生中，随着居住性的更新，其他部位的重量也容易增加，因此可以大概计算一下如果在初期阶段中撤除楼顶小屋和杂壁（非承重混凝土墙）可以产生的效果。

①强度增加型

强度增加型是增设 RC 抗震墙和钢骨支架等抗震构架的方法。现有 RC 壁的加固也是方法之一，在抗震改修方法中有最显著的成效。该方法分为在室内增设抗震构架的内部构架型和在建筑四周设置的外部构架型。前者花费很少的工程费就可以了，但工程中不能使用该建筑，后者虽然可以一边居住一边进行工程，但如果建筑四周没有抗震构架的安置空间就不能被采用。

②韧性增加型

增加其耐久性的方法是在柱子和梁的周围包上钢板和碳纤维。只有 RC 造才被采用，适用于独立柱比较多的建筑。一般采用增设和合并抗震构架的方法，但很少有只采用该方法就可以完成抗震改修的。

③减衰增加型

增设液压阻尼器和低降伏点钢构架的控震装置，可以缓解地震力。比如说，后者是使用降伏小的变形的支架和钢材，根据其塑性变形，吸收进入建筑的能量。该方法适用于变形很大的高中层的钢骨造，与强度增加型相比，减衰增加型适用工程的地方相对较少。

④输入减轻型

输入减轻型的代表方法是设置抗震构件，减少对建筑的地震力。在抗震层中，设置层压橡胶等的支撑材料（绝缘体）和减衰装置（减震器）。抗震改修是对现有建筑的抗震性进行彻底的改善，也被称为抗震改造。一边居住一边进行工程是可行的，基本不影响平面和外观就可完成了。但是吸收免震层位移的变形节点需要外部装饰等，同时也需要电梯的免震对应。

1971 年以前柱子的切力强度明显不足的 RC 造建筑物等，要大幅度改善其抗震性。工程费虽然高，但与十层左右强度增加型的建筑工程费接近。

该方法根据抗震层的位置，分为基础抗震

表 5.6 抗震改修方法的分类

分类	强度增加型	韧性增加型	减衰增加型（控震）	输入减轻型（抗震等）
概要	·内部构架型：现有的顶梁柱之间插入钢骨空隙和 RC 抗震墙。 ·外部构架型：建筑四周附加抗震构架。	·RC 柱子、梁上包裹钢板和碳纤维等。 ·设置约束 RC 柱子的垂壁和腰壁之间的狭缝。	·在各层或最上层设置控震装置。	·基础抗震：基础部分设置层压橡胶。 ·中间层抗震：一层柱头等设置层压橡胶。 ·建筑重量的减轻。
模式图	＜内部构架型＞ 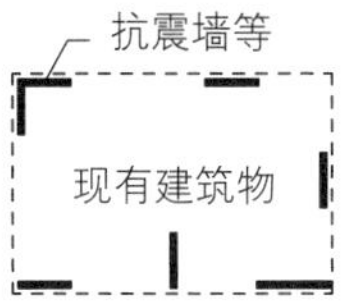 抗震墙等 现有建筑物 ＜外部构架型＞  抗震构架 现有建筑物	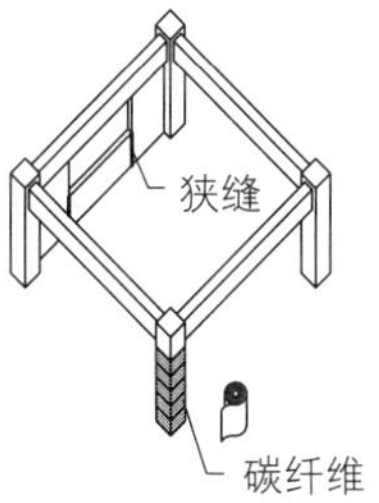 狭缝 碳纤维	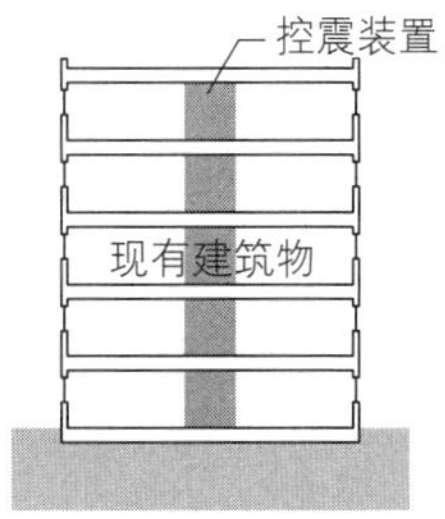 控震装置 现有建筑物	＜基础抗震＞ 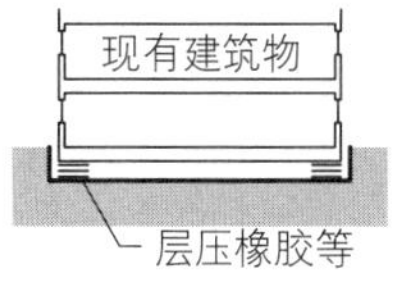 现有建筑物 层压橡胶等 ＜中间层抗震＞ 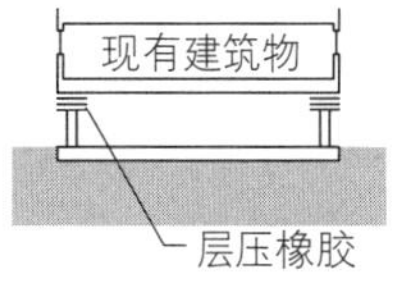 现有建筑物 层压橡胶
施工方法	·钢骨空隙增设 ·RC 抗震墙增加 ·RC 抗震墙增设	·钢板卷 ·碳纤维卷 ·狭缝设置	·低降伏点减震器的设置 ·摩擦减震器的设置 ·黏性减震器的设置	·抗震构件的设置 ·大楼顶上的小屋和杂壁（非承重混凝土墙）

和中间层抗震。前者是在基础下设置免震构件，虽然在免震层以外不发生躯体工程，但会使地下工程的工期延长。另外，避免建筑和地皮之间的位移需要支架，建筑四周如果没有 600mm 宽的空间的话，就不能采用该方法。后者是在一层的柱头等位置设置层压橡胶。虽然不需要挖掘或基础工程，但需要对外墙的变形节点进行防水处理。另外，自抗震层起有必要在下层的躯体进行部分的增强。

❷ 抗震改修的施工法

强度增加型修改的典型是 RC 抗震墙的增设。该方法与现有 RC 躯体关系紧密，配筋、模板的密盖，灌入混凝土的基本工程与新建的 RC 工程一样。但是为了使现有躯体和增设壁实现一体化，在配筋工程之前需要对其后的施工螺栓进行设置。在顶梁柱上插入穿透螺栓钢筋孔的时候，会造成粉尘和噪声。

在钢骨结构的现有顶梁柱上焊接连接板，用螺丝钉接合钢骨支架是通常做法。另外，钢骨支架比 RC 抗震墙分量轻，设置出入口也比较容易，所以多用于强化 RC 造，即图 5.6 所示的带框架的钢骨支架。

韧性增加型修改的代表之一是碳纤维卷。如图 5.8 所示，作为基础处理，在进行混凝土面的修饰之后，根据环氧树脂粘贴碳纤维，在其上涂上环氧树脂。虽然不需要像钢板卷这样的焊接作业，但是在基础处理的时候，粉尘和环氧树脂在硬化时会产生臭气。

减衰增加型修改所使用的控震装置的代表是使用低降伏点钢的拘束座屈支架。设置方法与前面所说的强度增加型钢骨支架一样。另外，使用普通钢的拘束座屈钢骨的抗震支架自 20 世纪 70 年代开始作为高层钢骨造的抗震支架被使用。

在抗震改装中，多数采用中间层抗震，其施工次序如图 5.10 所示。首先，强化抗震层的躯体之后，假设支柱暂时接受负荷。因为柱子切断时噪声小，所以多采用电锯施工法。但是在切断过程中需要冷却水，所以在不允许往下一层漏水时，需要采用其他施工方法。接下来插入层压橡胶，往上下接合部灌入灰浆，接合到柱子上。在防火区外设置的层压橡胶中需要耐火层。

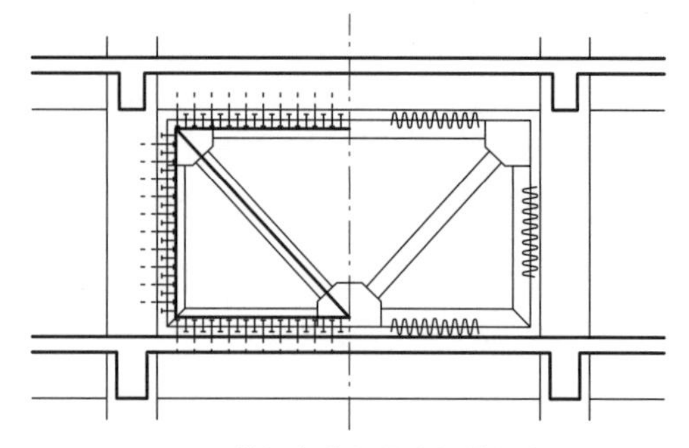

（1）带框架的钢骨支架的构成

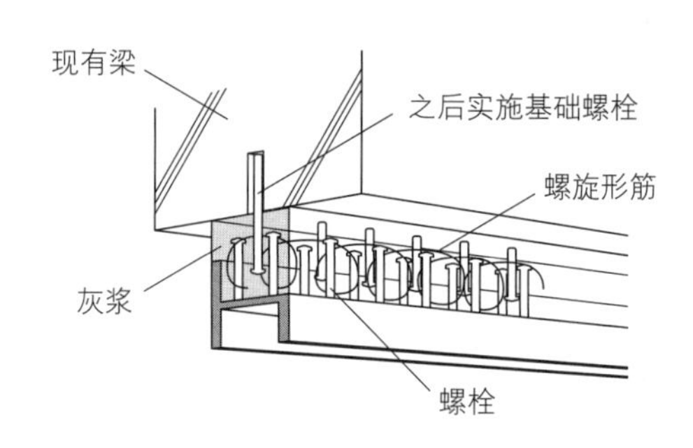

（2）和现有躯体的接合部位

图 5.6 内部支架型强化的例子

图 5.7 外部支架型强化的例子

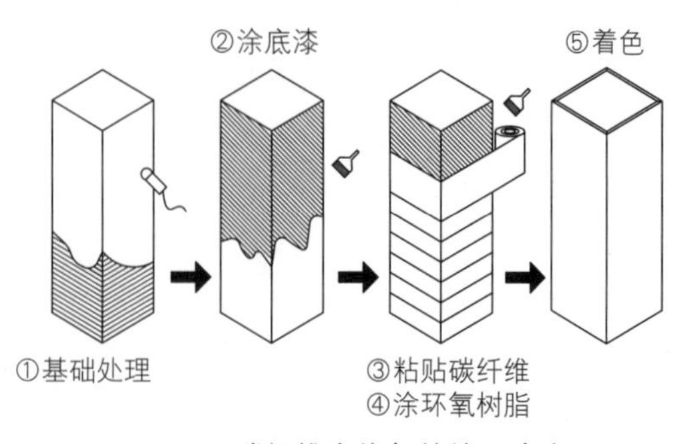

图 5.8 碳纤维卷修复的施工次序

成品检查

设置状况

图 5.9 抗震装置的增设例子：使用低降伏点钢的拘束座屈支架（照片提供：竹内彻）

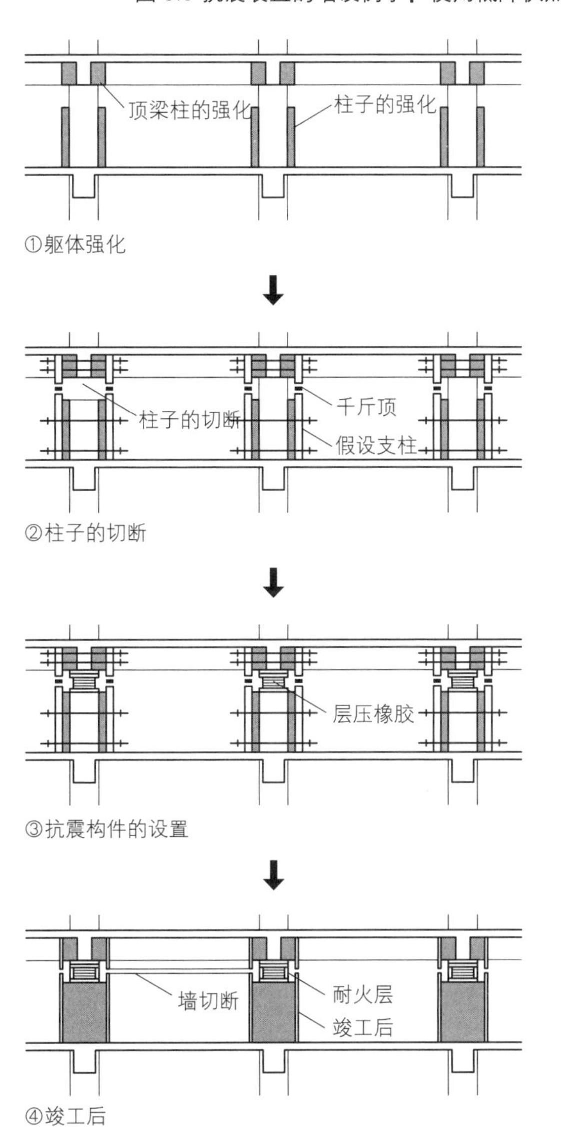

图 5.10 中间层抗震改修的实行次序

(1) 设备配管的抗震接缝

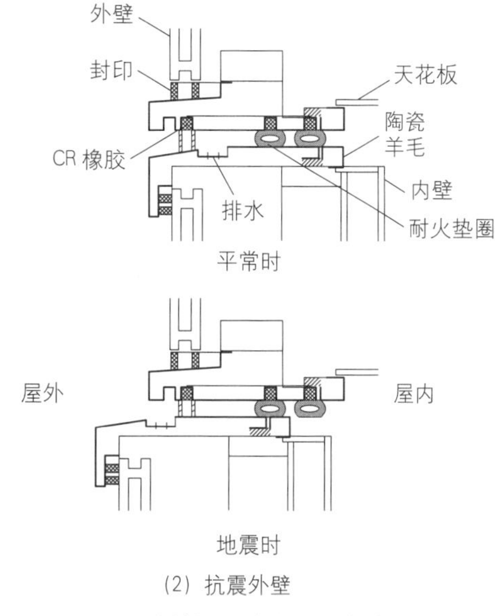

(2) 抗震外壁

图 5.11 支持抗震改修的要素技术

5.3 空间计划的综合调查

5.3.1 躯体的撤除

❶ 墙壁的撤除

当建筑再生的时候，躯体需要与空间计划进行综合的调查。通常的抗震改修中虽然考虑增加抗震墙等方面，但建筑再生为了提高建筑的利用价值，多会撤除躯体的一部分，根据情况，在 RC 抗震墙上设置开口部。

图 5.12 是 20 世纪 60 年代对集体住宅进行再生的实例。为了使两户一户化，建筑师对户间墙的一部分进行拆除来确保流动线。即使是在使用旧建筑标准的情况下，这个例子中的壁式 RC 构造强度也是很大的，所以在户间墙设置出入口也能确保耐震性能。因此，在壁式 RC 造的国营住宅的再生中，这样的方法是常规方法之一。另外，拉面式 RC 造的抗震墙也有可能设置开口，根据开口率耐力递减，其值如果超过 16% 的话，就被认为是抗震墙。

为了提高抗震性，可在使建筑轻量化的时候，撤除杂壁（非承重混凝土墙）等。实际上，即使 1971 年以前的 RC 造，如果减少建筑重量 20%，那么轻微的强化也可以满足现行标准。

图 5.13 是把 1970 年建设的 RC 造的事务所大厦改造为保健福利设施的例子，在拆除

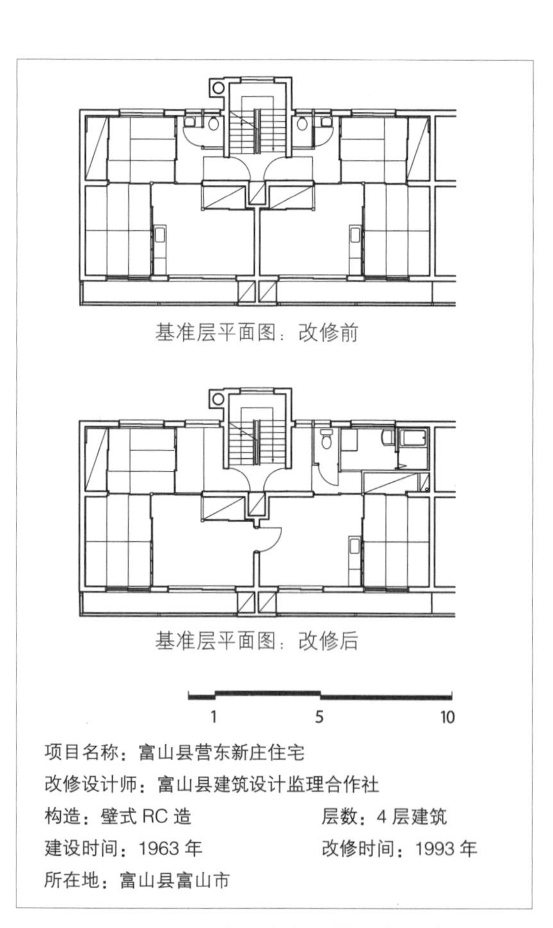

项目名称：富山县营东新庄住宅
改修设计师：富山县建筑设计监理合作社
构造：壁式 RC 造　层数：4 层建筑
建设时间：1963 年　改修时间：1993 年
所在地：富山县富山市

图 5.12 为两户一户化而撤除户间墙

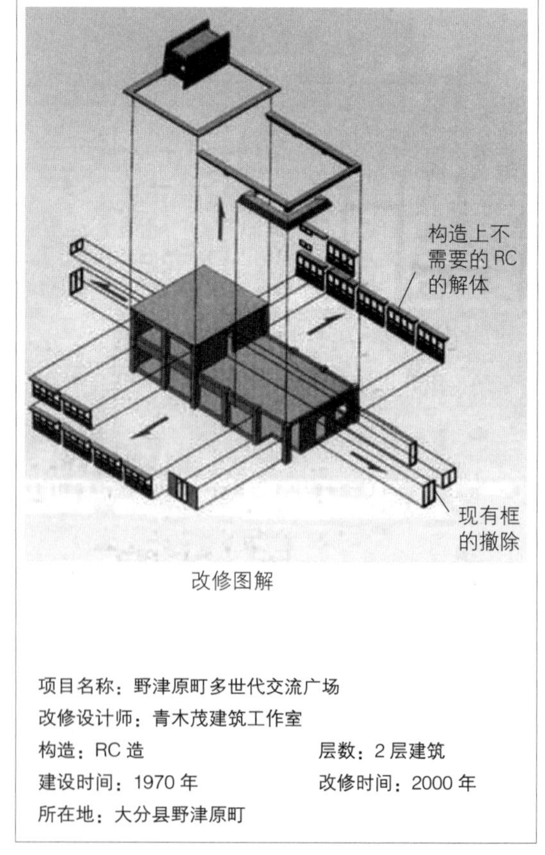

项目名称：野津原町多世代交流广场
改修设计师：青木茂建筑工作室
构造：RC 造　层数：2 层建筑
建设时间：1970 年　改修时间：2000 年
所在地：大分县野津原町

图 5.13 为提高抗震性而拆除杂壁

了杂壁、房檐、屋顶小屋之后增设了支架等。

这样的建筑重量的减轻虽然不应该与空间计划有直接关系，但具备简单状态的躯体带来了其他部位的节点简化。特别是在向居住设施转换的过程中，作为 SI 方式的平台也有提高躯体利用价值的效果。

❷ 楼板的撤除

如果撤除楼板，建筑的楼面面积就会减少。但是为了提高空间的价值，也有不撤除楼板的时候。比如说，办公大厦转换成居住设施的时候撤除楼板，要考虑到建筑顶棚的高度。实际上，东京中心有 10% 左右的办公大厦的层高不足 2.8m，住宅的层高不满足现在的要求水准。因此，这样的建筑作为住宅进行再生的时候，应改善其居住性，并将楼板撤除的事情考虑在内。

图 5.14 是把建设高顶棚作为目的的楼板撤除实例。企业把所有管理职位的单身者所居住的集体住宅改造成美术馆，该大楼的标准层高是 2.7m，这样一来就不能有足够的展示空间。因此，建筑师拆除了该建筑中二、三层的一部分楼板，来确保展示空间的顶棚高度为 3.8m。

图 5.15 是为了确保地下楼层的采光情况

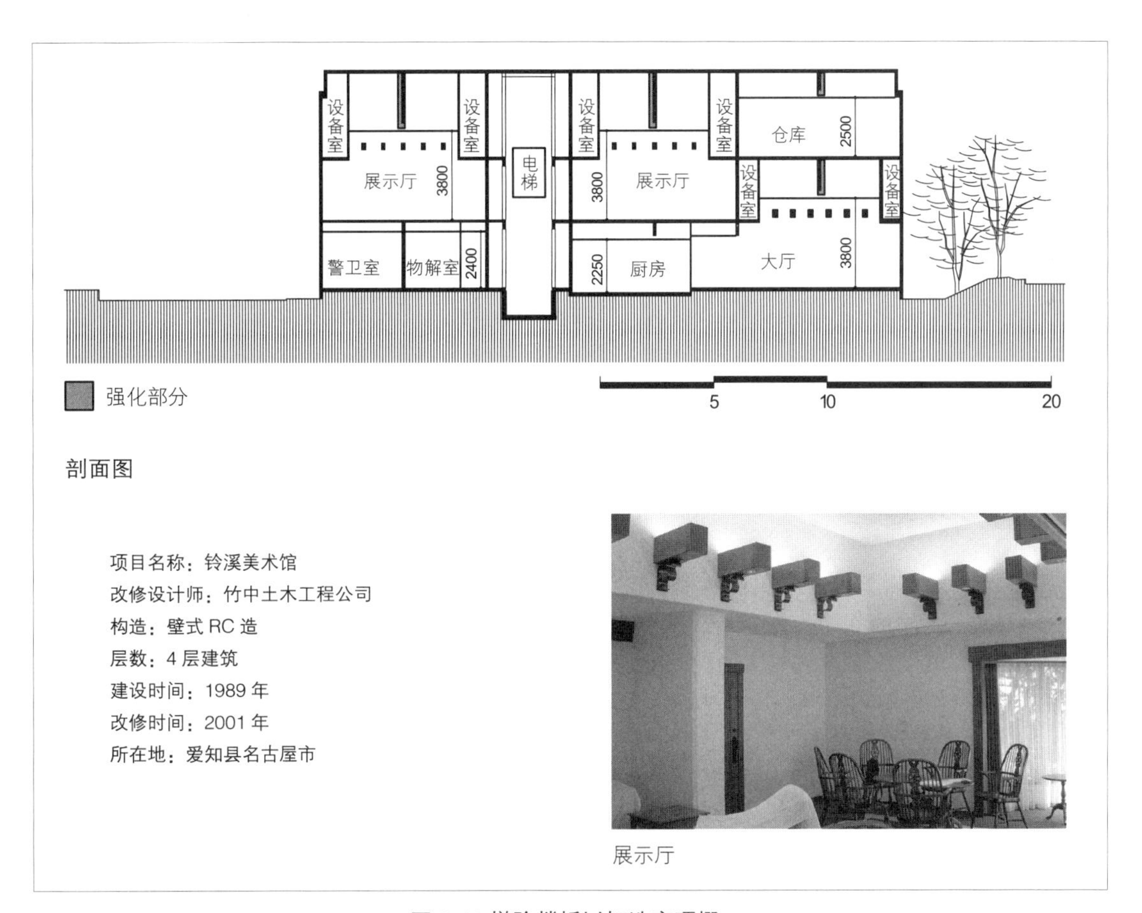

图 5.14 撤除楼板以打造高顶棚

而拆除一层平板的实例。由于医院用途的转换，新的医疗、福利设施出租项目被立案。在抗震改修中，兼用内部框架强化和南立面设置缝隙的方法，将各层楼板加厚了 80mm，从而确保 I_S 值达到 0.9 以上。

但是，只通过进行这样的抗震改修，达到有效利用手术室和机械室所使用的地下层是很难的。撤除一层楼板减少的空间高租赁费用，通过增加地下层的利用价值来补偿，图 5.15 所示的两个采光方法被采纳了。另外，由于近年的城市型集中暴雨，本建筑有向地下层漏雨的情况。无天窗方案相比有天窗方案，地下层面积有所减少，应该尽量回避这样的内水损害。

❸ 梁柱的撤除

如果不是单独撤除楼板，而是连同梁柱一起撤除的话，可以增加空间。如果在下层进行这样的计划，由于需要大规模加固，所以不现实，在最上层用比较轻微的加固即可。

图 5.16 是为了增大空间而撤除梁柱和平板的实例。基本大厦是保险公司的办公大楼。在目黑区购买该建筑，来向综合官署的建筑转换。因为两者的主要空间都是办公室，所以用途的类似性很高，后者要求带具备旁听席的会议场。因此，撤除最上层的梁柱，用 PC 电缆来增强屋顶层的梁，从而确保会议场所要求的大空间。

❹ 楼梯的撤除

近些年，以现有集体住宅的无障碍化为目的的提高建筑价值的改修工程很流行。其典型特点是电梯的增设，与单个走廊相比，楼梯室的改修更加困难。

比如，在国营集体住宅的楼梯室中，几乎所有场合都是根据楼梯平台设置方式来增设

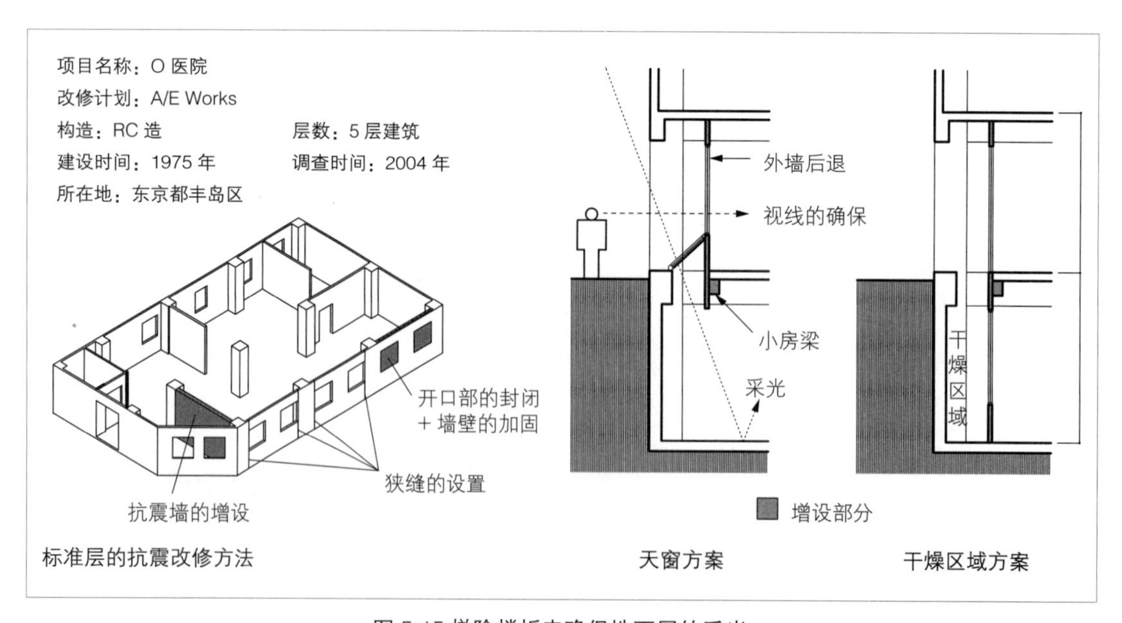

图 5.15 撤除楼板来确保地下层的采光

电梯的。但是按该方式设置的电梯的运行效率较低，不能完全实现对残疾人的无障碍化。

图 5.17 是针对避免此类问题而开发的楼梯改修技术。基本的考虑方法是，在拆除已有的折返楼梯后新建直楼梯和公用走廊，将入口方式由楼梯室型更改成单个走廊型。为了避免外部结构条件等的工程制约，设计师在屋顶固定的悬挂梁上吊起公用走廊，这是本项目的最大特征。

另外，如果建筑转换用途的话，有些建筑不适合设置逃生楼梯。图 5.18 是审视办公室大厦改造成集体住宅的项目中所发生的类似问题。因此，撤除不合适的楼梯间，改为专用楼梯，在其他位置设置新的逃生楼梯。

会议室

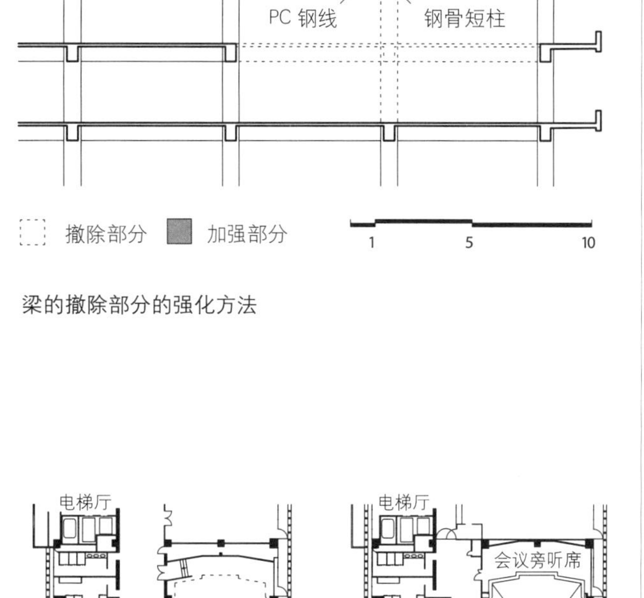

梁的撤除部分的强化方法

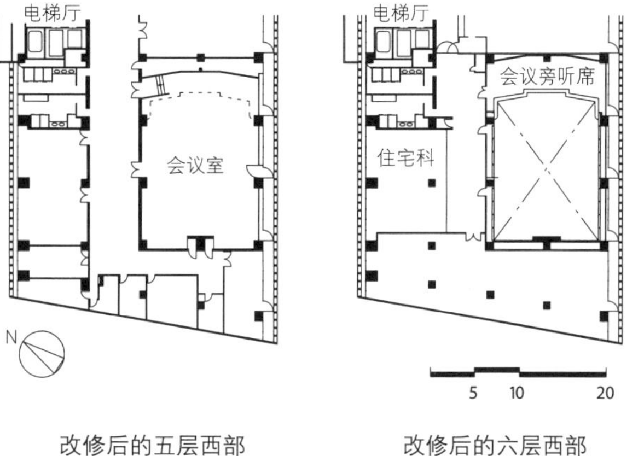

改修后的五层西部　　改修后的六层西部

项目名称：目黑区综合官署（总馆）
修改设计师：安井建筑设计事务所
构造：SRS 造
层数：6 层建筑
建设时间：1966 年
改修时间：2003 年
所在地：东京都目黑区

图 5.16 撤除梁柱创造大空间

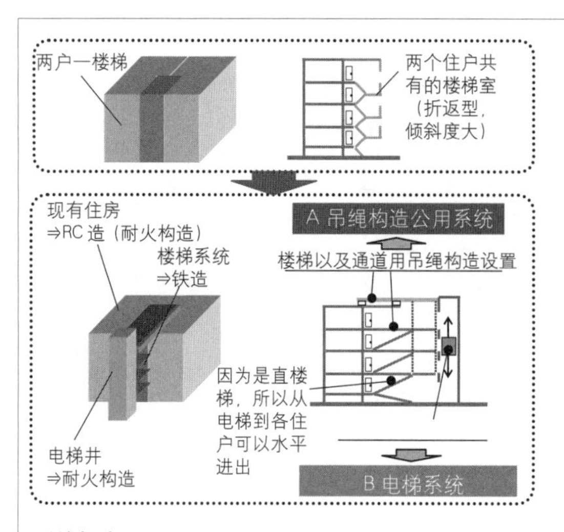

系统概念图

实验楼　　（照片提供：门脇耕三）

项目名称：HC 系统
开发商：市浦市开发建筑顾问
　　　　新日本制铁
建设时间：2005 年（实验房）
所在地：千叶县木更津市

图 5.17 楼梯室型集体住宅的修改技术开发

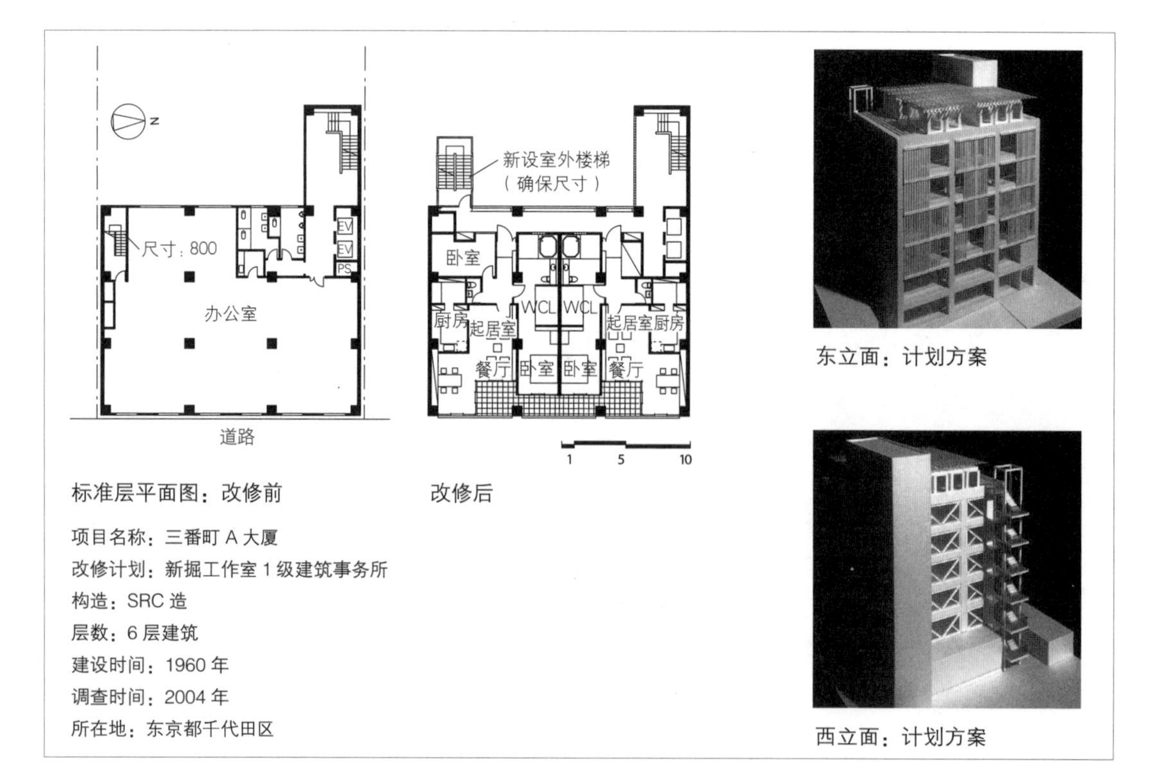

项目名称：三番町 A 大厦
改修计划：新掘工作室 1 级建筑事务所
构造：SRC 造
层数：6 层建筑
建设时间：1960 年
调查时间：2004 年
所在地：东京都千代田区

图 5.18 转换时现有不合格的楼梯的更新

5.3.2 躯体的附加

❶ 楼板的改修等

抗震墙的增设和控震装置的新设等躯体的附加是抗震改修的基本手段，但是在建筑再生中，以与抗震性不同的观点附加躯体并不少见。其典型是针对重量撞击声的隔声进行的楼板改修，隔声等级不单取决于楼板的厚度，也依赖楼板的面积，也有增设小房梁来分隔楼板的情况。

图 5.19 是以这样的目的来增设小房梁的例子。该建筑计划从办公建筑转换为集体住宅。几乎所有的楼面面积都不到 20m²，所以基本上是依靠改良可移动楼板的施工方法来进行隔声的。但是因为只有一个 30m² 的楼板，所以建筑师为这部分附加了小房梁。根据撞击声的测定，31.5Hz 区域的撞击声水平比增设小房梁前低 14dB。

❷ 抗震墙的增设

最经济的抗震改修方法是增设抗震墙。一般来说，在脱离建筑物中心的位置设置抗震墙效果最好，所以，建筑师在外边设置了较多的抗震墙。实际上，如果没有采光规定的话，外部设置抗震墙很少会对建筑的使用造成影响。

图 5.20 是依靠封闭开口以及加固墙体来实现抗震改修的例子。该建筑改修前是一座小学校，后来被改造成没有采光规定的老年人设施，所以建筑四周也可以设置抗震墙。最终，该项目没有损害到日本昭和初期的表现主义设计，成功地转换成与之前完全不同的用途。

但是有采光规定的项目一般会对四周增设抗震墙和平面计划造成影响。图 5.21 是将办公建筑转换为集体住宅的例子。

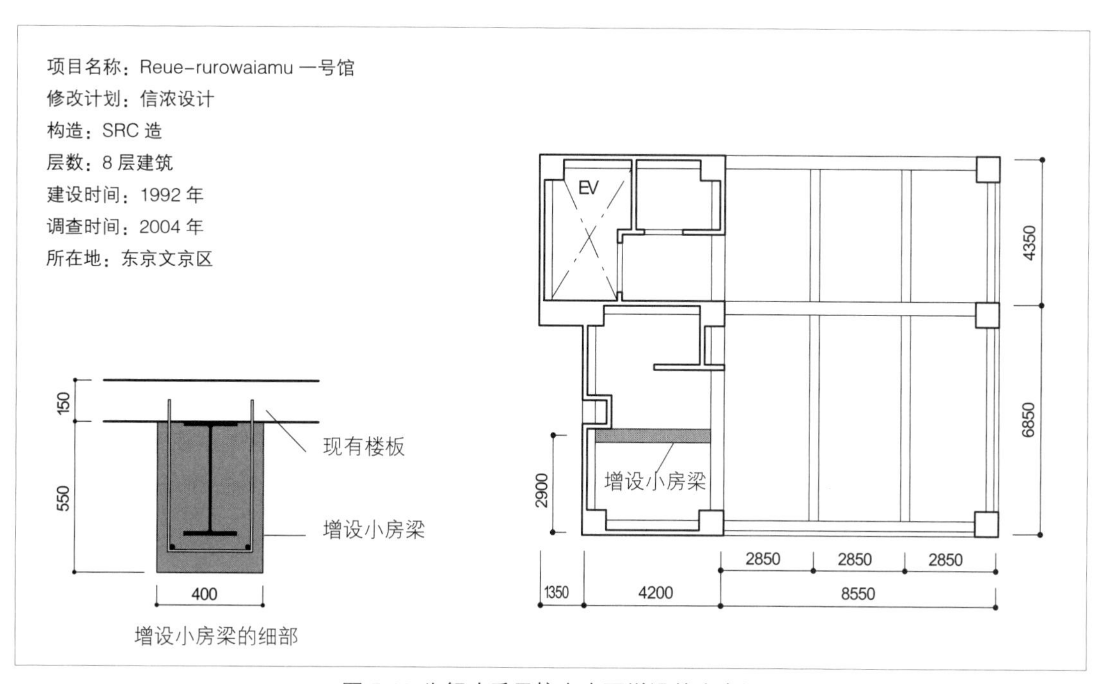

图 5.19 为解决重量撞击声而增设的小房梁

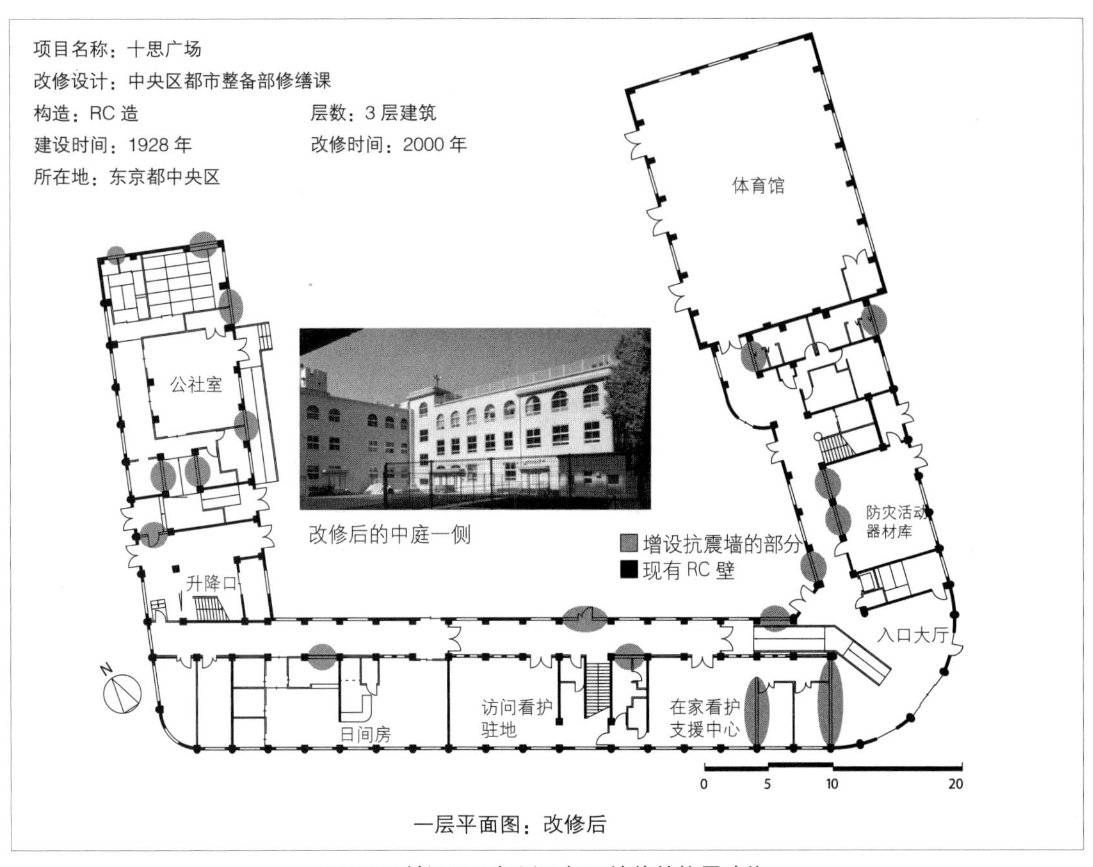

图 5.20 封闭开口部以及加固墙体的抗震改修

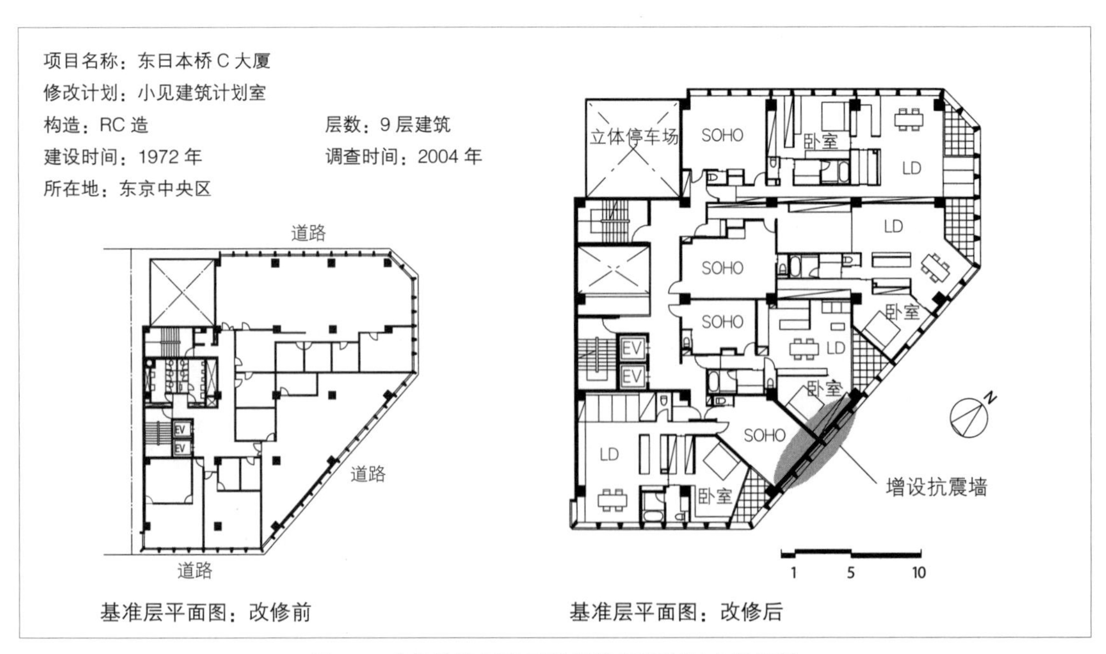

图 5.21 建筑转换用途时增设抗震墙限制房屋部署

基地大楼是旧抗震建筑，1996 年增设了柱子的钢板卷和抗震墙，不进行抗震改修而是直接转换用途是可能的。在主要道路侧面增设抗震墙没有妨碍建筑的办公用途，但是如果转换成集体住宅的话，在主要道路侧面增设抗震墙就会大大限制其周边空间的房屋设置。

因为在这样的住宅中增设抗震墙会阻碍采光，所以使用钢骨支架也是比较妥当的。实际上，在采光规定严格的学校的抗震改修项目中采用钢骨支架是普遍做法。另外，根据基地大厦的条件也有在建筑内部增设抗震墙的情况。这样的抗震墙对制定计划的影响比在四周设计的抗震墙要大，所以不少成为建筑转换用途时的阻碍主因。但是在制定计划后，这样的限制条件是新建筑所看不到的个性计划的原动力。

图 5.22 所示的转换计划方案，是抗震加固的钢骨支架作为独立平面设计的实例。产生这样的平面，是为了提高转换后的收益性，将钢骨支架围绕的管道竖井南侧面积转变为用户面积。如按照直交网格设置墙壁，该空间内不能确保住户内的动线。因此将公用走廊东面设计成弯曲状，考虑到工程费将其对面墙壁设计成倾斜状。

如考虑收益性和工程费，两个住户的房间平面最好是规则的。因此，在得出西南住户的房间没有必要是矩形的结论的情况下，南侧住户的房间墙壁也倾斜设置。引入这样不规则的住户平面，在图纸范围内，本方案是有效面积比最高的方案。

❸ 免震设备改装

几乎抗震改修的所有方法都会不同程度地改变已有的平面和立面。根据建筑情况，也有不改变已有状态来提高抗震性的情况。

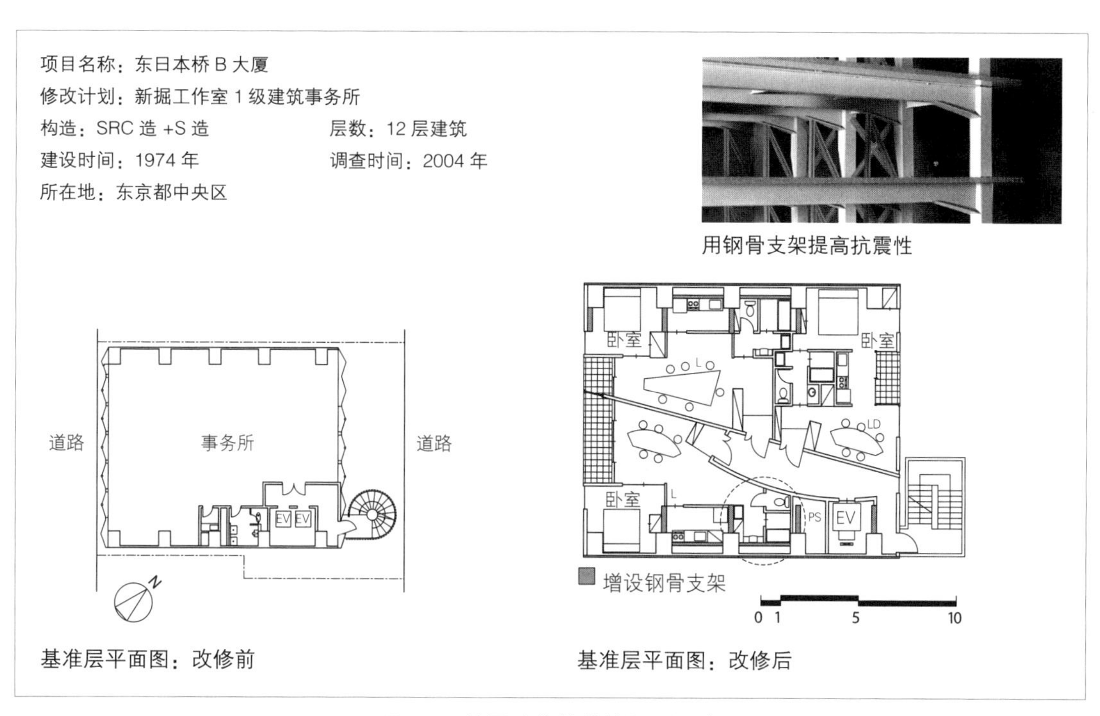

图 5.22 抗震改修的独特平面设计

如果是这种情况，根据基础抗震进行抗震改修是基本的对应策略。

图 5.23 是日本初期的抗震设备改装的实例。1993 年开始对规划展示馆的增建进行研究，同时也对勒·柯布西耶设计的主楼进行升级改造。当初，对普通的抗震强化进行了检查讨论，以对美术品的保护和建筑独创技术的继承等为目的的基础抗震的改修文案被采用了。

通常，在这样的基础抗震建筑的四周都设计有单平板的空地，为了确保抗震间隙，此处的建筑和地皮之间产生了高低平面的差异。在勒·柯布西耶的设计里，前庭不存在差异，其入口也实现了对残疾人的无障碍化。因为基础抗震建筑也继承了这样的设计意图，因此近两年膨胀节被开发了。

5.3.3 增建

❶ 水平增建

增建不单独是增加建筑面积，也给建筑再生带来了安全性的提高以及改观现有建筑的各种空间计划，提高其利用价值，比如，东

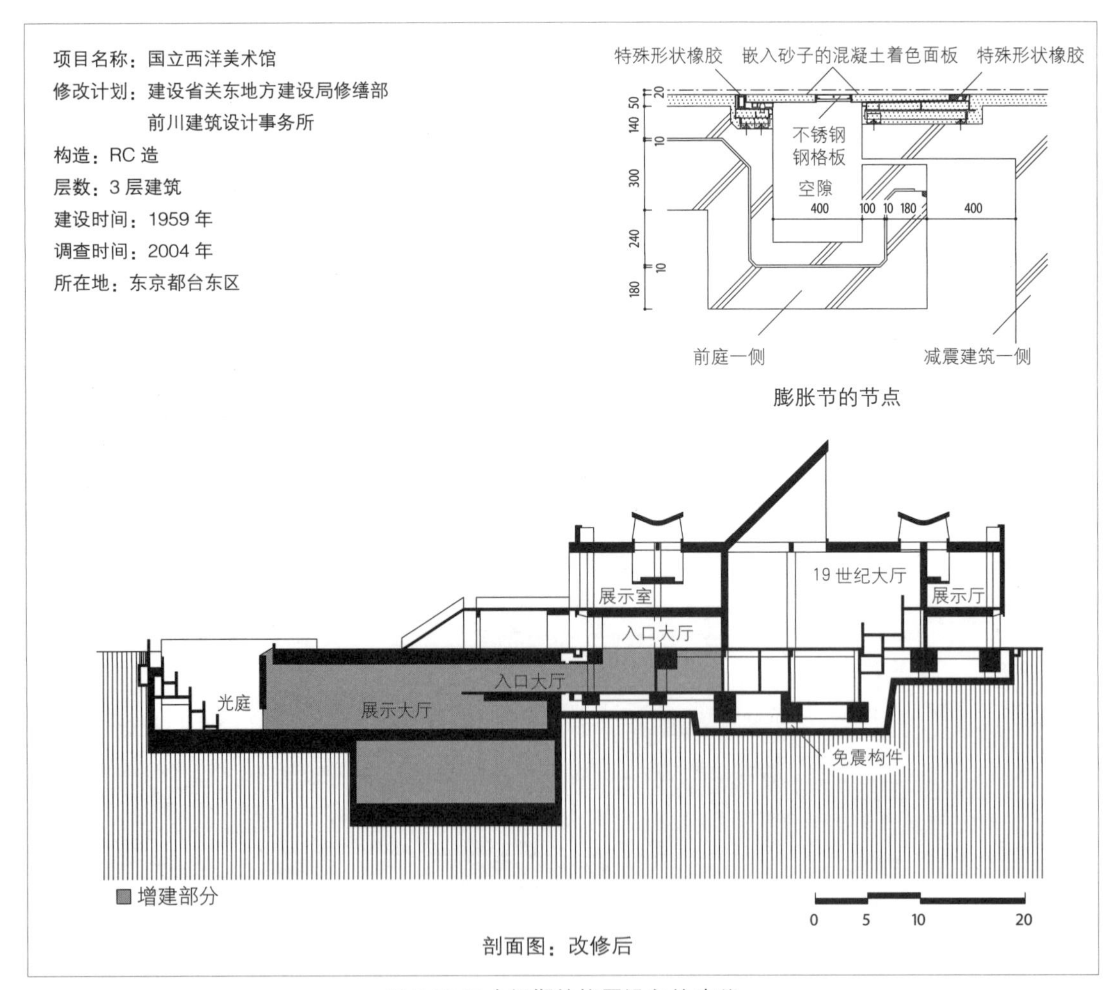

图 5.23 日本初期的抗震设备的改装

京的建筑安全条例对于集体住宅等有义务设置可用于避难的阳台和避难器具。如果可以增设阳台，也可以在不减少面积的情况下，把办公室等转换成为住宅，同时也可进行门面刷新。

图 5.24 所示的是小学的再生实例。这里一边进行增建的抗震改修，一边全面实施改修。主要的抗震强化要素是南面和北面所增设的 RC 支架。南立面通过框架和阳光反射板呈现出丰富的立面效果。另外，职员室和特别教室的扩建部分的屋顶作为屋顶平台被灵活利用。旧建筑上不存在的新外部空间被设计成两层。另外，普通教室撤除了两个侧面的短墙，将其改为阳台和走廊，可以灵活运用成工作空间。

即使进行建筑再生，也存在已有空间不能满足功能新要求的情况。增建是针对这种情况的有效解决方法，妥切地连接再生空间和增建空间是杰出的建筑课题。比如说，在第二章所提到的“宇目町行政楼”是把研修设施转换成办事处建筑的实例。在办事处建筑里町区的居民可以自由利用会议室等。这里，钢骨造增建的町区居民使用空间和已有 RC 造部分通过中庭连接起来，呈现出崭新的建筑面貌。

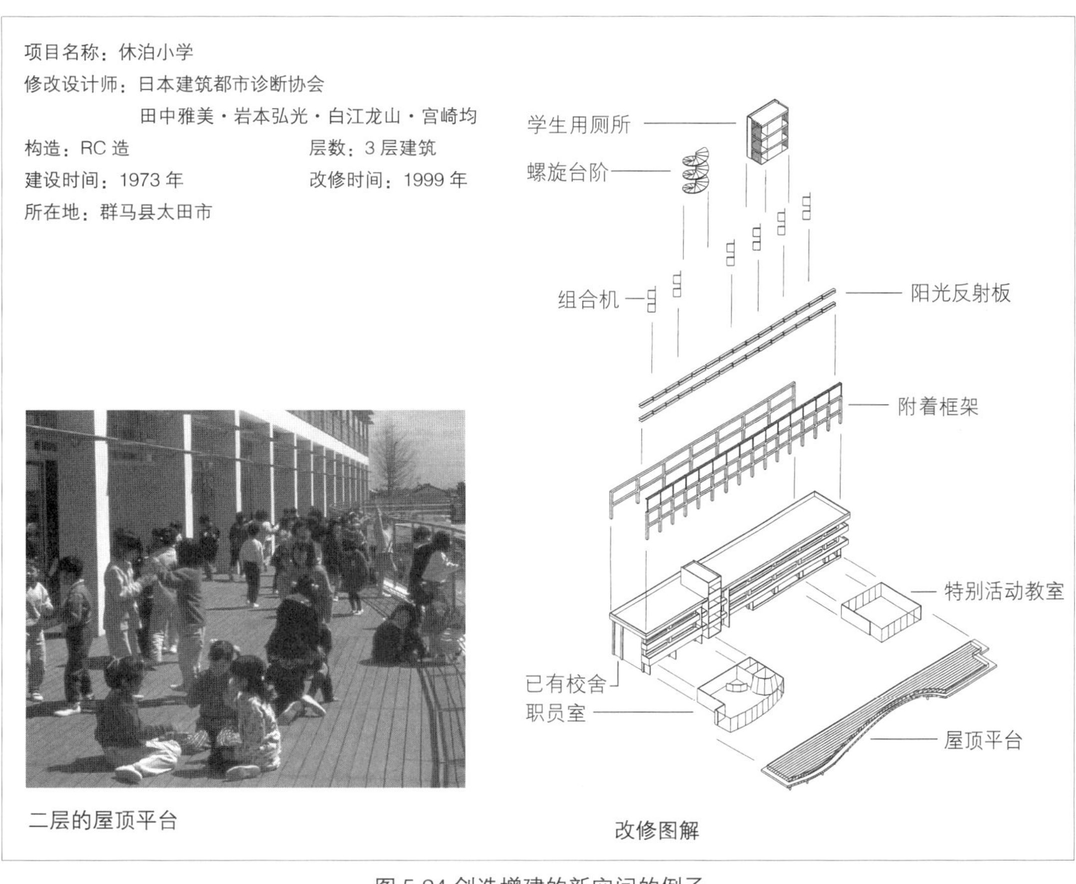

图 5.24 创造增建的新空间的例子

❷ 垂直增建

在 1995 年制度化的“街道诱导型地区计划”规定的范围中，对于具备墙面退后等的一定条件的住宅系建筑，面积率和斜线限制被缓和了。满足这样必要条件的建筑在被转化为住宅时，用斜线限制往退后部分和屋顶的增建是可能的，同时也能够提高收益力。

图 5.25 是利用该地区计划的垂直增建的实例。基地大厦的外墙面因为后退 1.4m，所以如果转换成集体住宅的话，六层以上的退后部分可能需要进行增建。但是，该建筑满足现行的抗震基准，是不需要进行躯体强化的建筑。因此，重点变为在基础和非增建层无加固情况下探索增加建筑面积的方法。

该建筑的基本垂直增建方法如图 5.25 所示。增建方案 1 可以获得最大的增加面积，由于重量的增加，没有成立大规模强化工程的必要。因此，对新建时的构造计算书所示的耐力和增建后要求的耐力进行比较，推算各增建方案的强化工程范围。

考察项目有桩基垂直耐力、层切力、层间变形角等五项。当初最担心的是桩基垂直耐力的余力不足问题，由于“东京都建筑构造设计指导方针”的规定而暂缓，根据现行指导方针可以得知不管是哪个增建方法都有足够的余力。最终决定该建筑的增建方针的时候，层切力成为最重要的判断要素，不强化已有躯体的增建方案被采用了。

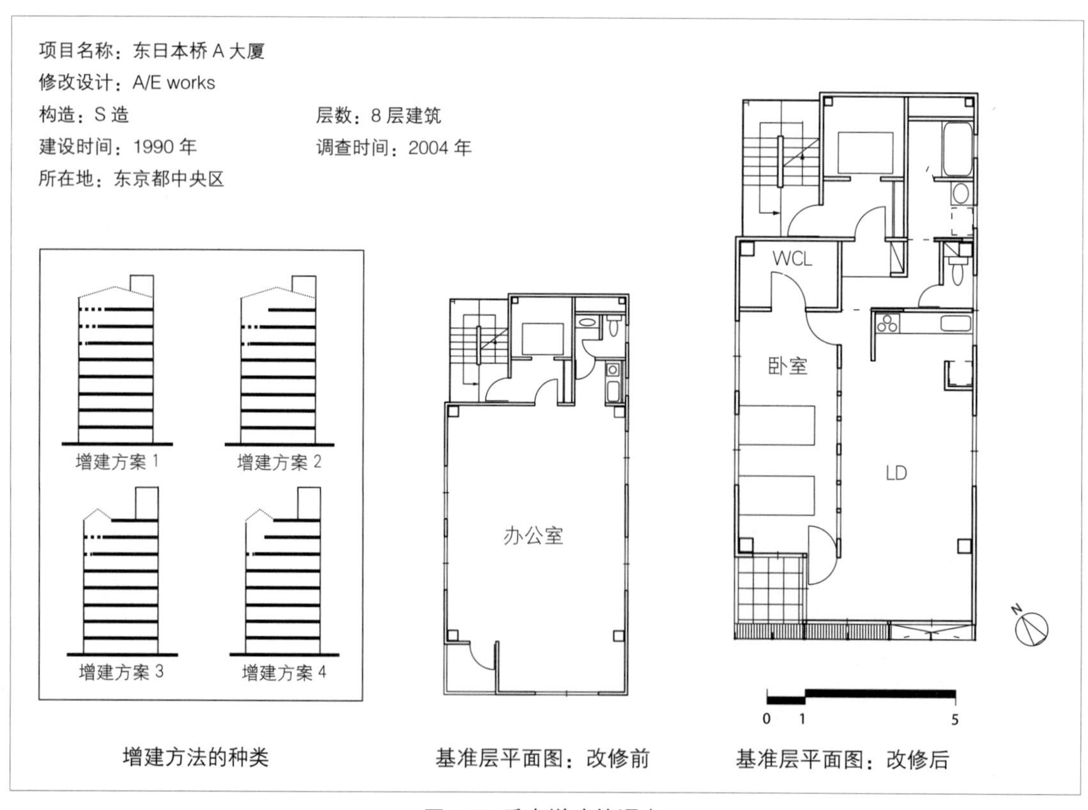

图 5.25 垂直增建的调查

5.3.4 建筑连接

再开发事业的出发点是根据多个地皮的汇集来提高不动产价值的。另外，即使提议了大厦单体的改建，为了弥补地皮形状等缺点，也有一同改建邻地的。

与改建一样，即使是建筑再生也有与邻栋连接进行共同改修的方法。比如说，被称为高层大厦的狭小地皮中的中高层建筑物，根据规模效果，不仅能抑制修改工程的单价，2层也可以实现朝两个方向疏散的路线。另外，即便是1981年以前的建筑，因为与新抗震建筑连接，也有可能不进行大规模的抗震改修。另外，如果门脸的共同改修对街道形成有贡献，其社会价值也提高了。

图5.26是调查旧抗震建筑物和新抗震建筑物连接的例子。如果连接固有周期有很大

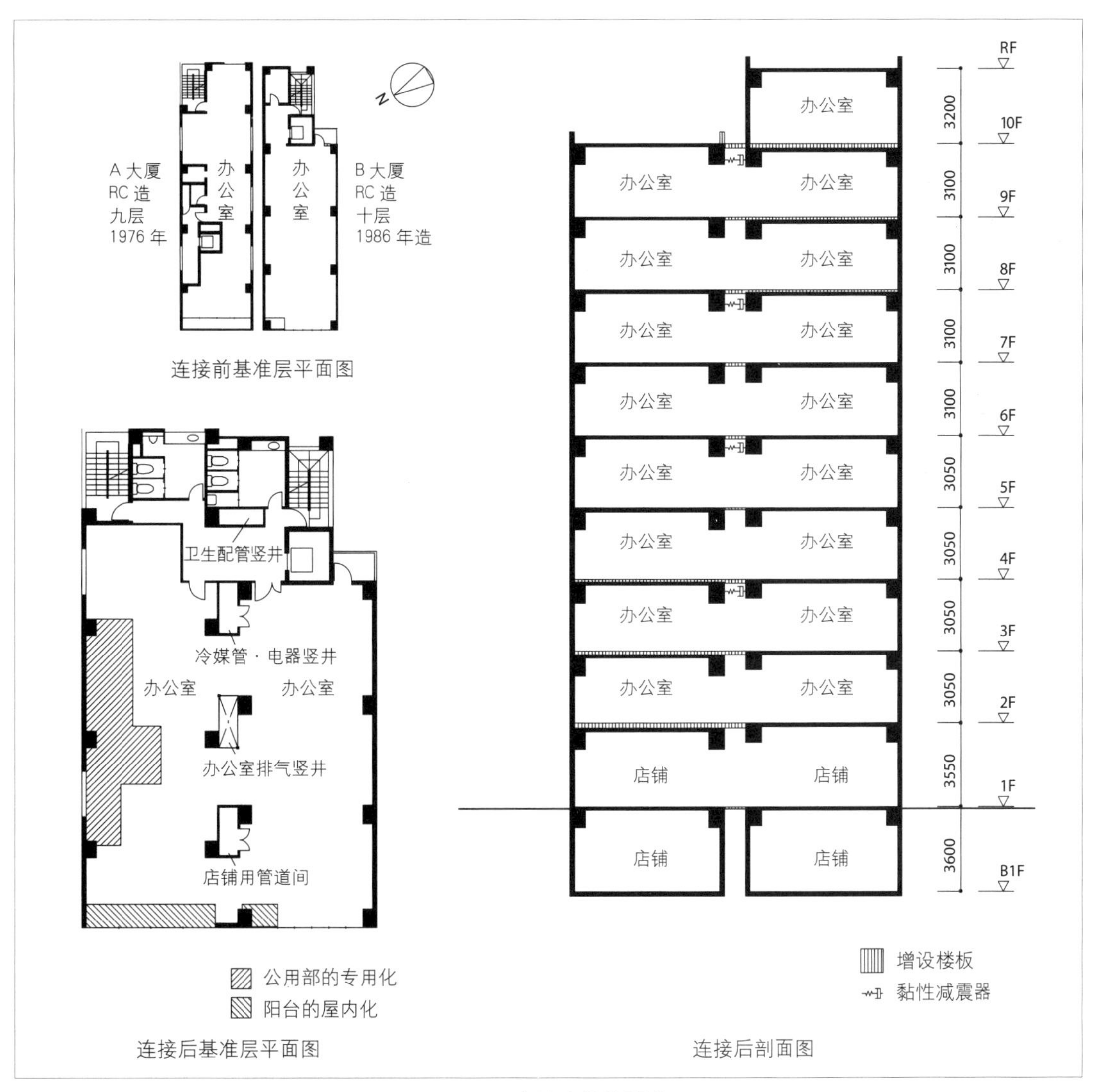

图5.26 建筑连接的调查

差异的建筑，可以提高渐衰性能。但是，因为在市区内基本同规模的地皮是临街的，集团规定是统一的，所以建筑的层高和层数也比较相似。因此，这里检查讨论了类似规模的建筑连接。

检查讨论的连接方式是刚连接、摩擦减震器、黏性减震器三种。图 5.27 是地震应答分析结果。虽然单体的旧抗震建筑的一层被严重毁坏，但是通过连接就可以避免这种情况。另一方面，连接的新抗震建筑产生鞭策现象，比起单体，最上层的反应增大，特别是刚连接中本层遭到中度毁坏。结果，在这个检查中的建筑条件下，依据黏性减震器进行连接，可以达到最好的抗震性改善效果。市区的建筑由于受斜线限制，所以都是类似的层高，但各层楼板标准大多不同。该诊断项目中发生了最大 200mm 的水平差，这个程度的差值在表面材料处理可以解决的范围之内。比如说，建筑在连接后也是作为办公楼进行利用的时候，采用架空地板，100mm 的水平差可以用阻塞式，100mm 以上的用支架式，另外，超过 300mm 的时候，解除水平差，采用跃层计划也可以。

通常，在高层大厦的柱网布置中，正面方向的跨度会根据运行方向、楼梯间位置、电梯间位置进行适当处理，由于连接部旁跨距不同，所以柱子是林立的状态。图 5.26 的调查中连接部分设计了各种设备竖井，来避免室内杂乱。这些研究基本上属于平面设计和设备计划领域，设置这样的设备竖井制约了减震器的设置场所，所以跟构造计划有关。

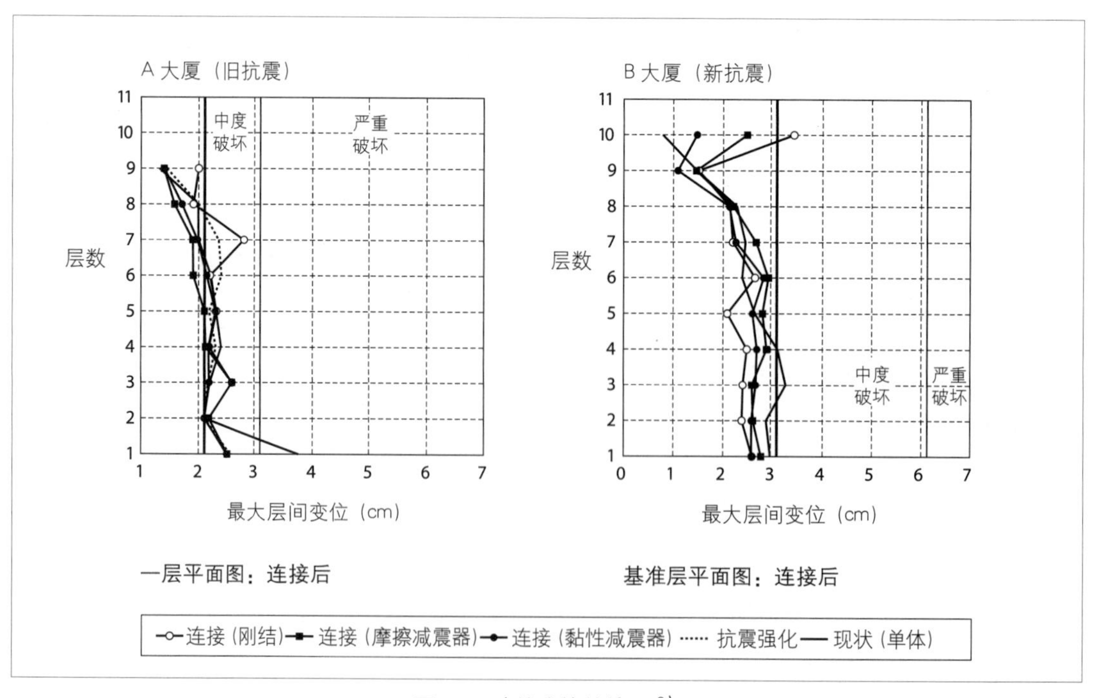

图 5.27 建筑连接的效果 [6]

●引用文献

1） 国土交通省住宅局建筑指导科主编. 2001 年修订版 现有钢筋混凝土造建筑物的抗震诊断标准・同讲解. 日本建筑防灾协会，2002. 1

2） 建设省住宅局建筑指导科主编. 修订版 现有钢骨钢筋混凝土造建筑物的抗震诊断标准・同讲解. 日本建筑防灾协会，1997. 2

3） 建设省住宅局建筑指导科主编. 抗震改修促进法的现有钢骨造建筑物的抗震诊断以及抗震改修指针・同解说（1996）. 日本建筑防灾协会，1998. 2

4） 梅村魁，冈田恒男，村上雅也. 针对钢筋混凝土造建筑物的抗震判断指标. 日本建筑学会会议学术讲演梗概集，P1537~1538，1980. 9

5） 大肋雅直，山下恭弘他. 事务所大厦到集合住宅转换的楼板撞击声对策. 日本建筑学会会议学术演讲梗概集，P87~88，2003. 9

6） 藤井俊二，栏木龙大. 现有铅笔大楼构造的连接效果的课题. 日本建筑学会会议学术讲演梗概集，P713~714，2003. 9

7） 松本哲弥，林广明，齐藤正文，藤井俊二，安藤正雄，安孙子义彦他. 现有铅笔大楼的连接效果和技术的课题（1~3）. 日本建筑学会会议学术演讲梗概集，P199~204，2003. 9

●参考文献

1. 大桥雄二. 日本建筑构造标准变迁史. 日本建筑中心，1993. 12

2. 广泽雅也主编. 专集 这样的话就可以抗震改修. 建筑技术，1999. 10

3. 和田章主编. 专集 免震构造的最新动向. 建筑技术，2001. 7

4. 和田章主编. 专集 免震改变建筑设计. 建筑技术，2004. 4

5. 光泽雅也主编. 专集 现有 RC 造建筑的新抗震诊断和强化. 建筑技术，2004. 5

6. 关于公共住宅的大规模改修的实际状态的调查研究委员会编. 公共住宅的大规模改修实例集. 建筑・设备维持保全推进协会，2003 年 5 月

7. 建筑思潮研究所编. 建筑设计资料 69 现代建筑的改修・刷新. 建筑资料研究社，1999. 2

8. 建筑思潮研究所编. 建筑设计资料 98 用途变更. 建筑资料研究社，2004. 9

9. 田中雅美，岩本弘光，白江龙三，宫崎均，太田市立休泊小学. 《新建筑》，1999. 8

10. 竹中工务店，铃溪南山美术馆. 《新建筑》，2004. 4

11. 松村秀一主编. 转换（计划・设计）手册. Ekkusunarejji，2004. 3

第六章

外墙·屋顶

用外装修改善建筑物的性能与设计

6.1 关于外装修

本章将外墙与屋顶共同视为〝外装修〞。

相对于建筑物或其内部居住空间来说，在建筑物的再生中如何设定外装修的作用及标准十分重要。在原有建筑的外装修不能满足其再生所要求的标准时应如何加以补救，而原有外装修所拥有的品质又该如何在再生后的建筑中进行有效利用，这些对于外装修的再生都至关重要。

6.1.1 外装修的作用

外装修所特有的作用，大致可以分为以下三点：

・将结构体组成的楼面从外部围合，构成内部空间

・控制内外部之间的各种因子，创造内部空间的品质

・将建筑与空间的品质向外部展现

这里是将外装修与结构体分开来考虑，但是在诸如砌体结构的情况下，二者则被视为一个整体，在结构被搭建起来的同时就形成了内部空间。

外装修所控制的〝各种因子〞，由外到内，对于屋顶来说是指雨水、直射光，或者诸如小鸟等动物，对于外墙来说是指风、声音、人的视线或者行人本身。由内到外则是指说话声、室内情况、使用了空调后的空气等。外装修时而将这些因子阻断，时而又让它们适度地通过，使内部空间变得让居住者感觉舒适。

外装修也是表现建筑物及附带空间质量的对外〝面孔〞。外墙的污渍会损害建筑物给人的印象，但如果对外装修的印象良好则能够吸引使用者的注意力。从外装修获取的印象，也会影响到所有者或利用者对建筑物的印象。建筑的外装修有可能产生出高于这种物理价值的东西。

6.1.2 外装修的劣化

再生后建筑物的外装修，建成后经过时间的洗礼，多少会产生一些劣化。这些发生在外装修上的劣化可以分为物理性劣化和社会性劣化两种。

外装修的物理性劣化包括污渍、褪色、开裂、剥落、材料的劣化等。污渍与褪色会损害建筑物给人的印象。开裂与剥落则不仅会降低外墙的物理性能，而且脱落的面材瓷砖如果砸到行人，很有可能会造成性命攸关的重大事故。造成这样的外装修劣化主要是，诸如地震力、风力、由干湿热所引起的伸缩等力学上的原因，以及诸如污渍、化学物质、水分、二氧化碳、紫外线等化学反应的产物。

然而外装修的社会性劣化，未必是随着物理性劣化而发生的。因为这是相对于外装修而言的劣化评价。社会的劣化是随着利用者、所有者意识的变化而产生，伴随着法律的修改和标准的变更而形成，以及随着建筑物周边环境的变化而发生的现象，并不是可以事先预知与防备的。而且，当外装修发生物理性劣化时，是被认为〝更有味道了〞还是被认为〝变旧了〞，这些都受时代与评价的人的主观意识影响。

6.2 外装修的构造工法

在建筑再生中，了解作为设计要求的现有建筑物所用的构造工法非常重要。在这里主要举出一些关于外墙与屋顶的构造工法。

6.2.1 外墙的构造工法

从建筑再生来考虑外墙，主要可以有以下三部分：外墙与结构体的关系、外墙主体的构造工法、面层精加工。

❶ 外墙与结构体的关系

在砖石、砌体等结构中，结构体是由外墙形成的，而在钢筋混凝土的梁柱结构中，结构体有时是由墙裙和防烟壁一体化构成的。在这种情况下，外墙的精加工上所发生的变形与结构体产生联系，在外墙上进行施工时就有可能会对结构体造成影响。有必要留意到外墙与结构体的紧密联系。

再如梁柱结构，在外墙与结构体保持分离关系的情况下，外墙作为非结构部分，对外墙进行施工时对结构体产生的影响较小。

❷ 外墙主体的构造工法

在这里当外墙与结构体相分离时，作为构成外墙主体的主要组成物有各种幕墙、ALC板工法、各类玻璃外立面等。

主流的幕墙，有使用混凝土的PCa幕墙，以及在金属框中安装石板和金属板的金属幕墙两种类型。在结构体中安装锁链，通过锁链部分的耐力组织来负担诸如风负荷、地震时的惯性力及层间位移等。它从第二次世界大战后开始被广泛用于建筑物，在日本则是从霞关三井大厦开始，随着高层建筑建设的兴起而展开了各种各样的开发。

ALC板工法，在外墙上是以低层的钢结构为中心被使用的。板在外墙上纵向使用时常用锁定（locking）工法和滑动（slide）工法，而在横向使用时，目前多以螺栓固定工法为主。以前经常使用纵向的插入钢筋工法和横向的盖板（cover plate）工法，但是近些年由于考虑到性能与设计方面的原因，渐渐不再采用了。

在玻璃外立面中采用玻璃屏（glass screen）工法、SSG（Structural Sealant Glazing）工法、DPG（Dot Point Glazing）工法等各种各样的方式。玻璃屏工法是用大块玻璃板来构成建筑立面的工法，有悬挂式工法和自立式工法。SSG工法是通过在玻璃与支撑建材间填入密封胶层（sealant）固定，来承载施加到玻璃上的各项外力。DPG工法是在强化玻璃四角开洞，用特殊的固定五金和支撑建材固定到构造框架中。通过在玻璃间用封条来连接等方法，实现了不用窗框也能确保大面积的玻璃表面的目标。

❸ 面层精加工

如果是极薄涂料饰面的话，就是涂抹式面层精加工，它能够通过定期重新涂抹表面，来长期保持外墙的品质。在钢筋混凝土结构中有石灰面层涂饰、石灰底层涂饰等。

瓷砖贴面是先抹石灰作为底层，再用瓷砖作面层的方法。迄今为止已进行了改良，不仅仅是在施工现场把它贴到RC墙上去，有时是预先将其打入PCa幕墙中。石材贴面分为湿挂法和干挂法。湿挂法是以往常用的施工方法，通过绑扎五金把石板固定在从建筑主体中伸出的预埋钢筋上，再在建筑主体与石板间灌注砂浆使其一体化。而相对比较新开发出来的是干挂法。由于它是通过支撑五金将石板固定在建筑主体上，因此可以确保石板内的空气层，并可以附加上滑动（slide）结构。

图 6.1 ALC 墙板外墙

图 6.2 幕墙外墙

图 6.3 SSG 工法外墙

图 6.4 干挂法石材贴面外墙

构造体	外墙主体	面层精加工	PCa 幕墙等
构造体	外墙主体 + 面层精加工		玻璃荧光屏、玻璃 CW 等
构造体 + 外墙主体		面层精加工	PC 墙砖、ALC 墙板等
构造体 + 外墙主体 + 面层精加工			RC 清水饰面面层精加工等

图 6.5 外墙各部分的关系和外墙构造工法的种类

6.2.2 屋顶的构造工法

如今建造的写字楼、商业大厦、集合住宅中多以箱形的建筑形态为基调，它们中多数的屋顶为平屋顶。在这里可以从平屋顶建筑的屋顶构造工法中列举出沥青防水、卷材防水、涂膜防水、不锈钢防水以及屋顶隔热等。

❶ 沥青防水

这是在现场通过高温熔融的沥青和屋顶防水材料交替施工所形成的防水工法。日本从20世纪初开始使用，但是由于施工时熔融炉的使用及熔融后沥青所产生的气味等，人们逐渐对它敬而远之，并通过改良取用方法和熔融炉，以及开发无臭型材料等手段对其进行改善。

由于使用改良后的沥青做成的改性青防水包含于广义的沥青防水之中，其施工方法又包括热工法、常温工法、冷工法、焊（torch）工法、自着工法等各式工法，并具有可抑制沥青工法所产生的烟和气味，以及无须使用大型施工机器等优点。

❷ 卷材防水

这是使用厚约 1 ～ 2mm 的合成高分子系卷材的防水工法。于找平层间，硫化橡胶系卷材用黏结剂，聚氯乙烯树脂系卷材用黏结剂或固定五金安装，乙烯醋酸乙烯树脂系卷材则用聚合水泥浆进行黏结。

❸ 涂膜防水

这是运用尿烷合成橡胶系防水材料的防水工法。在现场，常常使用将主剂和硬化剂进行计量搅拌后得到成分的形式，并加入作为加强布的玻璃纤维等物。为了对应找平层处理，有时会在中间夹入通气缓冲卷材。由于其具有优良的耐磨损性，因此常被用于阳台及屋顶平台。

FRP（Fiber Reinforced Plastic：纤维增强塑胶）防水是在铺着的玻璃纤维垫上涂上不饱和聚酯树脂，反应硬化后形成皮膜的防水工法，分为使用沥青和在现场施工两种情况。

❹ 不锈钢防水

这是将不锈钢等金属卷材用缝（seam）焊接方式进行连续焊接形成防水层的防水工法。借助于与卷材同类材料制成的吊挂五金在防水层下的找平层上固定，该吊挂五金又是由拉锁固定于找平层的。吊挂五金分为固定型与滑动型。

❺ 屋顶隔热

为了防止在直射光的照射下温度升高的屋顶向室内导入热流传递，屋顶隔热很有必要。关于平屋顶，根据防水层与隔热层的上下位置关系的不同，分为内隔热工法（防水层在隔热层上）和外隔热工法（隔热层在防水层上）。这是通过考虑其必要的隔热性能、成本及建筑主体的保护性能、易修缮性，或者大规模改修的难易程度来选定的。

作为在屋顶上附加的隔热性能，近些年屋顶绿化的方法被广泛使用。构成屋顶绿化工法的部位，大致可以从屋顶找平层开始向上分为防水层、耐根穿刺层、排水层、保水层、客土层及绿化部分。并且，有必要根据通常的屋顶构造工法确认由于负载增加所需的结构耐力。

6.3 外装修再生流程

关于外装修的再生，可参考图示中外装改修的调查、设计、施工流程。

6.3.1 设计之前的调查

设计之前的调查大致分为事前调查和现场调查。

事前调查是为实施现场调查收集必要数据的准备阶段。它主要从图纸、记录等文件中收集关于要再生的建筑物的做法、改修经历、环境条件等相关数据。通过参照，诸如外墙和屋顶有无剥落或漏水及与之相应的改修经历等情况，可以掌握到外装修的劣化部位及程度。另外，对管理者及改修工程的施工人员的问询也对了解建筑物的状态有很好的参考作用。

现场调查由预备调查和正式调查组成。预备调查是为了决定正式调查时要实施的项目与内容，而由肉眼观察和使用简单的调查器械来进行的活动。正式调查是以预备调查所获得的数据为依据，为实施构造工法的选定及设计收集必要的详细数据的活动。在正式调查中需要掌握关于劣化程度、分布及是否需要进行施工等情况，但是由于不是设置脚手架来进行的大规模的调查，因此无法得到关于所有部位的详细调查结果。

6.3.2 外装修的再生设计

在外装修再生时，有必要就关于该如何再生的问题与再生项目负责人事先达成共识：是要恢复性能，提高性能，还是要附加更新的机能。另外，是要保存现有形象，还是要改变形象。或者也可以考虑将外墙纳入室内而改变其作为外墙的这一功能。

在外墙再生中，掌握再生形象的同时进行目标设定也非常重要。而再生后预期达到何种程度的性能又受到下次改修工程的时间及建筑物的使用年数等影响。而其间的维护、管理的难易程度也有必要加以考虑。通过设计前的调查，事先对诸如在建筑的哪些部位有外装修所应该控制的因子，或者造成外装修劣化的外力如何作用等情况有所了解，进而需要将这些控制方法及对策，加入到包括了适当的构造工法及材料的选择的设计之中。

即使我们通过设计之前的调查了解到建筑物及劣化情况的概要，但是实际上不同的部位存在各种偏差。因此，在进行外装修的设计时，必须采取吸收这些偏差的方式来进行考虑。在选择采用的构造工法上，也需要在一定程度上考虑到这些偏差。

6.3.3 施工项目的发包

正如前面所提到的，外墙的劣化情况在不同的部位有所偏差，现地调查时所掌握的外墙劣化状况不一定能代表整体。由于劣化程度及需要进行修补部位的数量等根据所处部位不同而有所差异，所以有时在事前调查中也会出现漏查的情况。施工项目在发包时，预先做出对诸如这样的不确定因素的相关规定也非常重要。

6.3.4 施工前的调查

施工单位确定后，施工前的调查又分施工调查与详细调查。

施工调查是为了确保拿到的设计任务书中所含的诸如施工条件、施工方法、项目范围等内容的实施，而由施工单位进行的调查。

改修项目有时会在租房者入住时进行，或存在材料堆放场所过于狭窄等问题，与新建项目相比，条件相对严峻的情况较多。当采用到会产生粉尘、噪声或水污染的施工方法时，要首先考虑到关于这些的处理方法。有时也有在通过施工调查而得到的情报中关于与再生设计相关的东西，作为设计改善方案被明确提出的情况。

详细调查是在改修施工中脚手架等设置好的情况下进行的。在建筑物的规模等较大的时候，常会有正式调查时无法完全掌握的情况。当通过该调查发现正式调查与实际状况相差甚远时，必须对设计本身进行重新考虑。

6.3.5 关于施工

施工之前，可以选择负责该工程的专业人员。与新建不同，有了已经是施工对象的建筑物，外墙的状况因现场情况不同而各异。因此，采用招标等方式来选定有专业技术、技能的施工者非常有效。另外，在进行整体施工之前，通过部分的试验来对施工方法进行确认也十分有效。在外墙施工时，会发生诸如伴随着脚手架的设置而带来的阻碍室内景观的问题与建筑物出入口的变更、伴随着修复工程的工程噪声，以及涂饰工程的气味等各种异状。在租赁者仍在房间里的状态下进行施工时，事前使大家广泛了解这一点非常重要，与此同时，对施工中的询问进行充分协调，能让建筑改修的效果变得更好。

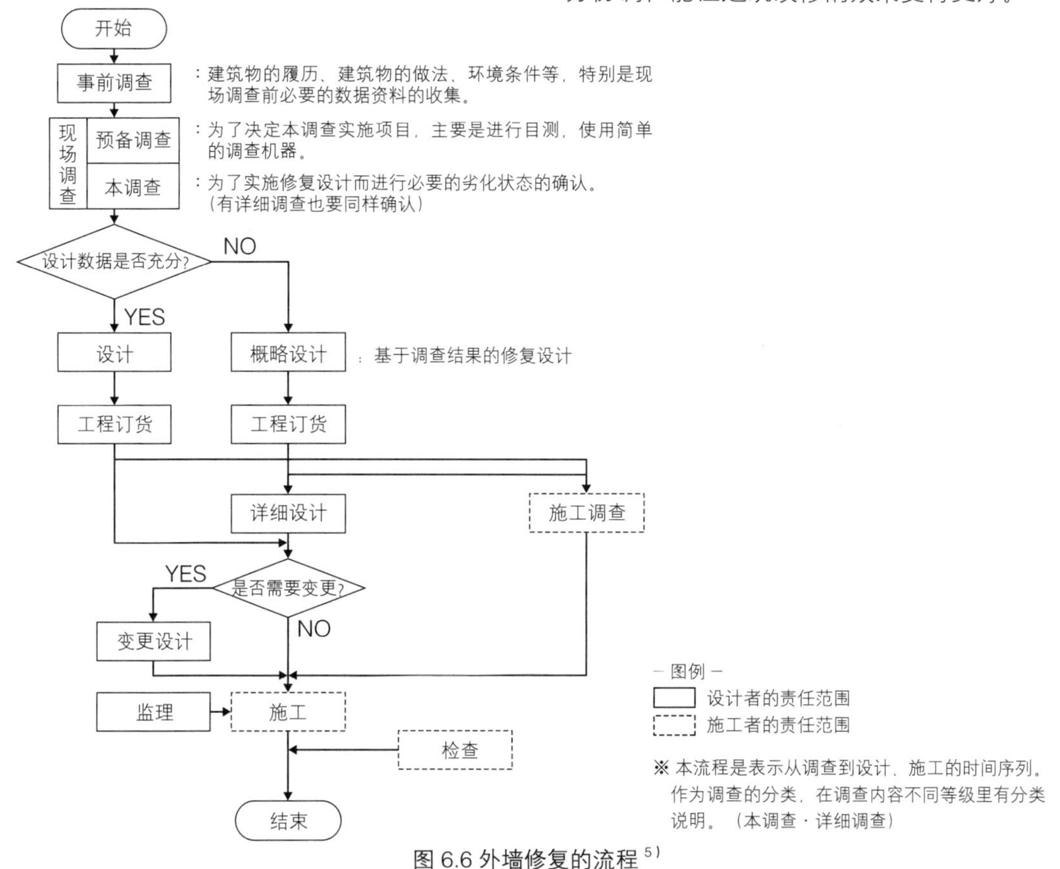

图 6.6 外墙修复的流程 5)

6.4 外装修的再生方法

根据外装修的劣化情况及设定的再生目标的不同，所采用的改修构造工法也有所不同。在这里，关于外装修的改修可以总结为去污、修补、附加、更换四个关键词。

6.4.1 去污

去污主要是去除外墙污渍，可大致分为物理方法和化学方法。物理方法中有刷洗、鼓风、高压洗净。为了避免损伤材料和破坏质感，需要调节使用时的力度和选择适当的药剂。化学方法是使用溶剂／洗涤剂／药剂来进行去污的方法，进行选择时需要考虑到污渍的种类、程度和药剂的危险性等。

图 6.7 去污后重现美观的外立面

6.4.2 修补

所谓〝修补〞，被定义为〝把部分的劣化部位等的性能／机能，恢复到实际上无故障状态的方法〞，包含了使其恢复的各种方法。这里以瓷砖贴面的外墙为例，来看看关于外装修的修补方法。

瓷砖贴面经过施工方法的改良后，现在被很多建筑物的外墙使用。在老式瓷砖贴面的外墙的瓷砖中，常有一些或者出现裂缝，或者出现起翘、缺损、剥落的情况。当被判断为有裂缝时，可以在瓷砖上注入树脂进行修补。当被判断为由于锈水的产生使裂缝渗入到建筑主体时，应剥去该处的瓷砖和混凝土，对受腐蚀的钢筋进行处理后将其填埋好，并重新贴上瓷砖。虽然在重新贴补瓷砖时，我们希望用同样的材料进行修补，但是如果是工业产品中已停产的产品规格，或材料中不再提供原材料的产品时，就不得不使用替代品了。

当瓷砖出现了起翘但还不需更换的时候，先在该部位穿孔，再用与填充进起翘部分的环氧树脂的拉拔力相抗的销钉将瓷砖固定。并且采用了改良措施，使用为降低穿孔时的噪声而做的机器，以及开发为使环氧树脂能被有效填充的销钉等。另外，对于比较小的瓷砖，为了能使瓷砖形成一个整体，有时采用从施工后的材料上向躯体中打入销钉进行固定的方法。

在这些修补只限于局部的情况下，有必要使原有部分和修补部分在设计上和物理上都能成为一个统一的整体。

图 6.8 经过时间洗礼的清水混凝土外墙

6.4.3 附加

作为在原有外墙上进行附加的工法，外墙是墙板工法，屋顶是屋顶绿化工法。无论哪种，外墙的污渍都会变成劣化因子，受损的部位因为可能会引起不良的状况，所以应根据需要通过清扫修补等方法对底层部分进行调整。另外，由于附加的材料会隐藏掉原有的外装修面，所以改修时有必要进行充分的底层调查，并保管好这些记录。

作为原有外墙的附加，从较早开始被采用的是墙板工法。该情况，由于不是要用新设置的墙板来密封外墙和躯体，所以尽管由 CO_2 引起的劣化会继续发展，却可以通过对雨水和日照的遮挡来减少产生劣化的因素。

图 6.9 在原有外墙外附加板材

作为屋顶附加的是屋顶绿化工法。屋顶绿化工法是近年来才被人们广泛认识的一种工法，一般被认为，原有建筑在设计时未考虑由绿化带来的负荷的情况较多。进行屋顶绿化时，不能只优先考虑绿化的印象，而必须先充分考虑结构体的负荷极限和施工后每天的维护等，再对构造工法的采用和计划进行探讨。

图 6.10 既有建筑屋面上的屋顶绿化

6.4.4 更换

根据外装修的状态及再生计划的内容，更换外装修本身的计划也开始进入了我们的视野。外装修的劣化有物理性劣化与社会性劣化。当外装修的物理性劣化发展到一定程度，以至于修补与附加都无法应对时，就要更换外装修了。

有时，即使物理性劣化并未发展到那样的程度，但是为了对建筑物的外观进行大规模的变动，也会通过附加与更换的方法对其进行外装修的再生。这是伴随着建筑外壳的“社会性劣化”的再生。外装修的更换是伴随着大规模的施工进行的，而外装修的附加却能让本不能实现的质感变为现实。

图 6.11 超高层建筑的外墙板的更换

6.5 外装修的再生实例

建筑物的再生，是在所给的限制条件范围内，制定出能让原有建筑的用途发挥到最大限度的计划。如果是失去竞争力的写字楼，把它变成中等写字楼，恐怕是在制约条件范围内实现其最大功效的方法，如果是不再需要的地域型写字楼，把它作为住宅变成一幢有魅力的建筑，恐怕就能实现它的最大功效。运用原有建筑物能实现些什么呢？也就是说，构成建筑物各部位的再生目的与应该实现的质量，会根据目的不同而有所变化。这一点在外装修中也相同。

本节将介绍关于外装修再生的具体实例。不仅是建筑物再生的目的，甚至包括外装修再生的目的，具体来说都是多种多样的，在这里把它们归纳成以下六点。

- 外装修性能的恢复
- 外装修性能的提高
- 给外装修附加功能
- 保存建筑物的印象
- 更新建筑物的印象
- 变换外装修的功能

为了达到这些目的，可以采用各种各样的方法。在这里根据前一节列举的“去污”“修补”“附加”“更换”，对再生实例中所用到的诸多方法进行分类。关于作为实例被列举的各个建筑的目的及方法，做如表 6.1 般的整理。

表 6.1 外装修的再生实例

建筑名称	主要用途	目的						方法			
		恢复功能	提高性能	附加功能	保留原有形态	更新原有形态	功能转变	清扫·去污	修补	附加	更换
明治生命馆	事务所	○						○			
东京理科大学九段校舍	教育·研究设施	○				○			○	○	
霞关三井大厦	事务所	○			○			○	○		
王牌国际酒店与塔楼	旅馆设施，住宅					○					○
新大手町大厦	事务所		○	○		○				○	
东京交通会馆	事务所						○			○	
中央合同厅舍 3 号馆	厅舍						○			○	
大手町野村大厦	事务所				○						○
松屋银座	商业设施					○				○	
东京工业大学绿之丘 1 号馆	教育·研究设施			○						○	
圣经基督教堂东京教堂	宗教设施		○			○			○		○
东京大学工学部 1 号馆	教育·研究设施	○		○	○		○		○	○	○
OPAQUE 银座	商业设施					○				○	
苹果银座专卖店	商业设施					○				○	
迪奥银座	商业设施					○				○	

6.5.1 外装修的清扫、修补、改修

明治生命馆

竣工于1934年（日本昭和9年）的明治生命馆，在1997年作为日本昭和时期的建筑物首度被指定为日本重点文物（建筑物）。由于位于东京市的特殊街区，在保存被指定为重要文物的建筑物时容积率等受增补实行再开发，在邻接处新建了30层的超高层写字楼。

皇居护城河边的市中心也受到了汽车交通带来的废气影响，竣工以来70年间积累的污迹，使科斯林柱式花岗岩贴面的外墙壁整体呈模糊状。为了洗净这个外墙面，尝试了数种化学和物理的高压去污方法。在对比研究了各种方法的去污效果、副作用、年久变化，也考虑到包括柱头装饰等形状复杂部位的工程及去污工程中附近的道路交通等问题后，选定了使用低反应型酸性氟化铵去污法。对于是否全部去除竣工以来的污迹存在争议，但强调不彻底的去污而是局部范围的去污是有损外观的。去污后的外墙，恢复了最初时花岗岩的白色，与具有历史意义的细部设计形成对比关系。

东京理科大学九段校舍

东京理科大学的神乐坂校区因再建工程，教室、研究室等需要在新校舍落成之前进行搬迁。计划将城市基础整备公团的总社旧楼作为临时校舍，进行再造规划和施工，尽量有效利用现有部分，包括结构、设备。结构上，夯实抗震钢筋混凝土，加固外周的钢架，进行柱体的碳纤维加固。设备方面，中央控制的空调机和空调管道照样进行再利用。

针对外墙上大范围瓷砖脱落、凸起的问题，采用外壁修补技术进行修补。很多横着连排的窗户，仍旧使用现有的窗框。西侧外墙壁的墙面设计，打乱了横向连排窗的格局，但是这里采用天窗的墙壁要素没有打乱这种格局，从而保持了整体性。另外，横墙部分用浅灰色的金属板。从外观看来，作为垂直要素的柱体和西侧的墙壁呈黑色；作为水平要素的房檐侧面呈白色；各层横墙呈淡灰色，垂直与水平用极具对比性的黑色与白色搭配。腰墙的天板部分涂上红色，在无彩色面中凸显了红色的水平要素。

图6.12 明治生命馆

图6.13 东京理科大学九段校舍

6.5.2 超高层办公楼的外装修缮

霞关三井大厦

霞关大楼于 1989 年开始得到了大规模的修建，在 1999 年第二次的修建工程中进行了外墙修缮。因工程是在住户正常居住的情况下进行的，因此工程期间的住户对策有：要注意到作业噪声、臭气、视野阻碍等方面，选择能够应对气象变化的施工方法，并将对于第三方的安全确保列入优先项目。

在进行本工程之前进行了作业噪声的确认及关于臭气的器官功能试验、工具的选择、安装空调导管的活性炭过滤等。在涂饰作业试验施工中清扫用的吊篮的低作业效率得到确认，使用连接式组合型吊篮减低了风对施工作业的影响和作业环境的闭塞感，确保作业地板的稳定性。

在实际工程进行时将 36 台连接式吊篮设置成头巾体状。为了消除涂饰干燥期间的损失，将一层分成两个区间进行。同时调整有餐厅等进驻的高层楼的工程时间，在夏季休假期间进行施工。

王牌国际酒店与塔楼

这是一个纽约转换超高层办公楼的实例。原先的外墙是以石灰岩为主体的办公室幕墙，也呈现了物理性劣化。计划重建宾馆和高级公寓酒店复合的公共设施，需要设计与之相称的外墙。加入重建计划的房地产商以及市内所有其他建筑物的设计，形成了以玻璃为主体的幕墙。

工程进行时，已经预料到用来安装新幕墙的现有墙体的状况会因场所的不同而不同。因此计划好了桩的数量，并确保了场所的柔软性及容许量等。实际上，包括楼板在内的墙体老化程度因场所不同而存在相当大的差别。为了抑制建筑的摇晃，在现有地板上浇注混凝土也有效填补了这个偏差。在安装新幕墙之前，拆卸掉已有的幕墙，小块切断后，用工程专用电梯搬到楼下。

图 6.14 霞关大厦的改修

图 6.15 霞关大厦外墙的改修

图 6.16 王牌国际酒店

6.5.3 建筑的改修和外装修的再生

新大手町大厦是1959年（日本昭和34年）完工的SRC造的办公楼。当时限高31m，限制为九层。位于丸内・大手町地区的其他办公楼也同样规划重建，但是因为诸多问题而作罢。例如，充分用尽规定的容积率而不增加总面积；成为共同再开发考虑对象的毗邻用地的改建已经结束；多数住户眷恋于此，临时搬迁进展不顺等。

竣工后历经40年，建筑整体发生劣化。外装上柱体部分石头凸起，腰壁部分瓷砖凸起，不断地劣化和老化，钢窗框的隔声性能下降。与周围新楼总体比较，更凸显陈旧。因此，希望通过全馆的改建使整体焕然一新、各项功能得到提升。计划改建工程以在住户居住情况下进行为前提。

为了提高冷暖设备的性能，规划要设置应对外周热负荷的风机盘管。以前也讨论过导入的问题，但是因为单一线路上敷设送冷热水管道很难而作罢。计划沿着外墙外侧安设管道以便不减少可租赁面积，设计用新外装覆盖暴露在外的设备部分。

覆盖现有外墙的外装，柱体部分是氟树脂喷涂铝，横墙部分是采用热线反射玻璃。从远处看，地上层以外已经没有以前的质感，但是从近处看，透过热线反射玻璃能看到竣工时的瓷砖。新的窗框里采用了节能且密封性高的窗框。力求提高玻璃的隔声性能，以在现场测定的数据为基础，线路上使用中空玻璃。管线敷设、外装等从外部进行，已有窗框在工作时间以外从住家里拆除。以前在橱窗外部地面上的百叶窗被设置到内部，这是考虑到店铺打烊后不要留下过往一片冷清的印象。

新大手町大厦于2002年（日本平成14年）在最佳改装类奖项上荣获BELCA奖，得到如下评价："修建不是坏了就简单消去过去的记忆，而是试图烙印在使用大楼的人们的记忆里。让人随处隐隐可见旧貌换新颜的独具匠心，感受设计者的热情。"

图6.17 新大手町大厦

图6.18 能透过表皮看到原先的外墙

6.5.4 屋顶的再生 ~ 屋顶绿化

东京交通会馆屋顶花园——有乐町屋顶花园

东京交通会馆是一座于 1966 年（日本昭和 41 年）竣工的位于 JR 有乐町站前的 15 层综合大楼。规划低层拥有各种各样的商业设施，并将三层的露台打造成以〝都市中的小绿洲〞为设计理念的屋顶花园。

现有建筑的屋顶绿化、限制负荷成为课题。东京交通会馆之前的规划不是以屋顶绿化为前提，所以需要考虑在负荷 200kgf/m^2 的限制下进行屋顶绿化。因此不采用需要厚土壤生长环境的高树，而是配用以能够控制土壤厚度、容易打理的蝎子草为中心的一年四季都开放的这类花，有效搭配组合各种要素进行绿化。同时，可以多花些心思，比如在步行面的北侧和南侧用树和石头加以区别；种植可以聚集昆虫、鸟类，能开花结果的植物；摆放鸟澡盆等。

这个屋顶花园一般是对外开放的。在办公楼周边的一些场所，平时有吃饭的、看书的、打发时间的形形色色的人。同时，这里也是欣赏山手线、新干线等的绝好场所。面向东京国际集会广场的方向设有排排玻璃，人们可以在这里一边休憩，一边感受〝都市中的小绿洲〞。

通过行政推进屋顶绿化

国家、地方自治体在屋顶绿化上进行着各种各样的努力尝试，也有将政府机构大楼进行屋顶绿化，从而为一般的参观提供场所，提供真实的技术素材。

中央合同厅舍 3 号馆至 1964 年完成 1 期，至 1973 年完成 2 期工程，是一幢地下 2 层、地上 11 层的钢筋混凝土建筑。这个厅舍在 2002 年（日本平成 12 年）建成了绿化面积为 500m^2 的日本国土交通省屋顶花园。花园里种植了中高度树木、低木、植被、草坪草等，也设计了池塘、流水等。绿化采用了蝎子草、草坪草、矮树篱笆等各种各样的体系；进行有高低落差造型的绿化；采用可循环利用的材料；使用针对屋顶绿化的多种技术。另外，种植的种类及土壤的厚度等差异造成屋顶绿化具有不同的隔热效果，对差异的验证数据进行积累；调查飞来和生存的鸟类、昆虫，继续调查有关生物区系的现实状态；印证由屋顶绿化而产生的各种效果。

图 6.19 有乐町屋顶花园

图 6.20 日本国土交通省的屋顶庭院

6.5.5 历史性建筑物的外装保护

日清生命馆竣工于1932年（日本昭和7年），竣工后历经半个世纪，由于楼面面积不足和设施老化等原因而决定进行改进。该馆在大手町写字楼街中独树一帜，获得了很高的学术评价。面朝十字路口的钟塔和三个尖塔、低层的赤陶浮雕等都带有浓厚的历史色彩。为了让这样一座颇具特色的大楼外观保存完好，设计师制定了保留外墙、在大楼的后面建造超高层大楼的方案。这当中既包括了大楼所有人的意愿，也有来自东京的要求。

但是，作为保存对象，发生地震时，外墙的晃动与超高层大厦不能比，受地基形状的影响需要拆毁大楼，这样便不可能完好保存外墙。另外，也讨论过将石料换成薄板，打进预制混凝土钢板（PCa板），但是外墙的石料和黏土因在太平洋战争中受创而发生了劣化，所以再利用现有外墙的部分、材料都变得不可能了。经过各种各样的讨论，最终决定保存写字楼街标志的方法，由物理保存改为外观形态保存。

外装方面，在旧楼采用四国产的北木锈石，新楼则采用各种色调比较接近的巴西产花岗岩。低层的赤陶浮雕全部重新制作，将赤陶制成面板状贴在外墙上。钟塔、尖塔、列柱部分和以前一样还是采用赤陶，但是为了防止脱落，在铸造而成的材料上涂饰氟树脂进行复原。位于南侧正面玄关的青铜门框照原样重做，镶板再利用原来的材料。

日清生命馆所在地现在建成为大手町野村大厦，低层部分秉承了日清生命馆的理念、形态，曾经的标志也映射在了鳞次栉比的高层写字楼上。

用某些形式保存具有历史意义的建筑外墙的例子很多，根据各自的状况采用不同的保存方法。举例说来，神户地方简易法庭合同厅舍（1904年）、东京银行协会大厦（1916年）、日本兴亚马车道大楼（旧川崎银行横滨分行／1922年）、川崎定德本馆・日本信托银行总行（仅低层部分／1927年）以及DN塔楼（旧第一生命馆／1938年）等。

图6.21 大手町野村大厦

图6.22 东京银行协会大厦

图6.23 DN塔楼

6.5.6 抗震改修与外装再生

松屋银座

松屋银座是在 1925 年（日本大正 14 年）的旧馆竣工之后，历经几次增建后占据银座一区的百货商店。建筑的抗震性能对照现行抗震标准不达标，因此规划对其进行内装、外装，以及设备的修建，以增强其抗震能力。因为选择在继续营业的同时进行改建工程，故在工程期间有必要减少施工对卖场的影响。抗震加固以外立面为中心，加固柱梁钢筋骨架；对店铺内的一部分柱体进行碳纤维加固，从而提高抗震能力。

地上层也需要增强抗震能力。不对入口处提高抗震性，为了提高展窗的抗震能力，使用斜材则会大煞风景。因此松屋银座的地上层并没有使用上层 V 字形的抗震支架，而是开发利用了口字形的抗震支架来增强抗震能力。

松屋银座的改建工程进行了两期。面朝繁华大街的外装向过往人流传递松屋银座的形象；人行道的展窗向人展示最新潮流，吸引人们驻足流连；入口处指引人们走向各个柜台。通过加固提高了抗震性能的结构体换上了新颜，在银座这个地方继续展示自己。

东京工业大学绿之丘 1 号馆

绿之丘 1 号馆是 1969 年竣工的 RC 造（钢筋混凝土结构）、地上五层地下一层的大学研究设施。抗震能力参照现行抗震标准存在不足，力求通过柱体碳纤维加固、南北外墙面采用防震支架来增强抗震能力。建筑呈东西 60m、南北约 24m 的水平形状，尤其是南面的许多房间受日照影响较大。因此在提高抗震性能的同时还需研究防晒的对策。

南侧的外墙全部采用防震支架。以这个防震支架为基础，各层在上部安装适度遮挡日照的天窗，下部安装透光玻璃。计划将上部天窗的角度设定为 55°，夏天遮阳，中间期和冬季适度透光，表面白色的人工木材使光发生扩散，从而提高室内的亮度。透过下部玻璃的日照在中间期和冬季的时候照在房檐上产生热量，有利于处在室内和室外中间的半开放空间为室内产生热环境。

施行这项计划时，由 CFD 分析给出环境评价；有模型写真、实物模型、进行设计层面的预先评价以及研讨等。综合性的门面工程的生成也进行了充分缜密的规划。

图 6.24 松屋银座

图 6.25 东京工业大学绿之丘 1 号馆

6.5.7 改变用途与外装再生

圣经基督教堂东京教堂位于住宅街，从东京都内的私铁站徒步 5 分钟左右即可到达。在旧教堂建筑拆除后就对于 1964 年竣工的糖果工厂进行改建，形成新教堂建筑。改建工程遵循以下几点基本方针。

- 最大限度利用现有建筑的空间
- 最大限度利用现存部分中可利用的
- 最低限度拆除现存部分
- 进行外观、外体构造改建时应考虑周边环境
- 降低工程过程中的噪声、振动、灰尘等

现有建筑是由地上七层、地下两层的高层部分与地上三层的低层部分构成的。高层部分有制作间、礼堂等，一层是货物处理室。低层部分设有包装室。改建后，高层部分设立办公室、集会室、牧师室、大礼拜堂等，低层部分设立小礼拜堂、住宿设施等。

高层部分是两侧为核心筒的钢筋混凝土结构。核心筒以外的外墙部分，2 ~ 5 层的非钢筋混凝土结构墙是将空心钢板粘在混凝土块上。作业间使用的各层窗户都是高窗，一层的货物处理室采用百叶窗。改建的时候这些外墙被全部拆除，在成品铝质壁板上粘贴瓷砖。六、七层的脱落瓷砖得到了处理和清扫。对两侧的核心筒部分进行喷涂。低层部分与作业间一样都采用高窗，但是内部功能没有问题，故只要清扫空心钢板，喷涂混凝土部分即可。以上便是工程的内容：既要符合现有外墙的状态和内部功能，又要控制经费。

在色彩搭配方面，保持高层外墙与周围住宅街颜色协调，淡化楼层上部的暖色系亮色。多方面考虑对周围环境的影响，唱诗班练习室二层的窗户为了确保对外隔声而使用了双层小窗。从之前建筑物上改修、移置过来的屋顶十字架塔是街市中教堂所在地的标志。

图 6.27 圣经基督教堂东京教堂北侧外墙

图 6.26 圣经基督教堂东京教堂北侧立面

图 6.28 圣经基督教堂东京教堂南侧立面

6.5.8 外装的改变

东京大学工学部 1 号馆是隔着东京大学本乡校区正门至校区标志性建筑——大礼堂（安田礼堂）的一条校区轴线上的银杏树林，与综合图书馆相对而建的。该建筑为“内田歌德样式”，外装修初期采用了 Scratch 瓷砖（从零开始，源自英语）。建筑物从正面入口看呈左右对称，用来采光、通风的里院平面呈“日”字旋转 90° 的形状。

进入 1989 年（日本平成元年）以后，在根据本乡校区再开发利用的规划对建筑进行修复重建的过程中，工学部 1 号馆最终定位为保存建筑。在 1994—1996 年（日本平成 6 ~ 8 年）进行内外修建的同时，也进行了大规模的增建工程。

再生计划依据尽可能保留现有材料和细节等，认定损失、交换的部分恢复成原型的基本方针施行。外墙、Scratch 瓷砖的缺损部分使用同样的瓷砖重贴，壁柱柱头装饰的缺损由泥瓦匠修复。损坏的钢质窗框除内部空间里的一部分外全部替换，原材和设计都更新过的窗框符合《建筑标准法》里关于紧急出入口的规定。

对里院和建筑物后部进行扩建。院子里在顶部加上屋顶面，架上地板，设置实验室、讨论室、制图室。在这里，以前建筑物的外墙，成为围合学生日常空间的内墙。对建筑物后部进行扩建，外形上扩建的部分就好像覆盖了现有建筑的外墙，设置研究室、讲堂、图书室等。图书室加建了一部分外墙，以前是内部和外部的隔断，但是现在成了只是分隔内部空间的隔断。另外，设计师沿着现有建筑外墙的形状设计了内部楼道。原先构成外墙的壁柱柱头装饰、外墙初装修时的 Scratch 瓷砖的质感，变成了内部的纹理。

图 6.30 中庭的外墙成为制图教室的外墙

图 6.29 东京大学工学部 1 号馆

图 6.31 运用壁柱柱头装饰的内装饰

6.5.9 场所之中的外装修

以下照片是银座的繁华大街中央路北面的建筑群的连排正门图。笼统地讲是银座，但建筑的横宽、高度、楼层不尽相同。建造年代的不同使得外墙的设计、材料也不尽相同。在高度和设计等方面的某种程度上的参差不齐，形成了不规则的格局。

有一项调查研究，是关于十年期间包含这个地区在内的银座 1 ～ 8 巷的中高层建筑的外装修情况。根据这项研究，了解到 1987 年当时的外装修材料使用最多的是石材，其次是玻璃、喷涂饰等。在保存至 2003 年的大楼中，对现存外墙进行再生的占四分之一，其中一半以上进行了全面再生，其余的只是对低层进行再生。这些再生中大约有一半是采用了金属外装修。采用石材或者金属外装修的各占三成不到，多数是采用金属。2004 年以前，使用石材、金属、玻璃的外装增多，而瓷砖、喷涂饰的减少。

银座的建筑外装就这样在岁月的流逝中不断改变材质。以下列举三个位于银座的商业大楼进行外墙再生的实例。

OPAQUE 银座是面朝银座中央路的九层大楼里的一个地下一层和地上二层的商店，于 1998 年完工。内外装修由不同的设计师设计完成，店名“OPAQUE”即不透明，这个关键词就与此有关联。修建成的低楼层外装墙面由双层强化玻璃构成，安装时让内层玻璃退到结构体的深处，外侧的玻璃与上部的外墙处于同一个平面上，内外双层玻璃上分别贴上白色防飞尘薄膜。外侧的玻璃与上部的外墙成同一面体，内外两层分别贴上白色防散射膜。打开灯之后，玻璃面上的光就会反射到中间层，相比较上部硬质的外墙，“OPAQUE”的立体面显现于下部的外墙上。

图 6.32 银座中央大街北侧建筑的外立面合成照片（按照上左→上右→下左→下右的顺序）

苹果银座是1965年竣工的八层钢架结构建筑。2003年前进行了全面修建，1～5层入住。参与世界各地其他苹果设计的美国设计事务所的Bohlin Cywinski Jackson负责苹果银座的基本设计。新增店铺内专用电梯等计划的实施花了很大气力，外装修上也同样如此。面向中央路的一层设有吸引顾客光顾的开放立面。开放的部分拆掉了原先结构体中间部分二墩距的柱子，二、三层使用支架进行加固。另外，去掉上层的横墙，从室内地板到天花板新装上窗框，确保空间的开放性。现有结构体的外侧上新装的外墙，到三层为止用的是进行喷吵处理的不锈钢面板，三层以上的部分采用的是丝网印刷的夹层玻璃。与同属公司的其他店铺一样保持适度的低调。再有，计划中也考虑到保持建筑本体与外墙之间的空气自然流通循环；用玻璃屏幕对建筑体进行适度遮阳；改善室内环境等。

迪奥银座是对地上八层、地下一层的现有建筑进行再生，项目于2004年竣工。六层以下全为名品店，六层以上的楼层继续供租户使用。因顾客的品牌需求，用原有品牌的设计图案全面覆盖外墙。为了确保上层办公室的宽敞，决定在现有外墙上采用双层表皮。外装进行添加时因不允许露出金属支撑物，因此不用DPG等金属支撑物和玻璃等而采用铝质嵌板，在嵌板的背面对支撑部分进行处理。为了呈现设计图案，内侧使用印有图案的铝板，外侧使用穿孔铝板。外侧铝板的安装经过特殊加工，在施行过程中从需要的作业尺寸里倒过来算，决定外侧铝板孔的大小。除此之外，考虑能够利用支撑金属物作为固定脚手架的材料等，从设计到施工方方面面费尽心思制定外墙再生计划。

图6.33 OPAQUE银座

图6.34 苹果银座

图6.35 迪奥银座

●参考文献

1. 真锅恒博．图解建筑构造计划讲义 从〈物体的结构〉看建筑．彰国社，1999. 9
2. 内田祥哉编著．建筑构法（第四版）．市谷出版社，2001. 3
3. 横田晖生．新・建筑石工程——设计与施工．彰国社，1987. 10
4. 日本建筑学会编．隔热防水工程——设计与施工．彰国社，1988. 11
5. 日本建筑学会编．外墙改建工程的基本思路（干式编）．技报堂，2002. 2
6.《建筑的污垢》编辑委员会．建筑的污垢 纠纷实例及解决办法．学艺出版，2004. 6
7.（最新版）建筑物的劣化诊断与修补改建施工法．建筑技术增刊第 16 卷，建筑技术，2001. 11
8. 明治生命馆（建筑技术？）
9. 筑理会报 2006 春号第 38 卷．东京理科大学工学部 I・II 部建筑学科筑理会事务局
10. Jo Allen Gause et al.，New Uses for Obsolete Building，Urban Land Institute，1999. 11
11. 浅羽伸人．大厦企业者为提高资产价值进行的改建工作——新大手町大厦的实例报告．空气调节・卫生工学，第 76 卷第 2 号，2002. 2
12. BELCA 奖——现有优良建筑物的表彰制度．（财团）建筑・设备维护保全推进协会（BELCA）网站
13. 塚本敦彦．东京交通会馆大厦屋顶花园 有乐町屋顶花园．景观设计，2003. 6
14.《国土交通省屋顶花园》．国土交通省网站
15. 小林直明《大手町野村大厦》．Re: 建筑保全，1998 年 9 月号
16.《大手町野村大厦》．日经建筑，1997 年 5 月 5 日号
17. 高岛谦一，永井裕．老字号百货公司的抗震性能增强工作与外部装潢改建．建筑技术，2006 年 8 月号
18. 竹内彻．建筑主立面工程学与抗震改建的整合．建筑技术，2006 年 8 月号
19.《圣经基督教堂 东京教堂》．近代建筑，1999 年 8 月号
20.《东京大学工学部 1 号馆》．新建筑，1997 年 3 月号
21. 许光范，深尾精一，门胁耕三．着眼于外墙材料构成法的外墙改建的有关调查研究——与重建相比较下的外墙改建倾向的分析．日本建筑学会大会学术演说梗概集，2005. 9
22. 区分使用透明・半透明材料 应用均质的主立面来包装．日经建筑，1999 年 5 月 17 日号
23. 利用建筑来展现企业品牌的改建工作．KAJIMA，2006 年 7 月号
24. 不包含部分的整体．GAJAPAN，2005 年 1、2 月号
25.《外部装饰结构》劳动团体《建筑外部装饰结构读本》．建筑技术增刊第 14 卷，1995. 12

第七章

设备

获取最新的设备性能

7.1 设备系统和劣化概要

7.1.1 设备系统的概要

设备的劣化程度根据设备的种类、方式，或者设计、施工的精确度，竣工后的维护好坏的不同而不同。因此最初有必要事先了解设备大致的种类和构成。

本章旨在学习与建筑再生相关的设备概要，因此就最简单、最易理解的中小规模办公楼和公寓的设备进行说明。

❶ 办公楼的设备系统

就以假设一个在城市有很多机会能看到的占地面积 5000m²、10 层以下的办公楼来进行说明。

供水设备的一般方式：一种是将自来水收进设在地下或地上的接水槽①里，利用抽水泵将水送向屋顶上的高位水槽②，借助重力供水到各楼层给水栓的方式——"高位水槽方式"（图 7.1）；另外一种是用泵直接从水箱送到各层给水栓的"水泵直送方式"。最近，采用不需要水箱、直接用增压泵从自来水管道供水到各层给水栓的"直结增压泵方式"

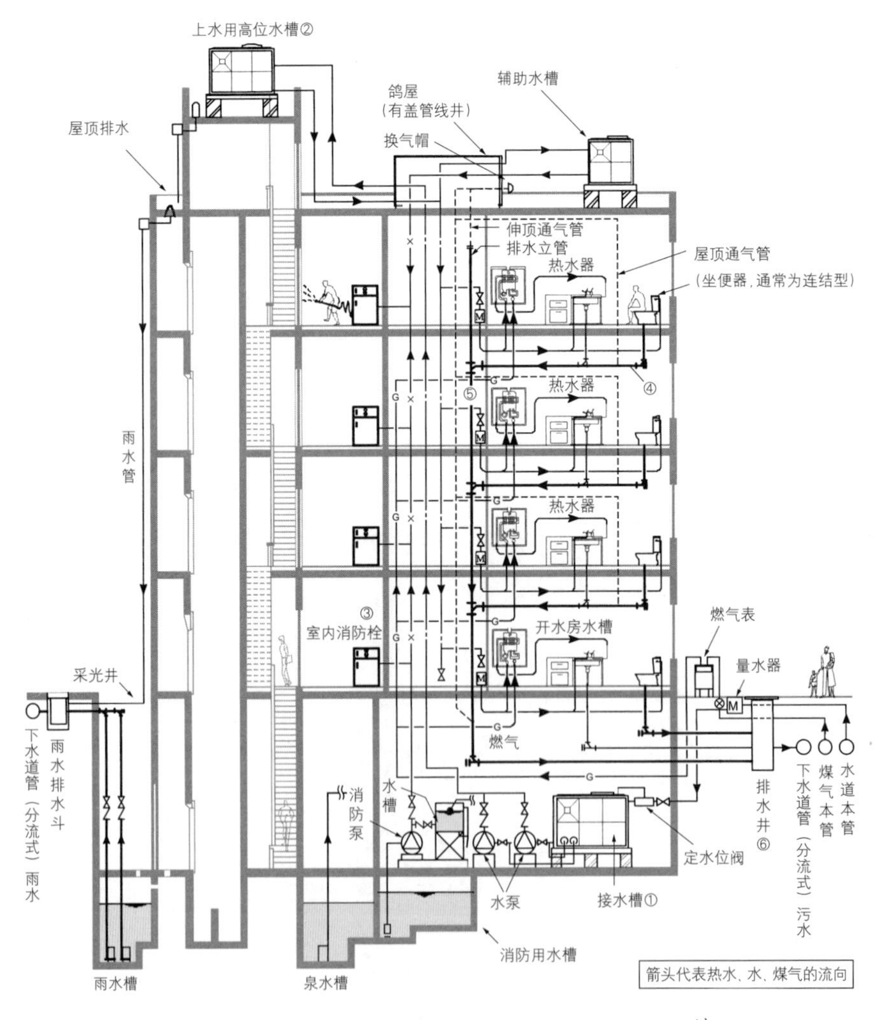

图 7.1 办公大楼设备概要（给排水卫生设备）[1)]

增多了。除此以外，还有用于送水到各楼层室内消防栓③的消防设备，虽然图上没有标示出来，但是有消防队往各楼层放水口送水的连结送水管等这样的设备。

排水设施主要针对公共厕所和沸水间的污水和其他排水。这些污水从排水处经过下层天花板里的排水横枝管④，汇集到各层管轴内的排水立管里。汇集到立管⑤的排水经由地上的构造体下方的排水横主管排出室外，排放到道路上的排水井⑥里。地下层等的排水汇集到设在地下层构造体下方的排水槽里，排水水泵引水至地上的排水井。另外，在公共下水不完备的地区放出前，必须设置合并处理槽。

其次，阐述一下空气调节设备。大约30年前，建筑一般是采用如图7.2所示的集中方式，从设在地下的机械室的锅炉⑦和冷冻机⑧向设在各层的机械室里的空调机⑨、风

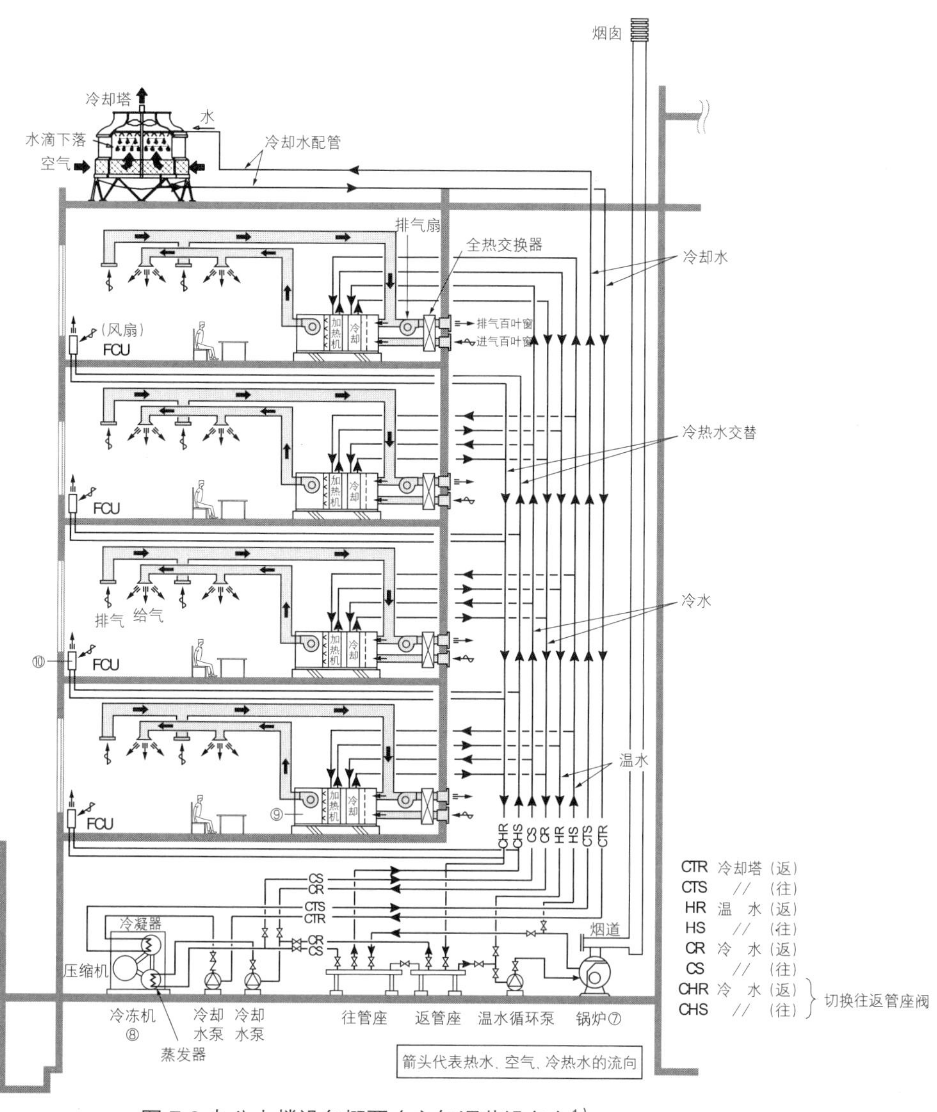

图7.2 办公大楼设备概要（空气调节设备）[1)]

机盘管⑩等提供冷暖水，将经过热交换的暖风和冷风吹向办公室的方式。这种集中方式受到办公室使用时间的限制，因此在一些租住户随意使用和使用时间段不同的大楼里，风冷热泵式（称为〝空调系统〞的方式）最近颇受欢迎。

如图 7.3 所示，电气设备中的强电设备多采用通过置于屋顶和地层的受变电设备⑪受变，接收高压电力，然后向各楼层的配电盘⑫里输送照明用电、动力用电。配电盘之后，通过天花板内、地板下面的里层，持续向照明器具、插座等供电。

弱电设备有电话设备、自动火灾警报等防灾设备、网络设备、防犯罪设备等。除此之外，还架设了电梯设备、避雷针设备、停车场设备等。

❷ 公寓的设备系统

这里假设一般的中高层公寓，设备的外形如图 7.4 所示，下面阐述其概要。

例如分售公寓在空间、财产以及管理方面

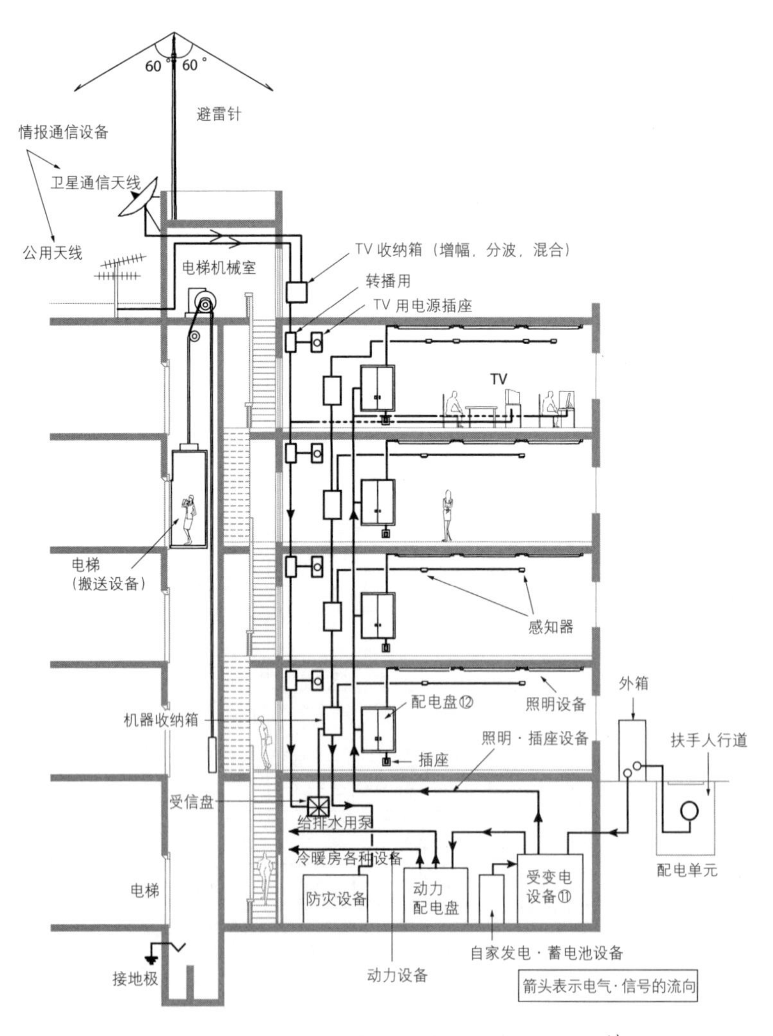

图 7.3 办公大楼设备概要（电气 · 搬送设备）[1]

分为公用部分①和专有部分②，与此同时在设备系统上也是分离开来的，这是公寓和办公楼的主要区别。属于公用部分的设备是住户的共同财产，由管理协会维持管理。

公用部分的供热水设备系统，与办公楼几乎相同（图示水泵直送方式③）。供给各户的水仪表箱内的量水器（水表④）作为分界点，连接在住户家里的给水栓。另外，关于供热水，量水器之后连接上分歧热水机。供热方式除了燃气热水器⑤外，也经常使用热泵热水机的方式。关于排水设备，从各户厕所排出的污水，与从浴室、厨房、盥洗室和洗衣机等里面排出来的其他杂水，于排水立管的接头处合流，经排水立管⑥排放至下层楼。排水立管的顶部有用于空气流通的伸顶通气管⑦，直通屋顶。

排水是从最下坑层内引水到屋外，有的是从屋外的排水斗⑧直接放出，有的是经过合并处理槽处理好再放出。

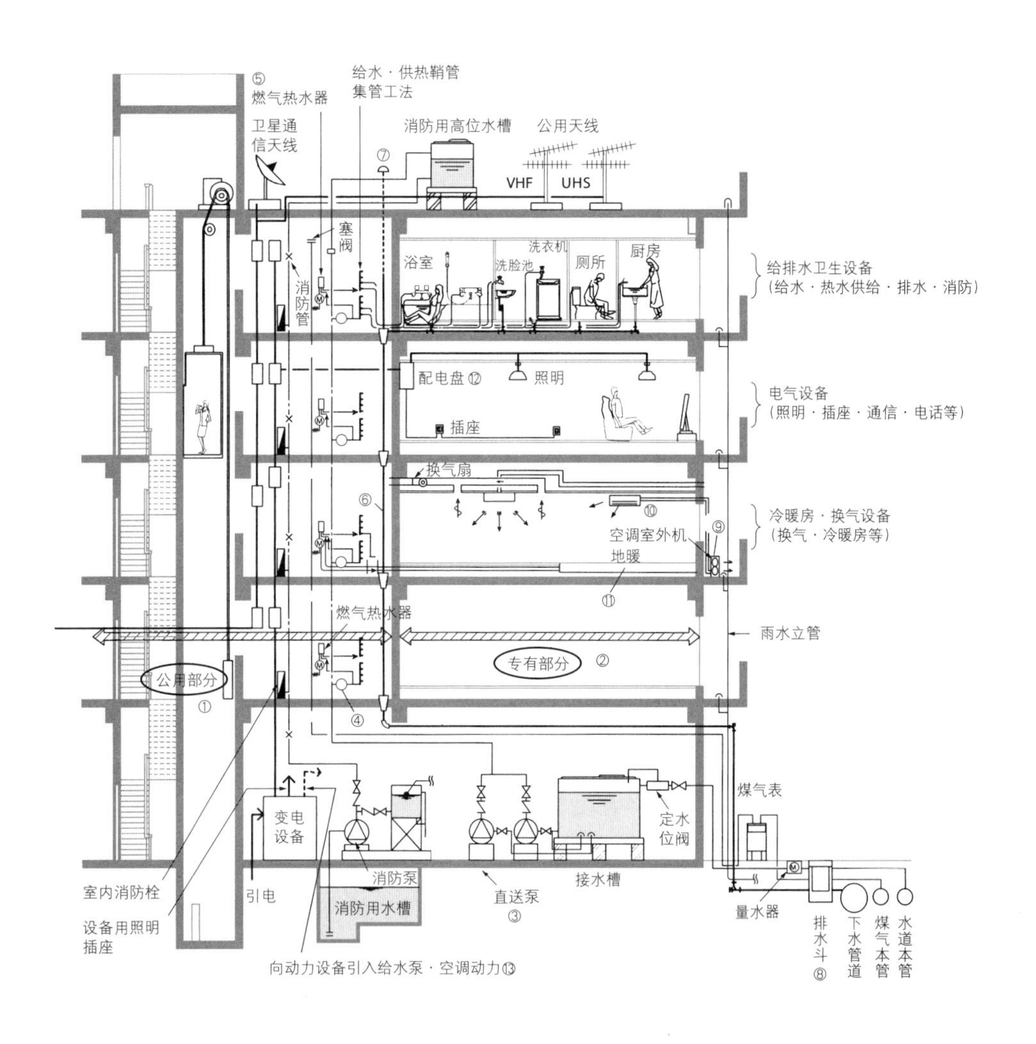

图 7.4 公寓设备概要[1)]

公寓里的空气调节设备，一般以特殊方式进行运转，是一种用冷媒配管将安放在阳台等处的室外机⑨和放置于室内的室内机⑩连接起来的空调方式，也是使用一台室外机与数台室内机相连接的多式空调器方式。最近的新趋势可以以连接在供热水机上的地板地暖设备⑪的普及为例。

公寓的电气设备，在受电量超过 50kW 的情况下，采用装在公寓地上的变电室内的受变电设备改变电压，转换成低压配送到各户的配电盘⑫上；分成 100V、200V 的电路，配送至各个电器和插座等的方式。

从受变电设备处提供动力⑬给公用设备的电梯、泵等。弱电设备有自动火警预告设备、避雷针设备、电视听力设备、网络设备、防盗设备等。

此外，除了电梯设备、机械式停车场，在厨房设置垃圾处理器的情况在最近也比较常见。

7.1.2 设备的典型劣化

我们可以说建筑设备从建筑物竣工开始投入使用的那一刻就已经开始劣化了。尤其是很多设备可移动，因此建筑的内装修比外装修损耗更大，劣化早已开始发生了。然而，由于其部位所处的环境、使用的频率等，有的容易发生劣化，有的则比较耐久。表 7.1 中整理了各个设备种类易发生劣化的主要部位外的其他典型劣化内容。

正如这个表所显示的那样，设备可以分为机械器具类和配管类（也含导管、配线）。大家可以很容易发现，在一般情况下机械器具类通常安置暴露在外，因此会发生运转不良、功能低下等退化。但配管类设备隐藏在建筑物内部居多，很难发现其退化是否因材料腐蚀而起，需要进行专门的调查。

7.1.3 设备材料的演变

为了了解设备的退化，先了解建筑物建造时使用的机械材料、配管的规格和特征等很重要。设备材料和配管等技术进步很快，因为相似的退化现象可以从某个时代特定的器具和材料上看到。

尤其是隐藏在建筑物里、埋设在地下的配管和零件等很难确认，因此在诊断修建的时候如果想了解材料的演变会很方便。

图 7.5 ～图 7.6 里主要显示的是正在使用的公寓给水管、排水管的配管材料的演变。例如成为老问题的生锈水问题，很多是由 20 世纪 70 年代后期之前使用的给水镀锌钢板造成的。近年来配管的材质已经发生了很大变化，生锈水问题突破了瓶颈，成为某个特定年代建成的建筑的特有现象。

7.1.4 设备法制度的演变

设备方面，不仅材料、性能等方面会发生物理性的劣化，也会因受时代的要求、进步等局限而退化，与法律制度不相称等，即社会层面的退化。

表 7.2 整理了与设备相关的法律制度的演变。值得关注的是依据 1975 年（日本昭和 50 年）制定的告示，一直沿袭至今成为多数当代设备设置的基准；1994 年（日本平成 6 年）制定的所谓的哈特建筑法，考虑了高龄人群对升降机、厕所等的使用需求；1999 年（日本平成 11 年）制定的节约能源法的修订版强

化了空调设备、换气设备、照明设备、供热水设备等的节能标准。同年制定的确法产品法，引入了住宅性能表示制度；再有2002年（日本平成14年）修订了《建筑标准法》的一部分，防病态楼宇综合征，有义务进行24小时信息通风；2006年（日本平成18年）修订了节约能源法，根据该法，在修订通风设备、空调设备、照明设备、供热水设备、电梯设备的同时，应担负起申报节约能源措施的义务。

表7.1 设备种类与不同部位劣化一览表

设备种类	设备部位	典型劣化
给水设备 消防设备	水箱及配管 高位水槽·消防水槽及配管 泵（压力水泵·抽水泵·消防泵） 警报控制盘·仪器表 抽水管·给水管·消防管等	性能劣化及机能低下 压力·水量异常 材料腐蚀·保温材料脱落 生锈·赤水 漏水·凝结
排水设备	排水槽·污水槽 排水泵 净化槽 污水管·其他排水管及接口	性能劣化及机能低下 材料腐蚀·保温材料脱落 漏水·凝结 堵塞
供热水设备	供热水机 供热水配管	性能劣化及机能低下 材料腐蚀·保温材料脱落 漏水
燃气设备	燃气配管 燃气表	材料腐蚀·保温材料脱落 泄露
通风设备	通风扇 管道及阻尼器 控制盘	性能劣化及机能低下 异常发热·异常噪声 材料腐蚀·保温材料脱落
空调设备	热源设备（室外机） 冷暖水泵 冷暖水配管（冷媒配管）	性能劣化及机能低下 异常发热·异常噪声 材料腐蚀·保温材料脱落
强电设备	受变电设备 干线设备·配电盘 配线设备 插座设备 照明设备	性能劣化及机能低下 异常发热·异常噪声 材料腐蚀·保温材料脱落 漏电·绝缘劣化

主要管道种类（给水）
1955 年 S30
1960 年 35
1965 年 40
1970 年 45
1975 年 50
1980 年 55
1985 年 60
1990 年 H2
1995 年 7
2000 年 12
备 注
自来水管用镀锌钢管 (SGPW)
◇JIS 制定
◆JIS 修订 (水管用途除外)
依据 JIS 更改名称修订为"水管用镀锌钢管"
自来水管用硬质聚氯乙烯衬里钢管 (SGP-V)
○JI 管端框架 ○管拟合结束腐蚀
◇JIS 制定
◇JPF 制定（接缝）
◇JWWA 制定（接缝）
左管下段的 JPF/JWWA 制定的（接缝）叫作"管拟合结束腐蚀"
自来水管用聚乙烯衬里钢管 (SGP-SP)
◇JIS 制定
"管拟合结束腐蚀"与"聚乙烯衬里钢管"一致
自来水管用不锈钢钢管 (SSP-SUS)
◇JWWA 制定(水管用)
也用于管道周围"水管用波状不锈钢钢管"1977 年 JWWWA 制定
自来水管用硬质 PVC 管 (VP、HIVP)
◇JIS 制定
◇HIVP、JWWWA 制定
◇JIS 修订
JIS 修订(1993 年)"HIVP（耐冲击性硬质 PVC 管）"一体化
自来水管用架桥聚乙烯管 (PEX)
◇JIS 制定（自来水管）
住宅单元内主要使用鞘管头方法
自来水管用聚烯烃管 (PB)
◇JIS 制定（自来水管）
住宅单元内主要使用鞘管头方法
图示例：推广期 普及期 落实期 衰退期

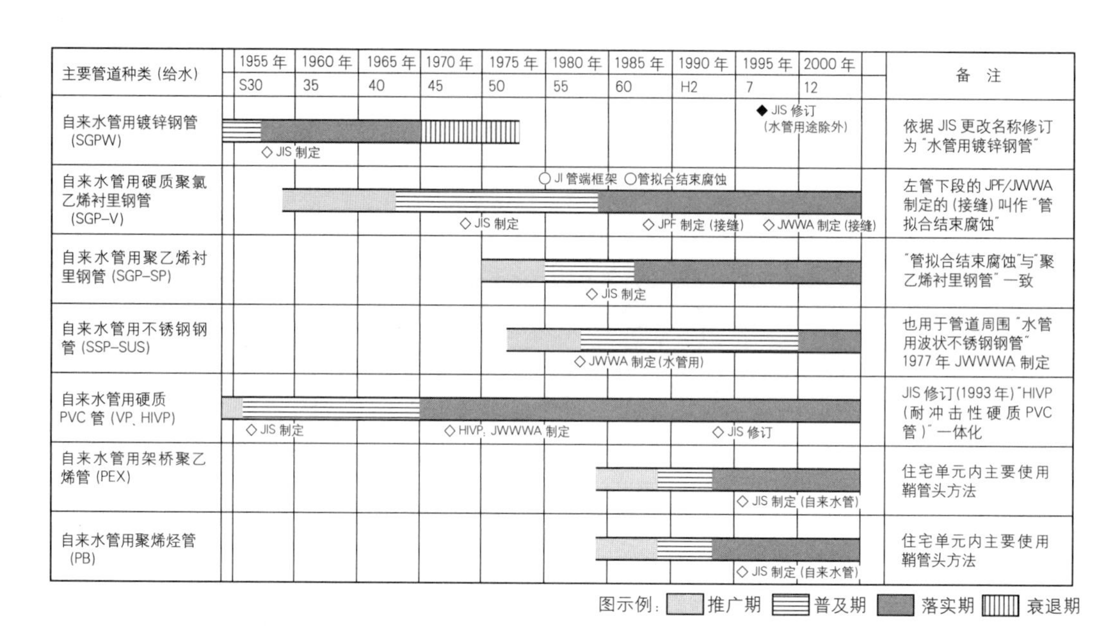

图 7.5 给水管材料的变迁

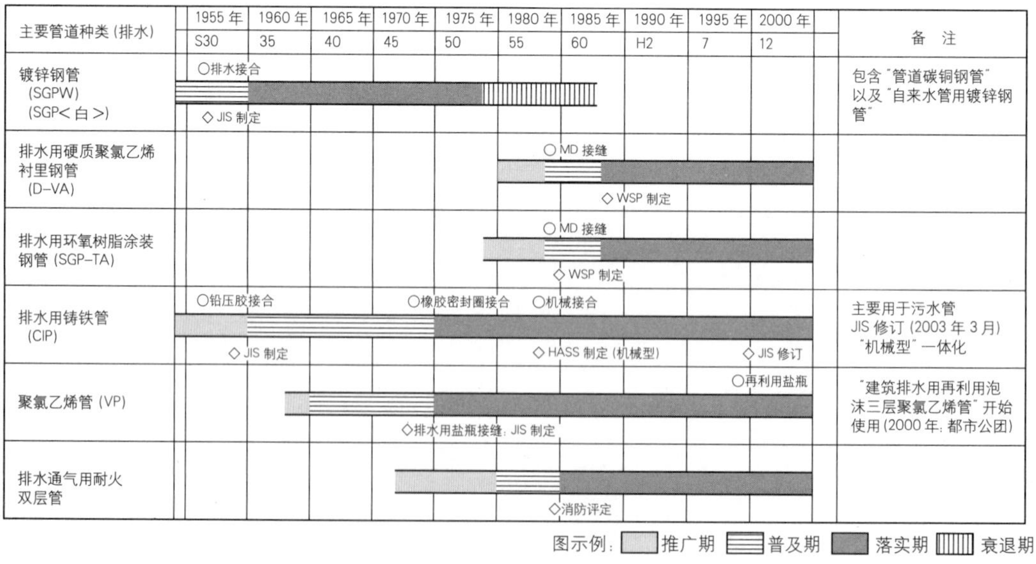

主要管道种类（排水）
1955 年 S30
1960 年 35
1965 年 40
1970 年 45
1975 年 50
1980 年 55
1985 年 60
1990 年 H2
1995 年 7
2000 年 12
备 注
镀锌钢管 (SGPW) (SGP<白>)
○排水接合
◇JIS 制定
包含"管道碳铜钢管"以及"自来水管用镀锌钢管"
排水用硬质聚氯乙烯衬里钢管 (D-VA)
○MD 接缝
◇WSP 制定
排水用环氧树脂涂装钢管 (SGP-TA)
○MD 接缝
◇WSP 制定
排水用铸铁管 (CIP)
○铅压胶接合
○橡胶密封圈接合
○机械接合
◇JIS 制定
◇HASS 制定（机械型）
◇JIS 修订
主要用于污水管 JIS 修订 (2003 年 3 月) "机械型"一体化
聚氯乙烯管 (VP)
○再利用盐瓶
◇排水用盐瓶接缝：JIS 制定
"建筑排水用再利用泡沫三层聚氯乙烯管"开始使用 (2000 年：都市公团)
排水通气用耐火双层管
◇消防评定
图示例：推广期 普及期 落实期 衰退期

图 7.6 排水管材料的变迁

表 7.2 有关设备的法律制度的变迁

年代	法律制度	涉及的主要规定
1970 年	有关建筑物卫生环境的法律规定	· 在换气设备、空气调节设备、给排水设备、电梯设备等方面设定了技术性的配备标准
1975 年	饮用水的管道设备以及排水用的管道设备，在安全和卫生上都实现零风险标准的规定（告示第 1597 号）	· 饮用水管道以及排水管道的结构标准 · 供水管道、供水槽以及蓄水池的结构标准 · 排水管道、排水槽、回水弯管、阻集容器以及通气管的结构标准
1981 年	有关三层以上的楼层作为公共住宅时，户主铺设燃气管道设备标准的规定	· 明确燃气阀门的结构 · 明确安装燃气泄漏警报器适用范围外的情况
1987 年	有关贯通耐火结构的地板以及墙壁的供水管道、配电管道等以及周围部分结构标准的规定	· 有关管道和地板及墙壁缝隙的填充方面的规定 · 在贯穿地板和墙壁的部分，以及贯穿部分的两侧一米以内使用不燃材料的规定 · 在贯穿风道的地方安装减震器的规定
1993 年	加快建设能够使老年人、残障人士等人群方便使用的特定建筑物的有关法律规定（《爱心建筑法》，法令第 44 号）	· 为了让老年人、残障人士能够方便使用建筑物，在进出口、走廊、楼梯、电梯、厕所等设施上应采取的措施
1995 年	促进建筑物抗震改建工作的相关法律	· 规定了特定建筑物的抗震诊断指南以及抗震改建指南 · 规定了房屋所有者实施抗震诊断，以及为提高安全性所进行的抗震改建的义务
1998 年	《建筑标准法》的修订法案	· 只要满足一定的性能，就可以采用多样的材料、设备、构建方法的管制方式（性能规定）
1999 年	基于能源使用合理化的相关法律，规定建筑实施主体为了高效利用能源所采取的措施的判断标准（节能法）	· 强化了建筑实施主体对 PAL、CEC 的判断标准
1999 年	为了促进住宅的品质保证的相关法律规定（品质保证法）	· 规定瑕疵担保期限最低为十年的义务 · 引入住宅性能标识制度 · 完善纠纷处理体制，旨在实现纠纷处理的顺畅化及迅速化
2002 年	《建筑标准法》第 28 条第 2 项（房间内散发化学物质时的卫生应对措施）	· 散发化学物质（毒死蜱和甲醛）的建筑材料的使用范围同换气设备的能力相结合的规定 · 24 小时室内换气的义务化
2006 年	《能源使用合理化的相关法律》第 75 条第 1 项的规定	· 一定规模（楼面面积 $2000m^2$ 以上）的住宅要进行大规模改建时，实施者有向管辖行政单位申报节能措施的义务 · 提交了上述材料的申报者，需定期按照申报上显示的相关节能措施，报告维护完善情况

7.2 设备的劣化诊断和评价

7.2.1 设备诊断定义

在设备的再生计划中，正确把握设备的恶化情况是十分重要的。将这种现状客观地数据化正是设备诊断要完成的任务，这也就类似于医生在进行治疗之前所进行的各种检查一样。把握设备的劣化情况所进行的诊断被称为劣化诊断，同时把握设备性能、功能的损耗情况所进行的诊断被称为功能诊断。节能诊断、抗震诊断也可以算作是功能诊断的一部分。

设备的劣化诊断包含简单诊断和实施非破坏检查的详细诊断，它们根据所要求的精确度不同，区分使用。

7.2.2 非破坏检查

不以停止设备、破坏（拆卸、拔出）设备的方式进行诊断的检查称为非破坏检查，尤其是对运转过程中的配管类进行非破坏检查比较多。以下是对配管类常用的三种非破坏检查手法。

❶ X 线调查

给配管照 X 线，对穿透的 X 线量的强度变化呈现在胶卷的黑白浓淡影像进行观察。黑白对照上可以观察出配管厚度的减少以及生锈状况。图 7.7 ~ 图 7.8 便是通过 X 线拍摄到的配备内部影像，一片模糊不清反映出生锈的状况。

❷ 超声波厚度计调查

通过测量配管厚度的减少程度可以了解配管的劣化状况。

从外侧向金属配管发送超声波脉冲，根据在内层面的配管表面（生锈的界面）超声波反射回来的时间差测算出配管厚度（参照图 7.9）。有时也会发生局部的配管侵蚀的情况，观测点少了有时会忽略，因而为了提高精确度，尽量多些观测点会好些，但是观测点多了，在检测上所花费的必要时间和劳动力也会相应加大。

图 7.10 将通过超声波计算的结果用电脑的方式呈现出来。

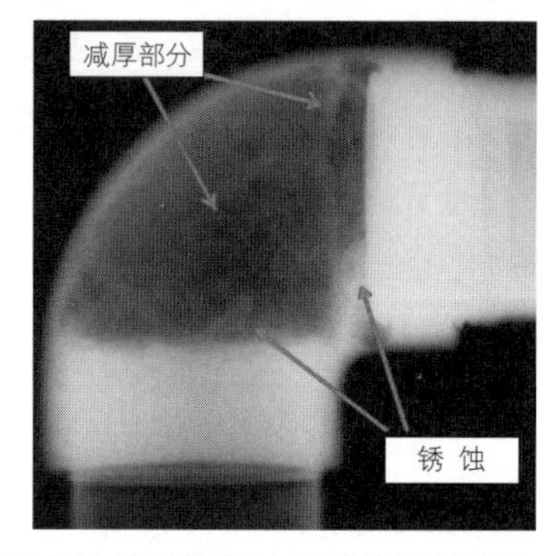

图 7.7 腐蚀钢管连续部的 X 线照片

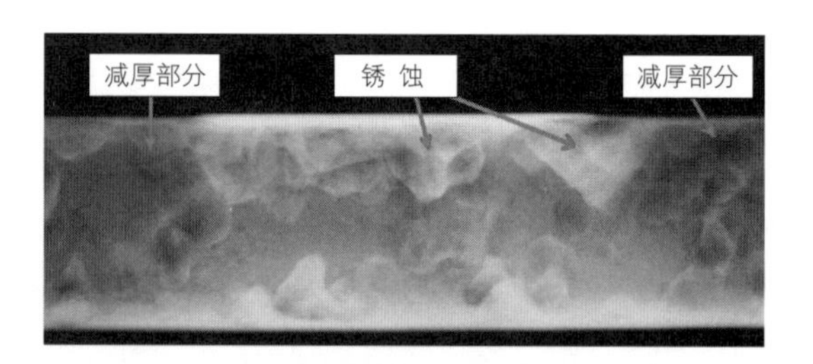

图 7.8 腐蚀钢管的 X 线照片

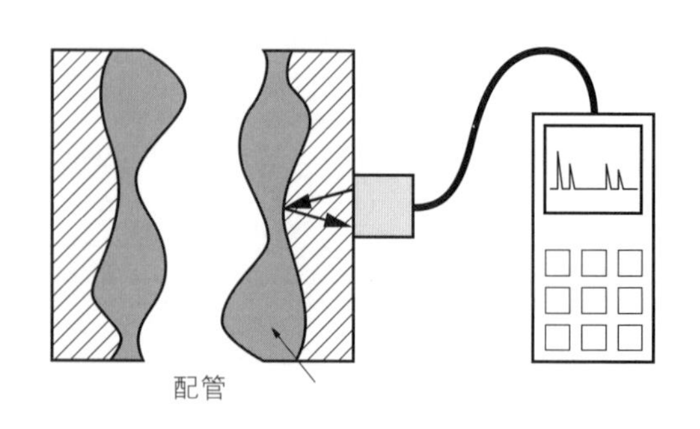

图 7.9 超声波计测的原理

❸ 内视镜调查

实际上配管内的状况用肉眼看是最准确的。肉试镜调查是在配管内插入内视镜（纤维内视镜）观察状况的一种调查。调查结果可以通过照片和录像的形式记录下来。然而，在插入内视镜的时候，需要排除配管内的水，因此必须停水。图 7.11 显示的就是通过内视镜观察到的给水管内部和排水管内部。

❹ 拔管调查

在侵蚀和漏水等具体的缺陷现象经常发生的情况下，应停止设备机能的一部分，拆卸掉机器，在工厂进行检查；或者切断配管的一部分实施拔管调查。在进行拔管调查时，将抽出来的配管纵向切开，用酸清洗其中一面，去除腐蚀性生物（锈）后用点微米测定配管厚度。这种方法带有一定的破坏性，但是可以准确知道配管的厚度和腐蚀程度等。图 7.12 展示了这个例子。

7.2.3 节能诊断

建筑体的节能对策逐渐成为一个重要课题。在节约能源法（建筑能源合理化使用的相关法律）方面，新的节能标准、下一代节能标准等经过几轮修订，逐渐形成了严格的标准。2006 年（日本平成 18 年）4 月对节能法进行修订，向来努力履行义务的已有建筑在进行修建时，在节能措施方面要求向行政部门承诺履行义务。因此把握好现有建筑的能源使用量、预测节能措施的效果十分必要。

❶ 办公楼的节能诊断

在办公楼进行能源使用现状的诊断时，先以能源管理台账为基础，追踪多年电力消费量、燃气消费量、油消费量、水消费量等，

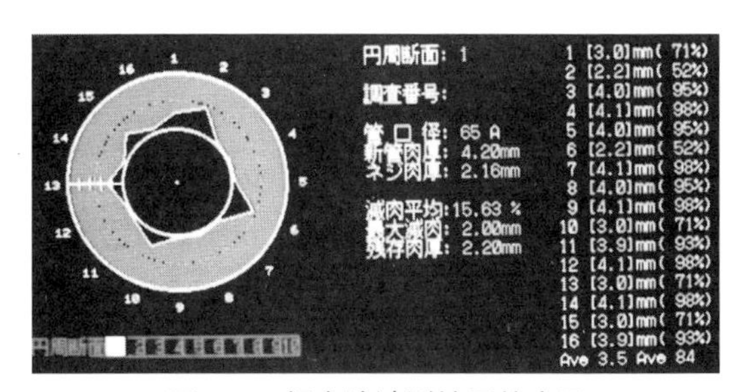

图 7.10 超声波计测结果的表示

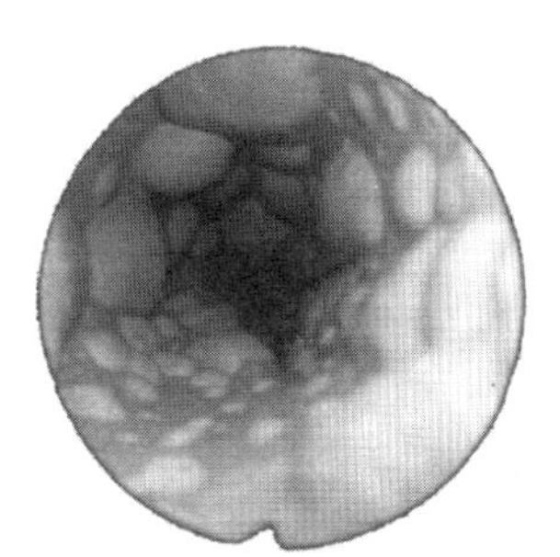

给水管

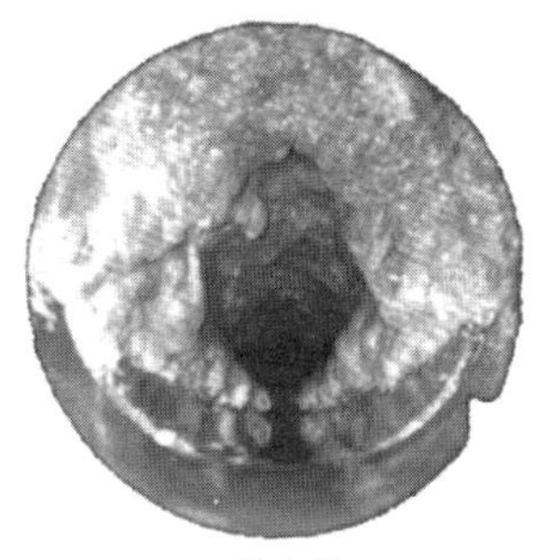

排水管

图 7.11 给水管和排水管的内视镜照片

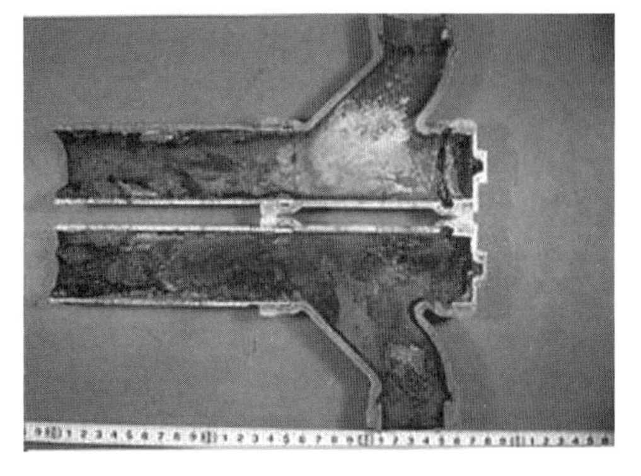

图 7.12 拔管后配管的样本

比较研究同种、同规模的建筑物的平均耗能使用量，这是最简单、易行的诊断方法。

与能源消耗最密切的空调设备，要结合运行管理状况、管理体制、保养状态进行调查。另外，室内温度和湿度等的管理，也可以以建筑卫生法（建筑控制法）里规定的定期进行环境检测的结果为基础进行分析。

器械的效率随着时代的发展迅速提高，因此对现有的热源器械、搬运器械等的运作效率进行调查，把握与最新的器械间存在的效率差也很重要。

❷ 高级公寓的节能诊断

高级公寓的节能诊断主要是把握热水供给设备的效率，因为住宅能耗中 38% 以上为供热负荷。因此供热水机的效率对节能有很大影响。

快式热水器一般采用燃气方式，但是相比较原来 80% 的效率，采用回收废气中的余热的最新潜热回收型燃气热水器达到 95% 的高效率。

另一方面，在电气方式上由于出现了二氧化碳自然冷媒热泵热水器，这种吸收大气中

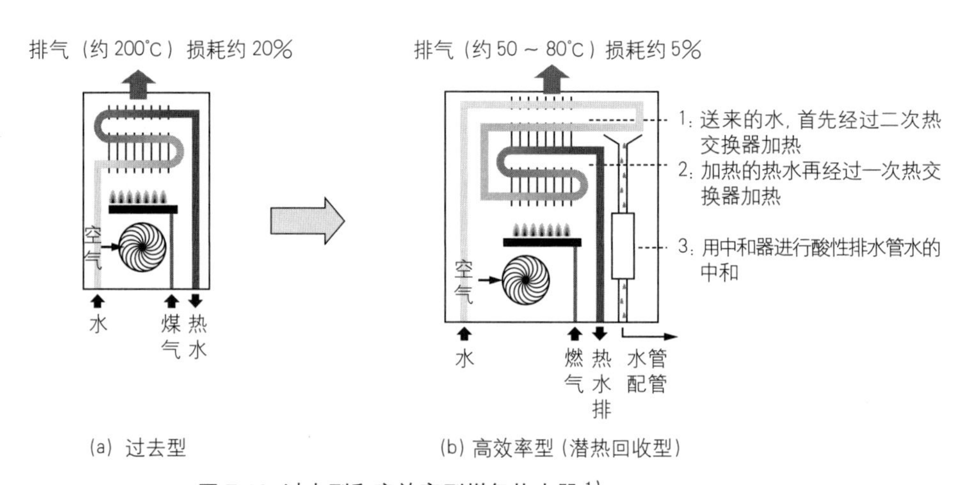

图 7.13 过去型和高效率型煤气热水器 [1)]

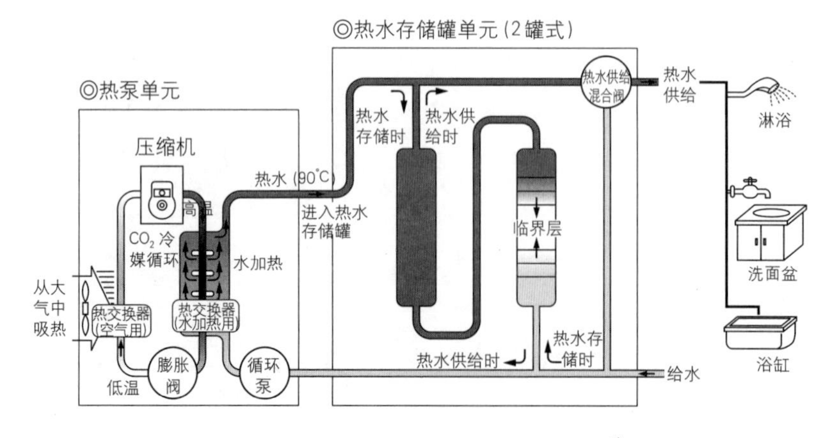

图 7.14 自然冷媒 CO_2 热泵式热水器的原理 [1)]

的热量、发挥电量 3 ～ 4 倍效率的热水器得到普及。因此可以说住宅节能的诊断办法存在于对供热设备的现状把握上。

7.2.4 抗震诊断

建筑设备的抗震诊断必须重点考虑防止重物掉落、器械故障以及火灾的发生，确保饮水、避难、感应照明，保证通信手段等。

抗震诊断的方法，目测诊断是基本，但是也有对图面计量测算诊断、触摸诊断等的调查，依据诊断标准对调查结果进行好坏的判断。目测诊断是针对以下项目进行设备抗震状况判断的方法。

①机械基础的破损、裂缝、倾斜

②固定器械、配管的金属物等的腐蚀、松弛、缺损、脱落

③有无接口、抗震安全装置等以及对设置状况的确认

触摸诊断通过接触设备器械的固定支撑点，确认螺栓等是否松弛、晃动等，进行抗震诊断。计量测算诊断是对质量超过 100kg 的器械，测算出锚杆等的强度进行的诊断。根据需要，使用测试锚确认设计上的拔出力。

7.3 设备再生的需求和改善

7.3.1 生锈水的产生与改善

❶ 需求的产生

1965 年（日本昭和 40 年）前半期，给水管多使用镀锌钢管（图 7.5）。为了防止水对内面的腐蚀，这种管道材料使用锌膜，但水里含有的氯等刺激性物质使锌膜发生洗提，从中产生锈化，它们会减少管道的壁厚，在管道内隆起成疙瘩状的锈发生洗提，便形成“生锈水”。但是，在 1965 年（日本昭和 40 年）后半期以后，给水管采用了衬砌树脂于内表面的硬聚氯乙烯管钢管。这里也遗留了初期阶段接缝处防腐的问题，集中在接缝处部位的锈出现了，这个也叫作“第二次生锈水”。那之后，插入防腐管道核，开发防腐管道接缝口等防止漏水的管端部分。针对给水管的生锈水问题，在新建时进行首要治理。

❷ 诊断方法

通过日常使用观察，可以大致了解生锈水产生的问题。对高级公寓各住户进行有关生锈水发生程度的问卷调查，可以确认哪个系统生锈水多。定量把握时会进行水质检查。水质检查是计量确定水的颜色程度、水里含铁浓度等。

腐蚀情况比较严重时，要进行配管的劣化诊断。管道的劣化诊断就是施行非破坏检查。镀锌钢管采用的是超声波厚度测量计测量锈腐蚀对管道壁厚度的削弱程度，从而推算出到开始漏水为止的“剩存寿命”。[1] 还有，难以用超声波测算的接缝口可以用 X 线影像观测。在管道口径大的管道以及可能实施停水等情况下，采用内视镜调查。实际上若是能够用肉眼观察，之后也就可以采取正确的对策，同时说服第三方也变得容易了。

随着时间的推移，方法几乎都一直在不断更新，切断管道的一部分进行调查的“拔管调查”就很有效。实际上用手确认管道，有可能迅速得出结论并找到对策。

❸ 改善方法

改善腐蚀过的给水管状况有两种方法。一种是全面更新管道的“更新法”；另一种是延缓现有管道内层衬里腐蚀速度的“修复法”。选择这种工法，要综合考虑管道工程的难易程度、工程费用等问题，一般来说“修复”施工法是包含在整个建筑的综合修复期内，重心在于延长给水管的寿命。

修复法是用砂皮铲掉管道内壁上的锈，洗净干燥后灌入环氧树脂，涂饰内壁的一种方法。由获得国土交通省的民间开发建设技术审查·证明的专业人员从事。根据涂料种类、工程精度的不同，有时涂料品种存在偏差，事先明确施工后的品质检查方法和品质保证很重要。

推定剩存寿命是管道发生腐蚀，拥有相同直径的管道规格的标准厚壁（A）减去最薄部分的厚壁（剩存最小厚壁 B），除以管道的使用年数，求出平均每年腐蚀的厚度。这被称为最大腐蚀度（M）。管道的螺杆部分比通常的管道厚壁薄，因此标准的螺杆底部的厚度（t）减去腐蚀厚度最大值（$A-B$），再除以 M，就能够测算出再过多少年管道内会出现空洞。这个就是推定剩存寿命（N）的方法。

$$N = \frac{t-(A-B)}{M}$$

除此以外，还有在给水管里掺入钙以延缓腐蚀的方法，以及使用磁力抑制生锈进程的方法等各种各样的修复法。采用的时候必须充分调查以确认效果。

7.3.2 给水量、压力不足等问题的改善

❶ 需求的产生

水压低洗澡不舒服等有时也会是由供水不足等造成的。这多发生在多层居住的高级公寓中。

供水、水压等因方式不同而各有差异，原来水管的压力、流量等，水箱的容量、抽水泵力等，以及高位水箱的容量、至给水栓的水位落差，或者供水泵力、供水管道口径大小都会产生影响。

❷ 诊断方法

以高级公寓为例，进行如下所示的流量、压力等不足的诊断说明。

①确认最高楼层住户的水压；

②测定自来水管道安装位置的压力；

③确认泵力。

❸ 改善方法

首先必须再确认供水负荷。因自动洗衣机、餐具洗涤干燥机等自动供水家电的普及和装修而成的大浴缸等有时增加了用水量，也会因家庭成员数的减少和高龄化，或者使用节水器具而减少用水量。尽管用水量减少，但是如果持续使用原来的大水箱，因为不更换水箱内的水，也会产生卫生方面的问题。首先需要确认合理的供水量。

供水系统最近由水箱方式改为泵式，即省去水箱的直接增压供水方式有很多。这种方式的优点在于可以撤去原来的水槽和高位水箱等，使原来的水箱空间改为其他用途，节省了定期打扫水箱的管理费用等。同时还可以应对供水压力不足的问题。

不足方面，水箱贮存半天量大概是高位水箱十分之一左右的水量。高位水箱停电的时候可以使用贮存水，但是泵式供水方式一旦停电即断水。

7.3.3 节水对策

❶ 需求的产生

节水对策和缺水对策都是为了间接削减环境负荷，与降低能源消耗息息相关。对于楼房的所有人来说，从房屋经营的角度出发，减少水费等成本的需要会很高。

在办公楼等地方主要有以下的节水方法。

①坐便器洗净水的节水；

②洗面池水栓的节水；

③其他排水的循环利用系统；

④雨水的再利用系统。

住宅区也一样，使用节水便池、节水水栓螺旋。

❷ 诊断方法

为了诊断节水状况，必须通过一个连贯的过程来了解用水量。一般情况基本是一家一户在安装位置装上自来水公司的水表。通过节水诊断，可以知道各个用途的用水量。在不能设置私人水表的情况下，可以制定测试时间，以便了解按系统、用途使用的水量。

❸ 改善方法

在节水方面，效果最高且比较容易修复的是在卫生间采用节水型坐便器。一般的坐便器一次的冲水用量是12升左右，使用节水型坐便器可以节水，每次冲水量在8升左右。

最近，还出现了超节水坐便器，每次冲水量在6升以下。据说女性用的坐便器尤其耗水，男性小便器和洗手池换成自动感应冲洗更节水。其他排水经过贮留、净化处理进行再利用的方式，或者储存雨水用作卫生间冲水的节水方法，可以在进行大规模再生时进行研究讨论（参照表7.3）。

7.3.4 空调设备的效率改善

❶ 需求的产生

空调机器时间长了故障会增多，因为是集中式的原因，所以想按照个人意愿变成任意使用的个别方式，另外由于设备系统的功效下降，电费升高，因此改善空调设备的需求便由此产生。

表7.3 节水技术一览表

类　型	方　式
水龙头类	泡沫式水龙头 内嵌节水框架式水龙头 淋浴式水龙头 自动关闭式水龙头 自动水龙头
小便器清洗	感应控制冲洗方式 计时式冲洗方式 定时控制方式
大便器本体	节水型大便器
大便器清洗	节水型冲洗阀 模拟卫生间冲洗声装置
体系	给水压力正当化 适当给水量分配 再利用排水・利用雨水

高级公寓里的空调设备一般相当于空调。供暖热源一般有燃气、灯油、电等，冷气设备热源全是靠电。因为热泵技术的进步，空调等的效率也急速提高，更新更高效率的空调本身不仅推进了节能化，同时也有利于减少电费开支。

❷ 诊断方法

诊断方法首先要确认机种类型、制造日期等，调查使用年代可能造成的损耗，或者制造时的性能、功效等。了解清楚每个机器的使用能耗，分析年代变化非常必要。判断是否节能，需用目录价值比较现有机型和最新机型的效率差进行把握。

❸ 改善方法

采用热泵系统，同时更新室内机和室外机是常识，更新为性能好的最新机型是目标。热泵空调的功效用COP（Coefficient of Performance的缩写）表示，机器的额定容量除以消耗的电力得出的数值越大说明功效越高。顶级机种中已有COP超过6的。

更新的时候需要确认外机的安放部分通风要好，在中小规模的大楼里，很多都是没有阳台的，因此将外机集中装置在屋顶的情况很多。外机和室内机通常都是用一对一的冷媒管连接的，由数台复合型室内机和一台外机构成，外机安置场所不够时很适合。考虑美观需要，将冷媒管沿外墙到楼顶接上启动外机，设备改善时，如何利用有限的建筑空间很重要。

7.3.5 空调用管道的腐蚀与改善

❶ 需求的产生

写字楼采用的中央空调系统有冷热水管和冷却水泵。冷热水管承担着运送锅炉及冷冻机里的热水、冷水至各层次级的空气调节机或者风机盘管里的责任。冷却水泵在冷冻机和屋顶冷却塔间循环，将冷冻机产生的热源释放到大气中去。

冷热水泵是一种密闭管道（管道内部的液体不向大气开放），因此作为腐蚀因素的溶解氧较少，一般很难引起管道内部的腐蚀，也有可能是由于投入了用于防腐的防腐剂。

但是，冷却水泵等向大气开放的开放管道，与给水管一样有时会生锈，因此要引起注意。

❷ 诊断方法

管道的诊断当然是希望能进行精确度高的详细诊断，但是检查的地方多，诊断的费用当然也就高。管道的诊断和给水管一样，一般采用 X 线检查、超声波管壁测定、内视镜检查、取管（拔管）检查等方法。

❸ 改善方法

在进行大楼整体再建的情况下，需要从空调系统整体效率和节能的角度重新审视。只是进行局部的机器更新时，需要选择适合现有管道及机器部分材质的机器和管材等。特别需要注意的是，如果使用与现有循环类系统不同质地的管道材料，不同种金属接触（直接接触电位不同的金属，产生流动电流形成腐蚀的现象）有时会发生腐蚀。管道防腐方法有：导入可以去除管道中溶解氧的脱气装置，在循环类的管道中使用防腐剂，将开放式管道更改为密封式管道等方法。

7.3.6 照明的节能改善

❶ 需求的产生

有统计显示，办公写字楼等 25% 的能源消耗用于照明消耗（参照图 7.15）。因此，从节能的角度来看，对照明器具进行全面维护也很重要。首次发现照明设备发生劣化，照明器具成为漏电断路器启动以及分支线路的抗绝缘不满法定值等的罪魁祸首。实际上，若到了这样的状态，稳定器、线路等会产生很多问题。

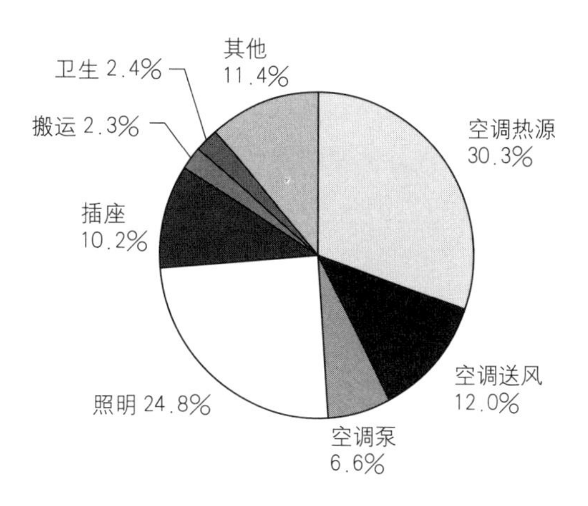

图 7.15 办公写字大楼的能源消耗率

❷ 诊断方法

据说荧光灯的使用寿命是 12 000 小时（约 3 年），小型荧光灯是 9000 小时（约 2 年）。在照明器具方面，需要考虑反射板、天窗等的涂饰是否剥落，有无破损、腐蚀、过热痕迹等。安定器要大致能区分磁气回路式安定器和电子回路式安定器。根据各个灯的闪烁、照明不良等进行诊断。

❸ 改善方法

改善的程度以如下的考虑方法为基础进行选择。

① 照明器具的部位更新

选定灯、安定器等的劣化部位进行更新。

② 增高亮度的修复

把相同台数的照明器具替换成节能型（Hf荧光灯）的照明器具，可以确保在同等电力下提高 50% 的照明度。

③ 系统再生

从节能环保的角度考虑照明器具，包括系统天花板等进行再建。随着 2006 年（日本平成 18 年）4 月《节能法》的修订，在对 $2000m^2$ 以上的特定建筑进行大规模修缮、外观改造时，要履行向所辖行政部门递交有关节能措施申请报告的义务，确认是否符合。

7.3.7 对 OA 化的改善

❶ 需求的产生

在如今的新建建筑中，通过某些形式与网络相关联 OA 化正在进行中，但是存在问题的大楼也有很多，阻碍 OA 化，电线存在问题以及电线线路存在障碍。

电线终端的反复移动、设计的变更造成损伤，使电线发生劣化。电路线路仅考虑布电话线，无法添补 LAN 线（Local Area Network：局域网内信息通信网），不需要的电线一直被保留着，没有撤除。因此有新布的电线不通的机能故障。大楼采用的布线方式的种类如表 7.4 所示。

❷ 诊断方法

对电线及管路采用图面确认、目测检查等诊断。作为导入 OA 地板时的参考数，实地测量层高及确认地板许可载荷。在调查、诊断 OA 系统之后进行以下工作。

① 现用器械的确认

调查现正在使用的电脑、网络器具，制作一览表。

② 听证会

关于现有的 OA，召开使用者听证会，寻找现有系统中的潜在问题。

③ 通信的实际状态调查

在 OA 诊断时，有时要处理重要数据，需要十分注意不能在调查过程中发生主机、服务器、网络停止等问题。

❸ 改善方法

并不是每次房屋外观修建时都要为 LAN、电话线换线，而是采用事先在决定好的地方布线的先行布线方式。用于布线的电缆要选定保证有 15 ～ 20 年的使用寿命、可以长期使用的电缆。关于电线线路建议用最灵活的 OA 地板。

表 7.4 办公写字楼采用的布线方式的种类和评价

项目	配线场所	相关工程	特征	近期使用情况
管道	楼板内	以新建为主	配线量不多，作为最基本使用	○
地板管	楼板内	仅限新建	以电话配线为对象，OA 用配线容量不足	×
蜂窝状导管	楼板内	仅限新建	有一定的配线容量，但配线的柔软度存在局限性	×
商业街配线	楼板上	新建、恢复	廉价，但不够美观，应变性差	△
地毯状表层配线	楼板上	新建、恢复	配线容量有限，应变性差	△
自由进入楼	楼板上	新建、恢复	配线容量多，柔软性强，能确保必要的高度	○
办公楼	楼板上	新建、恢复	薄型，有足够应对 OA 机器的配线量，柔软性强	○

7.4 设备诊断和再生实例

7.4.1 办公写字楼的再生实例

本章节将介绍对办公居住大楼进行物理劣化诊断（由集中方式再生为个别方式的实例）的内容。

❶ 对象建筑的概要

这个实例是位于东京都内的办公居住两用大楼，该建筑于 1979 年完工，至修建时已历经 20 年。构造、规模上是 RC 造（钢筋混凝土结构），地下两层、地上八层、阁楼一层，总面积约 6500m^2。

现存空调设备的热源采用的是冷冻机 + 蒸汽锅炉，各层都采用空调箱（AHU：Air Handle Unit）+ 风机盘管（FCU：fan coil unit）的集中式。

❷ 再生动机

在这个实例中，因为是办公居住两用大楼，因此进行了为期 20 年的良好维护．但设备器械和管道等都是建设初时的，逐步劣化现象日益明显。最明显的就是冷热水管腐蚀造成的漏水现象，风机盘管周围的漏水问题促使人们想要对该建筑进行诊断改修。由于担忧今后对住户造成直接伤害，因此决定实施再生工程。

❸ 设备对象和诊断

空调设备的诊断范围几乎包括下列所有系统的机器和管道等，即冷冻机（chilling unit）、冷却塔、蒸汽锅炉、泵类、AHU、FCU、冷热水管、冷却水管。这些空调系统的概念图如图 7.16 所示。设备机械类的诊断以各种诊断检查表为基础，由专门的技术人员实施外观目测检查。在从外观和运行状况等无法进行判断的时候，有时也可能会同制造商进行诊断。特别是冷冻机、锅炉等要进行定期检查，检查的数据也可以用作参考。

诊断结果：冷冻机进行定期维护，保持良好状态，判断能够使用 5 ~ 6 年的时间。冷却塔看不到劣化部位，判断送风机用的发动机、充填材料的交换等都可以耐用几年。在锅炉方面，水垢附着在锅炉体上非常明显，可以断定需要更新。虽然无法看到泵类的劣化程度，但通过大检修，使其运转 3 ~ 5 年是有可能的。AHU、FCU 对线圈、凝水盘等的腐蚀可以看到，能够断定其需要整体更新。冷热水管内 FCU 系统的支管腐蚀明显，因此需要采取早期对策。断定冷却水系统可以继续使用。

❹ 改善建议

经过诊断，可以断定热源系统的热源及主冷热水管可以继续使用几年，但从长远来看，利用这个机会进行更新很实际。

空调设备再生的时候，需要考虑今后 20 年左右的使用形态变化。例如，从以下几项进行讨论。

① 适应居住者的使用状况

集中式空调系统无法详细周到地适应住户的工作时间，约束了办公的自由度。因此，近年来办公楼空调设计成分散式的情况有很多。所以，空调系统由集中式再生转变为分散式的实例不胜枚举。

② 适应节能

空调系统与热源系统有关，因为近年来掀起了节能风潮，高效机器的开发得到普及，房屋所有人及租户都开始进行节能，这直接影响到能耗消费的削减。因此再生的时候，节能问题成为讨论的焦点。

③ 适应持续管理及维修保养

对集中式的热源设备，必须进行法定维护，

要求必须是具有特殊技能资格的人员进行运作管理，因为维护管理费用可观。

从这个角度来看，虽然通过交换部件、大检修等，有望延长系统使用寿命，但一般还是实行包括更新空调系统在内的再生计划。这可以说是社会性的劣化。

这个实例中的制热制冷用的空调系统，取消了 AHU、FCU 方式，改用空冷封装方式，拆去了劣化的冷热水管。但空冷封装方式不能进行办公室换气，因此将现有的 AHU 换成全热交换器，用热交换器进行大气交换，排除劣化部分，转变成分散式。再生后的空调系统概要如图 7.17 所示。

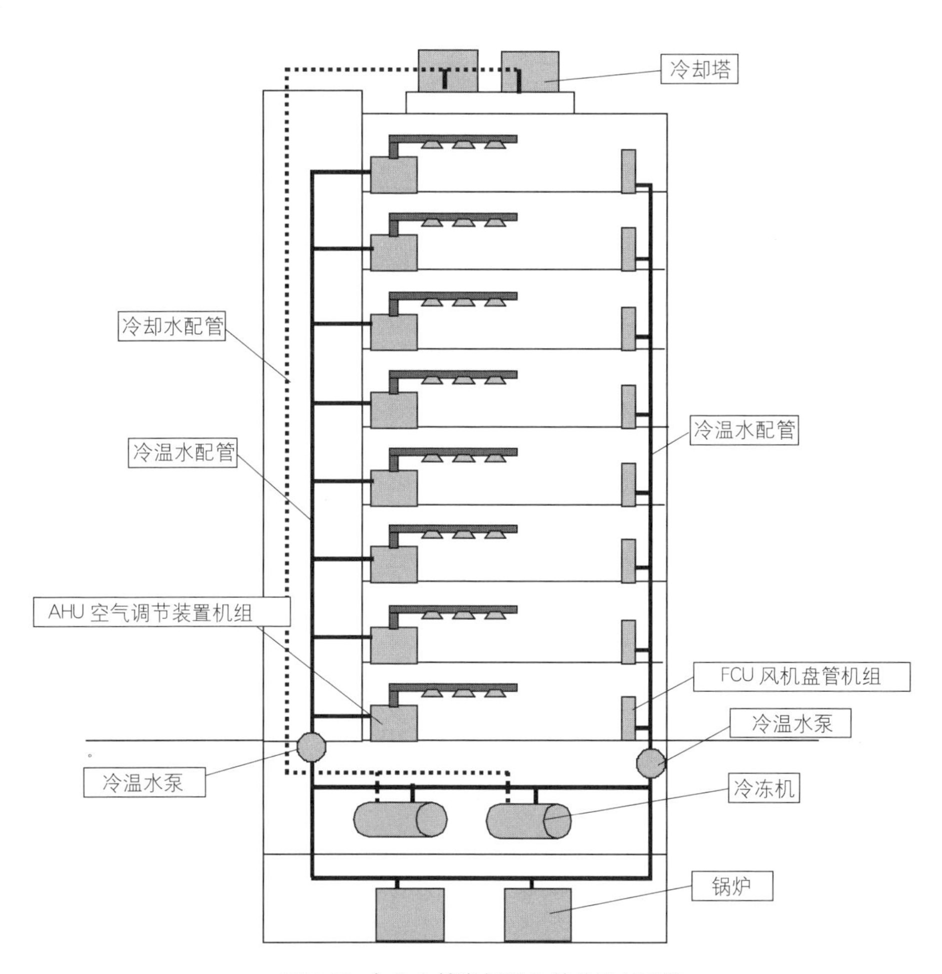

图 7.16 办公大楼实例再生前的设备系统

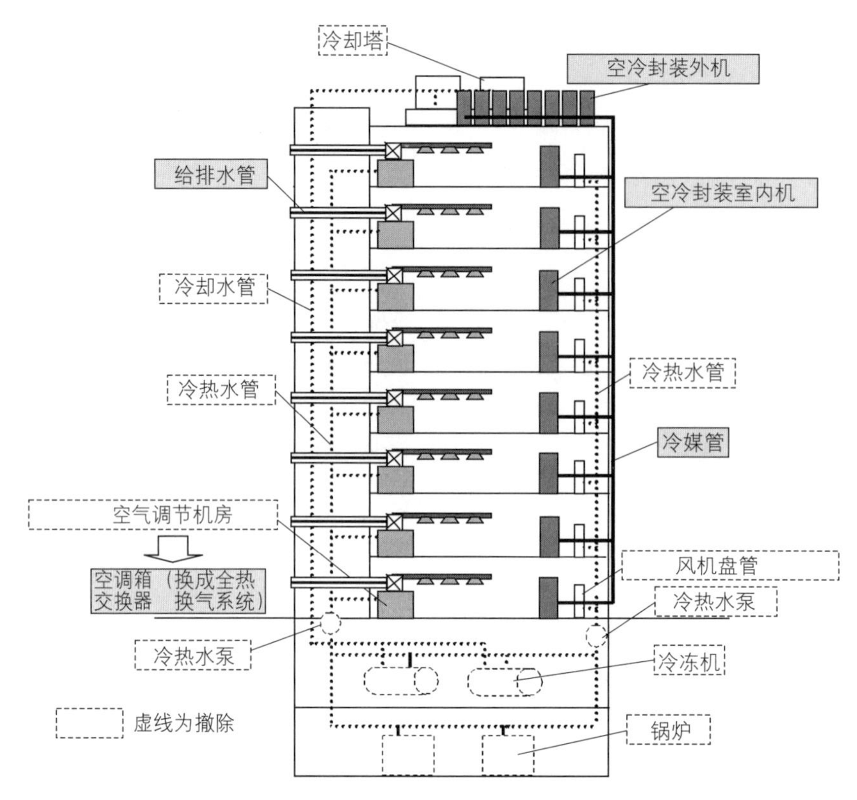

图 7.17 再生后的空调设备

7.4.2 高级公寓的再生实例

针对高级公寓的诊断和再生，通过实例进行解释。

❶ 对象建筑的概要

这个高级公寓位于东京都内，4 幢共 216 户，是钢筋混凝土构造的 6 层楼，建筑时间 30 年。该建筑为外廊式风格，以三室一厅、四室一厅为主。

❷ 再生动机

自建成以来历经 20 多年，管道也发生劣化，有必要采取一些对策。发生的劣化现象如下：

① 开始出现生锈水，且慢慢积多；

② 管道中的水质变差；

③ 外部结构地下埋设部分的漏水情况屡次发生，自来水费猛增。

❸ 设备诊断的实施

预测到问题产生，在设备年久发生劣化的情况下，要进行设备诊断。与日常的维护管理不同，需要委托专家进行综合诊断。委托人通常是通过公寓的管理行会，或者管理行会、公寓所有人的代理由管理公司进行委托。公寓共用设备的主体是给排水设备，所以诊断的对象就是给排水设备。

❹ 给水管的诊断

共用部分的给水管及抽水管的诊断，选定容易引起腐蚀的位置（如图 7.18 所示），使用超声波厚度仪测定残存的厚壁度。分析测定结果，制成管道腐蚀的截面图予以呈现。诊断结果显示，给水管、抽水管都严重腐蚀，实际产生的生锈水、漏水现象等就是证据。

针对外部结构的地下埋设部分的管道，通常挖开漏水部分，采用目测观察的方法最合适，但挖掘需要相当的费用，因此该实例是采用对相关人员询问、调查，来确认判断漏水的地方、频率以及相应措施的。

❺ 排水管的诊断

排水管内其他排水系统中使用镀锌钢板，有可能采取超声波厚度仪检测。另一方面，在使用铸铁管、排水用的聚氯乙烯管时，从原理上不能用超声波厚度仪进行测定，而要用内视镜、X 线检查等进行确认。住户内的其他排水管使用 40 ~ 50mm 的口径。

在这个实例中，排水管设置在下层天花板的内部，检测对象住户的排水管劣化情况不能从其家里直接诊断。为了掌握劣化情况，对露在地下仓库天花板管道上的一层住户的排水管进行取样，然后用超声波厚度仪进行检测。结果显示，排水立管残存的厚壁还充分厚，断定还能使用一段时间，建议几年之内有必要进行再次调查。另外，住户用的下层其他排水管的腐蚀问题很明显，诊断结果是应当尽快采取防腐措施。

❻ 抽水泵类的诊断

这个实例对抽水泵进行了诊断。泵类诊断的重点是异常漏水、异常振动、异常鸣音、异常发热等问题。在该实例中，确认没有发生异常现象，但轴承部的盘根部分的渗漏问题严重。另外，建议更换泵以便能看到外部腐蚀等劣化现象。再有，含有用于消毒的氯的空气从水箱流入泵室内，因此控制盘等的接线头部分粘锈明显，为安全起见也建议更换控制盘。

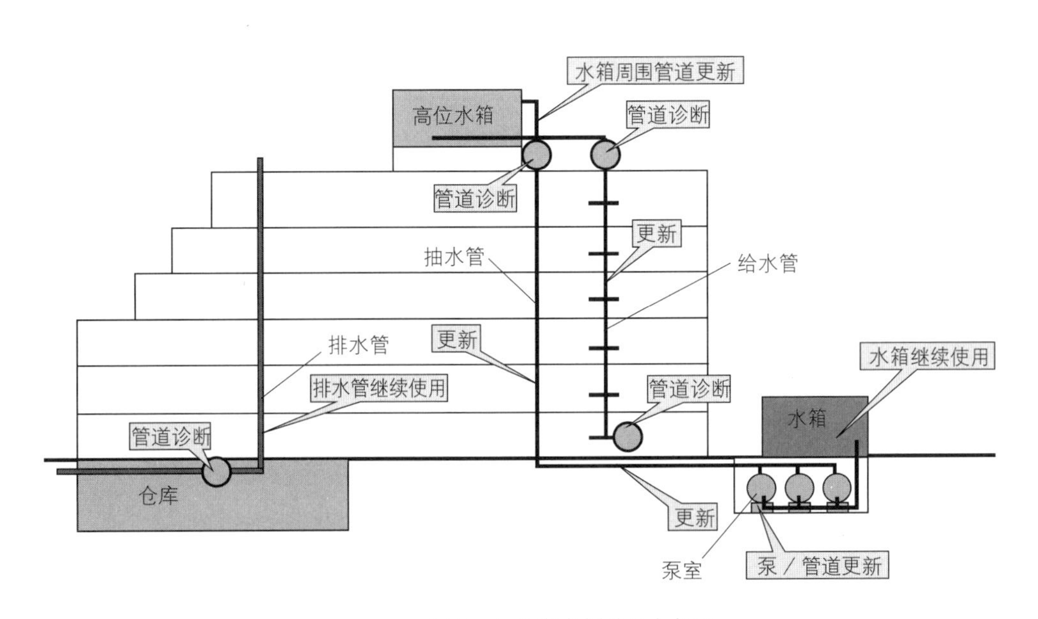

图 7.18 公寓实例的设备概要

这个公寓是1965—1974年（日本昭和40年代）的公寓，因此使用的是混凝土水箱。1975年（日本昭和50年）以后，根据日本国土交通省的公告，水箱类规定设置能从周围六个方面进行维护的混凝土水箱，在法律上已经不合格。

然而，更新合格的水箱，需要确保设置的场所，会带来相关的建筑工程和高额的更新费用，因此进行定期大规模的修缮是比较经济的做法。所幸的是，没有发现裂缝、漏水等痕迹，加上水箱在地上，因此在进行大规模修缮的时候，简单进行更新是有可能的。所以决定仅更换水箱周围的附属管道，暂时继续使用。

❼ 诊断结果报告

诊断结果需向诊断委托人汇报，之后报告给管理行会和房屋所有人。诊断工作如果客观并且正确地报告设备的劣化情况当然好，但受理报告的管理行会等不是设备方面的行家，有时就是在某种程度上给予对策上的一些意见。这个实例中报告了以下几点：

① 更新外部结构地下埋设部分的给水引管、抽水管、共用给水管；

② 更新每栋楼的共用给水管、抽水管；

③ 改造水箱附属管道；

④ 建议更新抽水泵、附属管道以及控制盘，公示诊断依据。

❽ 再生设计及实施

接受诊断结果，管理行会着手再生计划与实施。实施再生的时候，需要得到和再生设计相关的专家的配合，还要委托顾问和设计事务所等。这个实例中从诊断到工程全部委托给信誉好的设备专业人员。

设计者对诊断结果进行再确认，整理再生的范围、条件等，测算再生基本计划和大概所需的费用。如果是管理行会，因为按年度运用预算，预算处理需要向年度大会请示，所以，必须预先估计从计划到实施2～3年内的开销。

●引用文献

1. 大塚雅之，著．初学者的建筑讲座 建筑设备．市谷出版社，2006.9

2. 日本建筑设备诊断机构，编．设备配管的诊断和改修读本．Home 社，1997

3. 日本建筑设备诊断机构，编．建筑设备的诊断・更新．Home 社，2004

第八章

内部装修

改变内部装修，提高使用价值

8.1 内部装修对于再生领域的作用

8.1.1 应对内部装修老化现象

内部装修老化的典型现象表现为设备的老化、故障，门、柜子的金属件等由于人们的直接使用而造成的损伤，以及地板、墙壁和人们直接接触部分的痕迹等。对于这些现象，通常是通过定期更换或者日常维护来恢复其功能。解决老化现象，需要对老化现象进行分析并确定修补方法。

另外，即使内部装修本身并没有老化，很多时候，为了加强抗震性能，施工时必须拆除内部装潢，在对于建筑物整体评价的过程中，有时也需要对内部装修进行具体评价。

8.1.2 内部装修的再生动机

由于内部装修是建筑使用者直接接触的部分，所以其使用价值必须通过市场、时代、地区性等来进行价值评价。内部装修如果正是在这些需求下实施的，怎样充分根据市场，为使用者实现独特的设计和空间功能将成为重大课题。

实际上，应对技术进步、环境、健康、老龄化等新的社会问题成为内部再生的直接动机。比如说，从功能角度看，由于隔热、密封要求的提高，以及由于应对 VOC 而保证通风性能的要求，有必要重新审视内部装修的建材、式样。而且，无障碍改造、通用设计的推进也成为必须考虑的主题。诸如此类与环境、使用相关的内部装修的再生的主要目的就是要达到和新建建筑同等的功能。

另一方面，根据使用者的感性、时尚需求而进行室内设计的更新也是一大主题。特别是商业设施，室内设计对客源和销售额会产生很大的影响。这是内部装修特有的再生主题。但是，这并不意味着只是沿用以前的方法而完全除旧，延续建筑物特有的文化价值、将有传承价值的设计元素遗留下去，这些都会成为今后的重大研究课题。

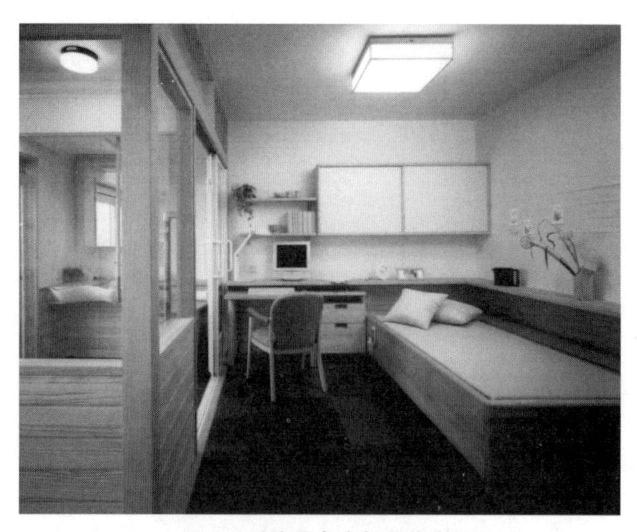

图 8.1 乐隐居户内部装修全景

8.2 内部装修的再生程序

8.2.1 法规角度的课题

在内部装修的再生设计、改装方面，根据规模和目的的不同，有的需要法律审批，有的不需要法律审批。

大规模的改装、修缮、变更用途等行为需要申请审批，消防设备要报告备案。与建筑相关的法律有《建筑标准法》《无障碍法》《消防法》《质量保证法》，在拆除时还有《资源再生法》，所以施工前必须一一对照检查。

在《建筑标准法》中，有针对每座建筑物的抗震、防火、卫生等的单体规定，其中关于防火、耐火、避难、室内环境、安全性等规定，是和新建建筑一样需要核查的。而且建筑主体的不同有时对改装设计也会有较大影响。另外，根据老龄化社会对无障碍化的需求，在很多人使用的建筑物里，根据《无障碍法》规定，要考虑到轮椅使用者而改修台阶、电梯;在住宅方面，根据《老年人居住法》的规定，要追加台阶和扶手，这些都要在再生规划时作为重点内容考虑。《质量保证法》规定，关于住宅内部装修的功能，对具体样式进行分级，依靠功能认定和保证制度等体系，提高住宅功能。另外，对于室内改造的再生设计也制定了相应的性能标准。

8.2.2 再生计划

再生计划是指针对建筑的内部空间，按照用途进行规划、设计的行为（表 8.1）。

再生计划中，室内设计是从“调查、评价（环境影响评价阶段）”，即确认硬件内容的有无开始的，包括既有的出入口位置、承重墙位置和大小、可以利用的硬件设备能力（电容、用水限制等）等等。而且，还要探询使用者的需求，调查分析需要提供的软件服务。

其次是“规划、计划（工艺流程设计阶段）”，即明确空间的整体规划，对应新的计划要求，以及预算、经营计划的成本规划等，使再生设计的课题具体而明确。在具备设计条件的前提下，为实现“设计、企划（计划阶段）”框架思路，整理硬件条件，进行具体的企划设计。这就是使用价值再利用的内部装修设计。虽然这个部分和新建建筑一样，但是需要慎重考虑拆除部分与保留部分的关系的设计。为了将拆除控制在最小范围内，就必须尽量利用未被破坏的地板、天花板木条和连续的楼面垫层，并且考虑拆除可能出现的偏差，在设计中预留相应的尺寸误差。而且，最重要的是在充分保留具有跨时代文化价值的素材、设计的基础上进行再生设计。

在这些准备工作的基础上，应该针对“施工、运用（管理阶段）”，即实施能正确完成内部装修的施工、管理，并且完工后针对内部装修能维持良好状态等问题提出运营管理方针。

再生施工时，从拆除到施工的流程必须要充分考虑场所环境进行设计。要预先确保施工时间、工期、材料的搬运路线和堆放场所，以及现场加工的操作场所。而且，在新建建筑的内部装修施工时最重要的是确认好建筑物主体和设备的现状。

即使是按照图纸设计，也要在现场调查，掌握机器设备、基础状况及室内环境后，再斟酌是否按当初的设计进行，施工计划是否适当，必须事先筛选出施工上的问题，预测可能会遇到的麻烦。

表 8.1 内装再生平面程序

评估阶段	**调查・分析** 收集价值再生的必要信息，分析，评估 现场调查，询问业主 ■ 环境调查　建筑物周边环境变化，用途地域，法规，周围产业现状和未来预测 ■ 建筑调查　建筑主体的物理评价：结构，性能，影响内装适用法规的计划决策 功能评价：建筑设计，设备设计等可行性调查 心理评价：反映产业计划和室内设计的企划 ■ 工业化调查　对计划，设计范围的设定，设计条件等进行整理与分析
编制计划阶段	**说明** 构思意象说明・设计说明 构思产业展开和室内设计・室内功能 分区・空间计划，绘制基础性的布置图 应对新的要求和条件：无障碍计划，环境评价，生命周期评价计划 制定产业计划和室内装修计划的综合进程表 确定预算框架，对收支・利润等产业计划进行评估
设计阶段	**基本设计** 设计的具体化（示意图、试做、模型、设计协调等） 和既存部分的衔接设计、与施工计划相连贯的设计 基本设计的图纸化：平面、展开、家具用具设计、设备图纸（电气、给排水、空调换气、IT、消防等） 素材、做法、照明等单体设计 施工计划 **实施设计** 实施图纸→设计书、材料书制作、拆卸指示图、既存界面图纸、家具、用具、室内固定家具制作图及报价 工程计划（拆卸、废弃、制作物、施工、竣工）
管理阶段	**工程** 施工步骤：现地周边状况的再确认和搬入、施工时间，近邻居民的应对措施，既存居民对策等 施工图 施工管理 工程完工检查、验收 **运用** 业务开始时的支援业务（居民迁移的支援、运用的支援等） 点检、诊断、开始使用后的评价 长期维修计划、维持管理计划 物业管理

图 8.2 表示的是“解体工程→解体材料的搬出→施工材料的搬入→施工”的再生工程的一系列流程示意图。

8.2.3 再生的施工

❶ 再生工程的区分与形态

在公寓大厦中，内部装修对于使用者而言，构成了固定的经营和使用价值，由于建筑物的拥有者与内部空间的所有者一般并不相同，鉴于要明确工程范围与责任分区，需要将建筑物的施工分区进行分类。通常将建筑主体的施工称为“A”，将公共部分的设备、填充体的施工称为“B”，将面向业主（使用者）的内部装修称为“C”。这是基于将施工范围、责任范围明确化的区分，由于业主的施工部分为使用者所有，因此在其退租的时候需要恢复原状。

这个 C 工程，由于通过装修而形成了其使用价值，因此如果对 C 工程进行再生，那么需要明确施工范围。

既有建筑的内部施工的形式，分为“无人居住状态的施工”和“有人居住状态的施工”。“无人居住状态的施工”是指在入住者退租后进行的行为，属于自由度较高的改造工程。

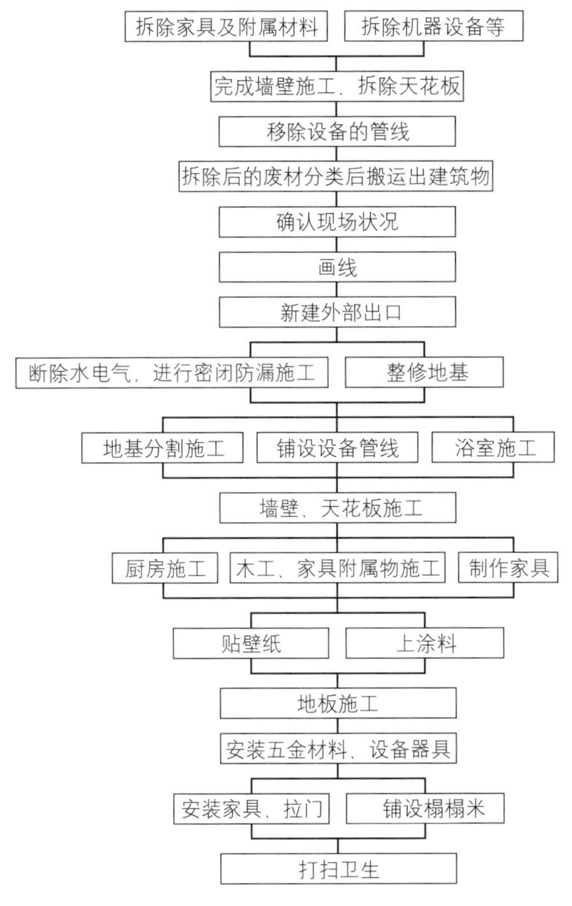

图 8.2 内部重新装修施工流程 [1)]

在商业大厦（办公楼、购物中心、餐饮店）的施工方面，内部装修一般是和建筑物主体施工同时进行的，在工期后半段实施。

在内部装修施工中，最重要的是建筑物所有者和店铺之间明确的施工区域。希望投资者根据施工区域表计算出内部装修的施工费用，在明确开店所需全部费用的前提下，才能交涉租赁条件（月租金、押金、保证金）、具体开业时间，签订店铺预定租赁合同。

一般来说，商业设施的施工可以分为“A 工程（甲工程）”“B 工程（乙工程）”“C 工程（丙工程）”三个部分。

■A 工程（甲工程）指建筑物的主体工程，施工费用由建筑所有者负担，工程也由建筑所有者实施，包含框架部分、公用设施、公共通道、店铺划分等对应用途所需要具备的标准设施（计量器或店铺划分）。

■B 工程（乙工程）指根据店主的要求对建筑主体外观以及既有设施进行变更的施工，多为从设备的功能及防灾方面的必要性考虑而采取的施工。费用由店主负担，工程由建筑所有者实施。具体内容包括地板负重的改变、配电箱、上下水、防水、厨房换气、防灾、空调设备等对 A 工程的补充和变更等方面。

■C 工程（丙工程）指在建筑物所有者的认可下，店主负担费用进行的设计、施工，具体包括店铺内的附属设施、设置柜台用具、专用电梯、专用招牌等施工。

一般来说，店铺施工多指店主负担费用的B工程及C工程。

图 8.3 店铺内部装修施工 [2)]

“有人居住状态的施工”是指在有人居住的过程中进行的改造工程，其施工受场所、时间、环境等诸多因素的限制，需要根据施工内容和流程选择施工形式。如果是店铺，在再生期间可以停业，但是住宅、办公室等场所再生，由于可利用空间是专属的，在再生期间，需要业主临时搬出，将会产生租用替代场所、搬家等施工之外的相关成本，所以毫无疑问需要缩小再生的范围。即使是边使用边装修，也会产生诸如施工流程、时间管理、建材堆放场、工人出入等安全防范上的问题。不管怎样，在新建工程时不会产生的运营管理上的间接费用是需要计入总成本的，且和施工期限密切相关。

❷ 应对附属施工

在进行内部装修施工时，经常会产生施工范围以外的附属施工。附属施工是指对施工目标物以外的影响。根据施工内容的不同，附属施工产生于正在施工部分和相邻部分的接合处。正如企划条目中叙述的那样，这些都需要提前计划，但是有的部分是必须在拆除后才能研究的。比如说，像改装厨房这样貌似简单的施工，主要是更换全套的厨房设备，但是，钻头打入墙体时，会破坏瓷砖，因而需要瓦工施工。在地板用横木固定后，厨房的尺寸就会发生变化，就要重新铺设，从而影响到地板和墙壁的完工。炉灶位置发生变化时，管线的位置就会变化，就要在房间的天花板上开孔。为了把洗碗机装进去，就需要在地板下打孔安装下水管。由于常年潮湿，在地基受到损伤时，就要对地板进行施工。如果是更大范围的改装，将会出现管线位置、材料样式等当初建筑设计图纸上无法预测的问题，所以要尽可能在初期规划阶段对施工范围进行预测，做好各项施工的平衡（图 8.4）。

❸ 拆除时的环保措施

与重建拆除不同的是，改装拆除作业需要有计划地在设计图纸上标明拆除的范围，以及是否要拆除机器设备等，注意位置和尺寸，防止影响到剩余的部分。另外，根据材料、回收企业的不同，要对拆除的材料进行区分后再开始拆除作业。因此，要预先计算拆除作业所需的时间和费用。在集中小区进行单户再生时，要事先制订拆除计划，由建筑管理者和周围的居民进行沟通。

分别拆除的废弃物根据《废弃物处理法》《关于建设施工相关材料再资源化法》等法律的规定进行处理。废弃物分为一般废弃物、特别管理一般废弃物、产业废弃物、特别管理产业废弃物。特别是在内部装修前的拆除

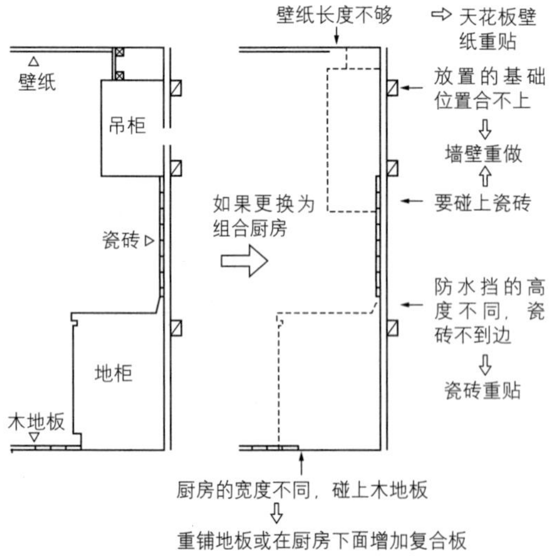

现在的厨房结构　　安装新的厨房设备

图 8.4 附属施工实例

建设废弃物	一般废弃物	办公室垃圾等	工地办公室的图纸、杂志、饮料罐、饭盒、饭渣
	特别管理一般废弃物	使用碱性碳水化合物的家用电器部品等	废空调、废电视、废微波炉
	产业废弃物	瓦砾类	①混凝土渣 ②柏油／混凝土渣 ③其他瓦砾
		建设废弃物产业废弃物以及陶瓷碎渣	玻璃碴、混凝土渣子、瓷砖卫生陶瓷碎渣、耐火砖碎渣
		废塑料类	废塑料泡沫、废塑料薄膜、合成橡胶碎渣、废轮胎、PVC 管材、瓷砖台面
		金属碎渣	碎钢筋、金属加工碎屑、脚手架管、框、钢窗框、管材废料、电线
		橡胶碎屑	天然橡胶碎屑
		污泥	水分含量高的细泥状挖掘物 挖掘物在标准货车上无法堆积而且人无法在上面行走
		玻璃碴、混凝土渣以及陶瓷碎渣	废施工板 附着有机物的碎渣
		废塑料类	附着、混入有机物的废容器
		金属碎渣	附着、混入有机物的废容器、包装、铅管
		木屑	拆除的木屑、施工的木屑、脚手架板材的废料、采伐的材料
		纸屑	包装材料、纸箱、壁纸碎屑、拉门、防漆胶带等
		纤维碎屑	废擦油布、断线、绳子、榻榻米、地毯
		废油	防水沥青等（油渣类）、沥青乳胶剂等、原油等
		灰烬	焚烧残渣
	特别管理产业废弃物	废石棉等	飞散性石棉废弃物、附着石棉的垫子、防尘口罩

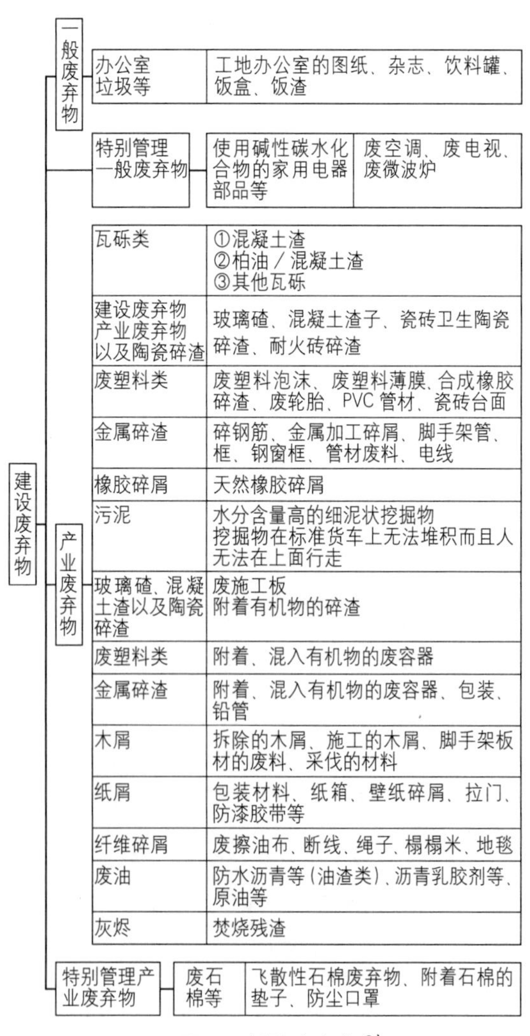

图 8.5 拆除废弃物 [3)]

时，基础的木材属于一般废弃物，石膏板属于建筑废料，表面成型材料属于废塑料，建筑五金属于金属碎渣，如果材料多是复合型的，则更要注意区分。另外，飞散性的石棉材料的拆除需要持有《防止石棉粉尘飞散处理技术》证书者才可以进行作业（图 8.5）。

❹ 户内填充部品的采用

由内部装修决定其行业价值的建筑，根据建筑物的所有者和入住者所有权，形成建筑支撑体（S）和户内填充体（I）分离模式。

在新建的住宅小区，开始推广毛坯和户内装修分离（SI）的模式这一新的供给方式，并衍生出“自由规划分期付款”“毛坯租赁”等方式，在开工时根据居住者的要求，把集体小区的内部装修作为设计施工一环来进行实践。更进一步说，如果能提供开放规划的住宅，那么系统化的户内装修就有可能按照居住者的要求实现随时变更，保障持续的实

项目名称：KSI 住宅实验楼（都市再生机构都市住宅技术研究所）
改装设计：独立行政法人都市再生机构
构造：RC 构造
楼层：2 层建筑（但是在构造设计上是按 11 层来设定的）
所在地：东京都八王子市

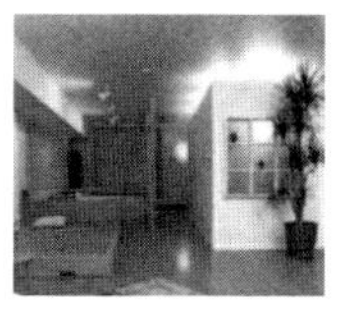

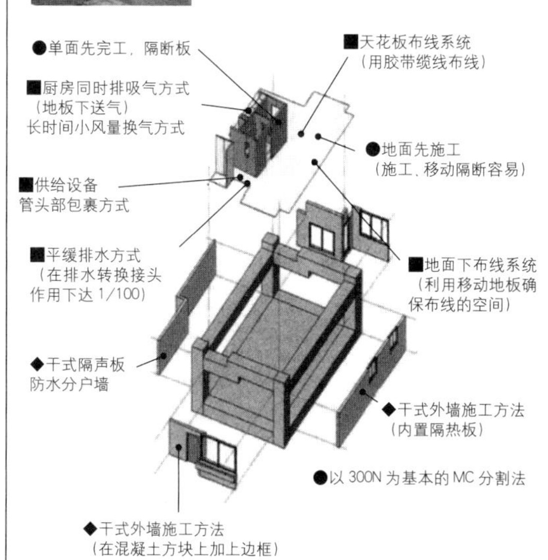

在 KSI 住宅实验楼中，对应有各种各样的生活方式、工作方式，而且就具有优质潜力股的新型 KSI 集合住宅（都市再生机构型毛坯和户内装修分离住宅）的实用化进行着各种各样的必要实验。同时，也发布了关于 KSI 住宅的信息以及与民间企业进行的共同研究。

■耐久性、更新性都很优越的高性能框架式住宅

KSI 住宅的最大魅力就是框架结构有可能保持长达 100 年的高耐久性。例如，在实验楼的框架中就使用了高品质混凝土，楼面钢筋厚度比平常增加了 10mm。

而且，在主干的构造上，除了采用不设置承重墙的纯条状框架结构外，在支柱、梁、楼面等方面也都下足了功夫，不光提高了耐久性，也提高了户内装修的可更新性。

■厕所、浴室等也可以设置到喜欢的地方

在 KSI 住宅，根据居住者的生活方式、家庭成员的构成，可以自由改变房间和内部装修。而且，由于水管、电线管可以方便移动，厕所、浴室这些本来需要很大工程量的相关设施在变更位置时也变得很容易施工了。

再加上，由于水、煤气、电等生活干线都设置在建筑公用的框架部分，改建、改装施工时也可以把对相邻住户的影响控制在最小范围内。

■可以自由变更住宅、设施的内部装修

KSI 住宅是由提高主干的耐久性的框架和可以自由改变水关联设施位置的内部装修构成的。因此，即使是在同一集合住宅的上下层，房间的隔断也可以进行不同的组合，而且，也可以改变住宅用途、规模，变成办公室、商业设施。

图 8.6 室内装修的实例——KSI 住宅实验楼

用价值。但是，对于住宅，依然存在建筑、税收体制等方面的法律问题以及实现系统化而需要的成本问题。今后，如果这样的问题能够得到解决，作为耐久消费的户内装修的利用价值再生功能将由生活者自由支配，从而使得建筑物的使用资产价值长期持续下去。

一直以来，内部装修施工都由多个工种组成，但是在再生施工时，由于要缩短工期，应优先考虑提高效率。

如果户内装修的构成要素达到系统化，成为工业化产品，则材料部品就可以在工厂加工完成，结合部品也可以预先加工好。由于需现场特殊加工的部品极度减少，以及部品材料进场的安排与组装顺序合拍，在现场进行的部品组装就不再由特定专业工人施工，而可以由多能工进行组装操作。随着设备布线、布管的一键化，木材的工厂加工化等减少专门工匠的操作，拆除后的内部装修施工就可以由多能工来完成。

比如说，组合浴室的加工是在工厂进行的，不需要和其他工种磨合就可以完成，空间构成材料、功能部品、设备部品、管线布置作业都由组装工（水道施工店等）来操作。今后也许会出现使用这种组装的施工方法。

为了引进这种SI方式，需要制定户内装修规则。除考虑避免噪声、外观设计等内饰规则以外，还有必要考虑使用部品的范围、分割、工厂和现场的制作、材料的配送等日常使用中的规则。

为了试验整体规划建筑再生施工的户内装修系统，设计师们设计了“乐隐居户内装修”（图8.7）。这是老年人的居室，因此没有像从前那样分配日式房间，而是考虑到某种看护级别，保留了这种功能；保留适当空间使老人能继续拥有充满意义的独立生活。以此为室内装修的体系，把日式房间改建在这里。在6～8张榻榻米的空间里，把包括厨卫在内的居室全部装了进去。

因此，全部拆除住宅的日式房间及附属的壁柜、边缘部分。在集合住宅中，只保留RC主干，其他全部拆除。但是，在靠邻室的开口部位，把“乐隐居”一侧的开口放大，在开口处嵌入边框，然后，根据尺寸把周围的墙壁拆除，这样就不需要再对邻室进行完工处理。

因为“乐隐居”里有水关联设备，需要从现有设备处引出分支管。为了进行热水、自来水、下水道等分支管的施工，要拆除现有地板和墙壁的一部分，进行户内装修以外的修缮施工。户内装修的组装，从多能工的角度来看，考虑到搬运、降噪、缩短工期和灵活使用，需要把部品在工厂加工成一个人能搬运的大小；组装时，虽无法避免打螺丝，可以粘上黏着剂，使用电磁熔接降噪施工法进行连接。而且，在现实生活中，对部品进行的设计已经考虑到框架、组装精度所需的现场加工。

这样，不仅是从施工的角度，作为塑造充满魅力的一体化生活的有效手段，户内填充体的再生也会扩大室内空间再利用的可能性。

项目名称：UR 租赁住宅都市生活东新小岩
改装设计：积水房产（株）、独立行政法人都市再生机构
构造：RC 构造
楼层：14 层建筑的 1 层
建设时间：1993 年
改修时间：2005 年
所在地：东京都葛饰区

此项研究由乐隐居户内装修研究会实施，目的是在老龄化的社会进程中，开发出户内装修体系，对现有集合住宅的户内进行有效改造，使老年人可以安享晚年。从 2000 年开始，设计师利用集合住宅的 3 户，进行了改装试验。

而且，此项研究是作为文部科学省科研研究补助事业“关于支援新生活方式的支援产业和户内装修产业的存在方式的研究”的一环来实施的。

施工前

6 张榻榻米的日式房间、壁柜、边框

这个房间在住进老年人时，没有像从前那样分配日式房间，而是考虑到某种程度的看护级别，保留了这种功能，目的是提供适当空间使老年人可以继续拥有充满意义的独立生活。
这就是使用价值再利用的户内装修技术的实际例证。

拆除中

返回混凝土的框架状态

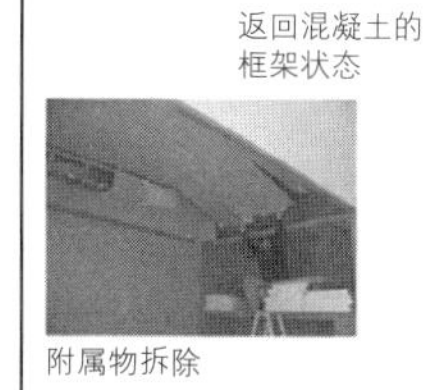

附属物拆除

灵活利用现有设备是要点

施工中

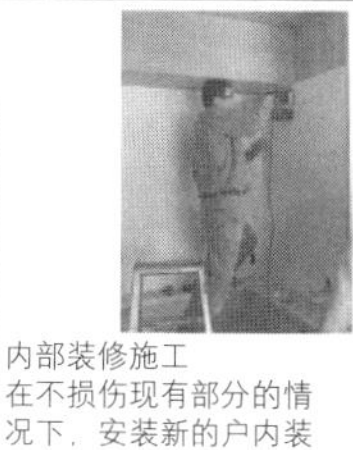

内部装修施工
在不损伤现有部分的情况下，安装新的户内装饰材料

从工地的降噪、缩短工期、建材、加工场所的制约角度考虑，在工厂把部品材料加工成容易搬运的形态

竣工后

和既有的开口部宽度一样，外侧的壁纸一点也没有动

由多能工安装单位部品，他们除布管布线以外都可以组装

6 张榻榻米的日式房间、壁柜、边框，在合起来约 8 畳（1 张榻榻米为 1 畳，编者注）的空间里替换成了具有居室和水关联设施的户内装修。

图 8.7 户内装修的再生施工实例——乐隐居户内装修

8.3 内装再生的扩展

8.3.1 应对居住要求

❶ 对陈旧状况的更新需求

内装再生多是为方便建筑的使用而进行的。这绝不是一个新现象，无论什么时代都有这样内装再生的基本需求。比如说，在住宅中，生活时间久了，物品就会增多。如何增加收纳，就是每个人都要花工夫考虑的重大课题了。如果是单户住宅，可以在院子里建一个储藏库，如果是集合住宅，则需要大力钻研能有效利用空隙、天花板的收纳空间的嵌入式家具、移动家具、适合住所的手工制作等。

另外，最近因为宠物而重新装修的人也不在少数。这种在室内饲养伴侣宠物的情形急速增加，在集合住宅中也可以，而且已经有很多人在饲养了。集合住宅为了应对这样的情况，首先有必要加紧改进管理方法，为尊重不饲养宠物的住户，需要贯彻饲养的规则和宠物管教，明确可饲养宠物的大小等，但在住户中要形成这些方面的意见统一存在很大难度。

在建筑内的公用部分设有宠物洗脚、处理废物的空间，在住家内，特别是铺木地板的话，就需要使用降低宠物脚步声的地板材料。在一些商业设施，如可携宠物的咖啡店，有的已经使用成型材料并且区分空间了。

❷ 提高厨卫空间的舒适度

在厨房和浴室中有各种各样的构成材料，明显作为易耗品的设备部品可以单独更换，但是要对空间进行设计变更时，多数要比新建建筑耗费工夫。厨房系统、组合浴室等空间构成材料是自主性比较高的户内装修，随着浴室面积扩大、从浴缸炉到热水器这一热水方式的改变，桑拿、按摩浴等新功能的引进就需要对相邻空间、设施进行拆除和更新。

尽管厨房已经是标准化的组合构成体系，我们还是可以利用它的特点，换成新型的系统厨房，而无须部分替换碗柜。而且，有必要同时对地板、墙壁、天花板修补加强，对上下水管、换气扇的位置进行变更施工。更有甚者，在安装开放厨房、酒吧型厨房时，需要更改 LDK 的全部空间，有时需要对厨房进行大范围的改装，还要进行增加热水设备、电磁炉等设备的电气化改造。

在这里，特别介绍一下都市再生机构于 1987 年竣工的租赁式集合住宅的改修情况。虽然原来条件很不错，但是设备的等级、规划和居住者的需求之间已经产生了脱节。需要考虑到单身住户的生活方式，要设置大储藏室，并且采用以厨房为中心的单间装修方式。因此，带有电磁炉的开放式厨房、洗澡间等设备就得到大幅度的充实（图 8.8）。

❸ 生活的扩展

演绎各种各样生活的住宅，随着生活舞台、生活方式的变化而引进的新的生活功能对其使用价值的再利用产生巨大影响。比如说，孩子长大后离开家庭，由于家庭成员减少而多出的空间可以转变为关于兴趣爱好和工作性的空间，从而获得属于自己的全新生活空间，这种情况今后会不断增加。由于钢琴、家庭影院的普及，日常生活中出现音量大的情况也会随之增加，所以要在房间做好地板、墙壁、天花板的隔声，在开口部装上窗框，安装双层窗户。因此出现了将这些功能一体化、配套安装音响的专用户内装修设计。它的最大特点就是不用拆除既有居室，在内侧组装具有隔声功能和音响功能的地板、墙壁、天花板部品。这种将必要功能一体化打包的空间，已经成为人们有能力购买的、适用性很高的户内装修商品（图 8.9）。

在茶室、陶艺室等个人趣味创作空间，有的需要和上下水、换气、电器设备等既有设备均衡。针对单户住宅，也可以考虑追加建设。

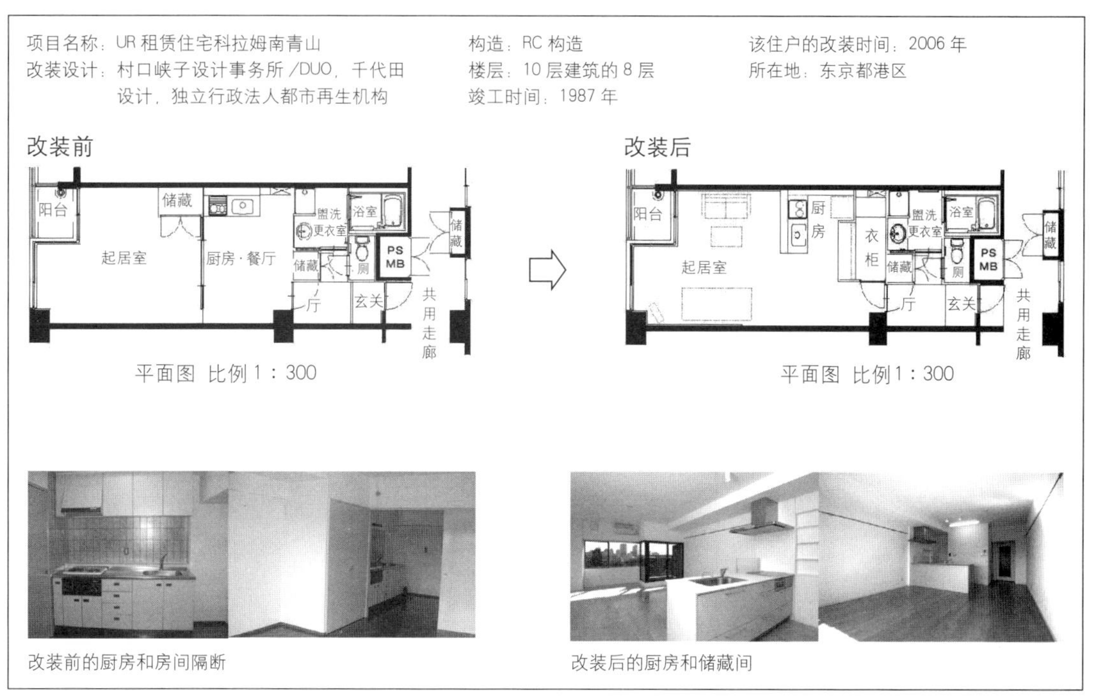

图 8.8 重视设备和居室空间的改装实例——UR 租赁住宅科拉姆南青山

项目名称：阿比特斯
设计者：雅马哈（株）

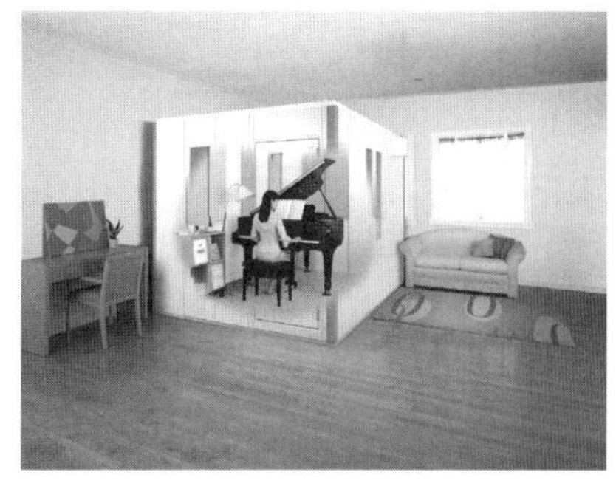

结合乐器演奏、家庭影院等目的，可以选择带有隔声设计的户内装修体系。
门、窗等开口部位也有针对音响问题的成型材料。

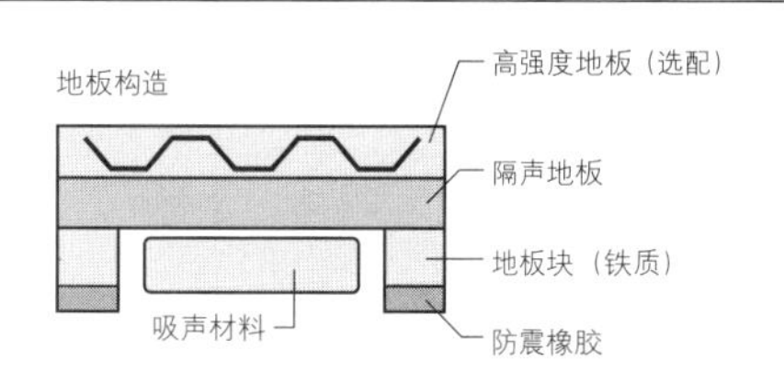

1. 分割浮动地板体系
由于对隔声地板（浮动地板）进行了分割，就不用把钢琴移到别的房间，可以组装隔声室。
2. 装有防震材料的固体传导控制板
由于在隔声墙里有效地安装了防震材料，因此可以控制固体传导。
3. 无芯的固体传导控制板
由于从隔声墙里取出了芯部材料，因此可以控制固体传导。
4. 全面震动阻断系统
(1) 在板材内部有效地安装了吸声材料，阻断了震动。而且，可以控制两层板材内外隔声板的震动位相。
(2) 控制混合窗户玻璃部分的共振，阻断震动。
5. 开孔的岩棉成型吸声板
由于在吸声板上加工了很多特殊的小孔，因此实现了根据所需要的波长来达到最佳吸声特性的功能。

图 8.9 隔声室户内装修实例——阿比特斯

另外，在住宅建设工作进行的同时，对IT环境的建设，集成电路、PC相关机器等办公环境的建设也成了课题。为了在住宅建设方面引进信息系统的基础设施，我们正在对双层地板，可简单进行部分装取的系统天花板，保证墙壁、布线空间等项目进行技术开发。

8.3.2 与社会生活的关联

❶ 提高防盗、防灾性能

来自于居住需要的内装再生，很多只是和建筑物的使用者有关系。但是，也要考虑与社会生活的关系。比如，最近人们的防盗意识有了提高，从而产生了这样一个课题。

为了提升防盗性能，有禁止侵入的防御角度和不让人产生侵入意念的角度。从防御的角度来看，有锁功能强化、多重锁、在开口部安装防盗玻璃等强化措施，这些可以通过各个部位的改装和更换来实现。但是，这是在与偷盗者进行某种技术竞争，需要不断地进行定期检查。所谓不让人产生偷盗意念的措施，就是要求我们不但要采取追加安装监控摄像头、增加保安公司的巡逻次数等方式，还要引进以人为本的支援体制。

再者，内部再生时防灾问题同样不可忽视。虽然抗震、耐火等防灾性能是在内部装修以外的项目叙述，但是在进行内部装修时，依然需要强化火灾报警器、厨房灭火器的标准，使用不可燃烧、难以燃烧的成型材料，采取措施防止家具倾倒。嵌入式措施还是比较有效果的。

❷ 应对新型工作方式

除住宅以外，办公室的内部装修也产生了新的课题。这是因为随着信息化的发展、业务形态的急剧变化，人们在摸索一种新型的办公形式。实际上，今后的办公室根据集中作业、交流、放松等不同目的有各种活动分区：有功能设备标准化、可以自由组合的标准化办公室；有确保柔和性、具有开放式宽敞空间的巨大楼面；有重视项目功能的协作型办公室；有网络上假想空间的虚拟办公室。而且，由于通过互联网连接，工作者所在的地方就是办公室，所以也叫作移动办公室，办公室的形态将是多样化的。

还有，为了加强移动办公室的功能，可以共同使用的卫星办公室、面向自创业者的"公用型SOHO"形式的办公室也在不断增长；也有的是对既有建筑进行改装、变更用途（图8.10）。

另外，作为办公室空间的新装置，还有一种自由座位方式。自由座位方式是指不设置个人的固定座位，准备好公用座位，上班职员使用空闲座位的方式（图8.11）。原本是通过减少座位来节省空间的方法被引进到企业的营业部门中的，但是随着信息化的发展，根据工作的多样化，结合使用目的来提供工作空间，刺激感官、提高创造性、使职员愉快工作的新型办公方式作为一种潮流，今后将会特别引人注目。

为了要实现这样的办公环境，现有的写字楼引入了办公家具系统，这样就可以相对容易地组合出个人工作空间、协作空间等比较好的工作场所。但是，包括IT在内的设备布线方面，如果是自由互联楼层的话自由度就很高，否则，就需要在墙边、天花板等地方布线，对空间配置的影响很大。而且，随着空间构成的改变，应该要预先对照明、空调

项目名称：德斯卡特
改装设计：国用（株）
改装时间：2005 年开始
所在地：东京都新宿区、
中央区、港区等

门厅

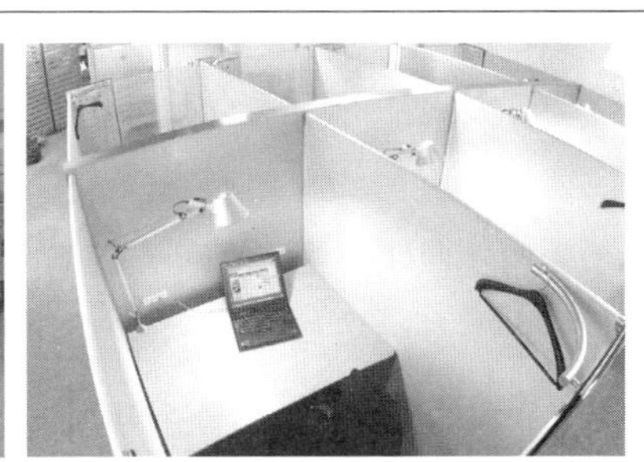
单间区域

这是应对向移动办公室转变的写字楼改装的新形式。

这不是企业的办公室，而是可以共同使用的场所，会员通过计时租用的方式使用具备 IT 设备的办公桌。

办公用品区

开放式办公桌

图 8.10 卫星办公室的实例——德斯卡特

项目名称：金融电信汐留总部办公室
（东京汐留大厦）
设计者：明丰家装（株）
构造：S 构造 +SRC 构造
楼层：37 层建筑的 9 层、13 ~ 16 层
建设时间：2005 年（办公室竣工）
所在地：东京都港区

这是采用刺激感官、提高创造性、使职员愉快工作的自由座位方式建设的开放型空间。

被称作"公园"的可以自由商谈业务的开放办公室

被称作"市场"的咖啡座形式的交流空间

上班职员分享空闲座位的自由座位式办公空间

分组的工作空间

会议室

图 8.11 自由座位式办公室实例——金融电信汐留总部办公室

安装的评价和制约条件进行检查设计，在很多情况下要对天花板进行改装施工。按照照明规划、使用单位和环境方式，整体照明采用低度均质照明，同时采用单位照明提高柔和性。根据布线插座位置的配置，照明和电源就有可能达到某种程度的柔和性。

在竞争激烈的现代社会，人们有必要保持充分的灵敏反应以使物理空间能够跟得上竞争环境的变化。今后，与其搬入新的办公场所，不如根据使用需要调整空间，使功能更为合理。为了达到这个目的，作为内部装修的构成要素，固定的环境要素和容易变更的组合多样空间的要素之间的明确分离以及这方面的运营管理必须加强。而且，从环境问题的角度考虑，人们期望对空间构成材料进行再利用。

❸ 应对急剧变化的需求的再生

商业设施不受行业限制，具有公共性和事业性，通常要求装修设计要适应该商圈的市场氛围和消费指向。由于空间设计直接影响到设施的好坏、业务的持续性，一般每隔几年要进行定期更新，量贩店等场所更应该进行频繁改装。

由于所有权形态基本是毛坯房租赁的方式，一般由店主来决定内部改装的规则。针对事业发展来调整业务内容、转换营业方式，以及撤销业务等，以此引发的新老业主交替时发生的大规模修缮的情形，也需要有相应的应对措施。

内部改装需要一边协调大厦所有者、管理者、店主和其下属各个部门的要求，一边推进计划。

作为提高现有业务发展水平的方法，零售业、餐饮业可以提升卖场的氛围，提高服务质量，更新背景功能。

提升卖场周边的环境主要是通过内部装修设计、标志、音响、影像来完成的。提高服务质量主要是通过提供应对电子金融的信息终端服务、提供利用各种先进技术的服务、提供残疾人能够舒适利用的公众化服务来实现的。更新背景功能主要是通过引进电气化厨房、重新审视对应 POS 系统的管理方法和进货及仓储、更新分类处理废弃物的设备等方式来实现的。

商业设施特有的在其他建筑物上无法得见的思考内容就是市场的使用年限。因此，内装再生的一个重要指标就是在该行业的市场使用年限内能够完成成本回收。一般来说，在变化激烈的城市，设施的成本回收年限最长也只能预测为十年左右，因此，材料也不以长期使用为前提，设计时多数把成本压缩到满足短期耐用而已，这也越来越受到客户的欢迎。例如，由于印刷技术的提高，手不能接触到的木质材料，多数都用比实木美观、有木材质感的工业制品来代替。反过来说，比起让商业设施完工，不如采用可以适时更新的内部装修方式。

另外，开展连锁经营的行业，空间整体都是使用品牌设计，内部装修打包化、装置化，使用统一的装修材料。这样一来，商业设施的内部装修设计在商业活动中开始发挥很大作用。

迄今为止，商业设施都是拆除旧的设备后重新换成新的，但是，今后在减轻环境负载的社会规范下，为了使开店风险最小化，能提供长期使用空间、持续价值观的设计将成为人们追求的目标。而且，在更新频率很高的商业领域，应该会需要比办公室更好的可以再利用的内部装修构造。

在这里我们介绍一下宝拉博物馆别馆（图8.12），该建筑建成45年，现在已装修一新，对银座大街的形象提升做出了杰出贡献。公司把曾经是化妆品展厅和办公室的大厦作为在箱根对外开放的美术馆的信息发布平台，将其改造成现在的博物馆。一层是咖啡厅，二层是举办展览会等活动的多功能厅。拆除

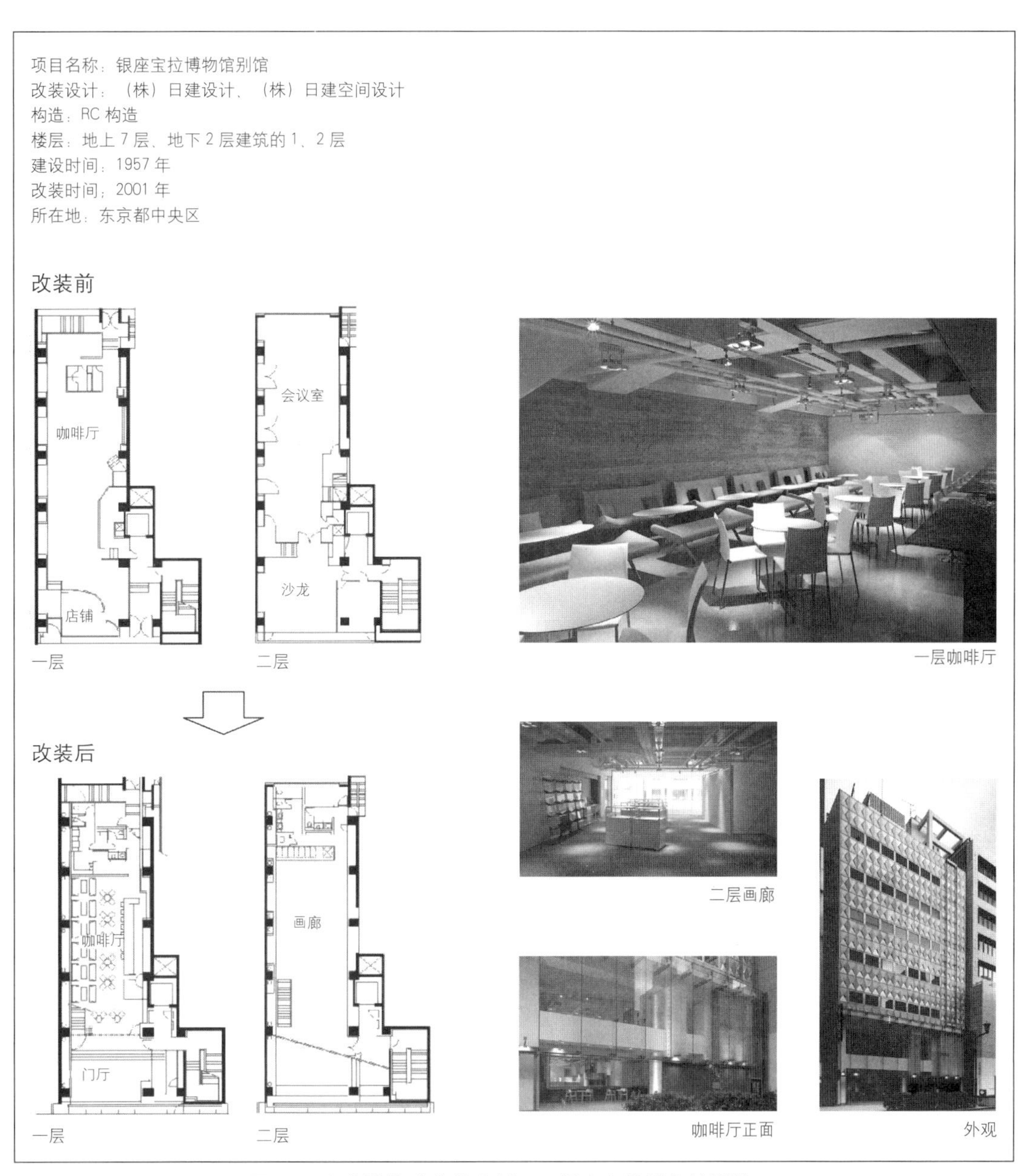

图8.12 商业设施改装的实例——银座宝拉博物馆别馆

二层的地板可以形成开阔的空间，外部装修使用的是强化玻璃，创造出明亮的具有跃动感的空间环境。门厅使用 8m 延伸门，作为半室外型的门厅，在路面上形成了新的开放空间。内部的型材采用的是箱根美术馆使用的混凝土框架构造的杉木板再利用光墙，作为别馆和箱根美术馆的渊源。

8.3.3 具有时代性的主题

❶ 批量建设时期的房屋的内装再生

在内装再生的主题中，很多是社会状况变化的集中体现，带有强烈的时代性。

近年来，大众化房屋建设期供给的规格型量产住宅的刷新逐渐成为一个很大的社会课题。这些住宅一直由居住者、管理者来维护、修缮，但是，随着我们进入时代更替的时期，必须要重新让房屋体现出新的价值。特别是在集合住宅区，由于从说服居民达成一致意见、资金规划到重建施工，都具有很大难度，因此通过内部装修体现其再利用价值更是重要的课题。

现在有大量相同类型的存量住宅，作为已经开始改造的实例，我们给大家介绍一下住宅供给公社的集合住宅和建筑部品生产商的单户住宅（图 8.13、图 8.14）。

共有的特征是 LDK 空间。在 20 世纪 60 年代，一般都是把独立型的厨房 + 房间规划建成一间房型的 LDK 样式。也可以说成是为了满足小家庭化的发展要求而把房间减少，厨房建成开放式的。住宅供给公社的租赁住宅，原本是以 51C 型（1951 年国营住宅设计标准）为基础设计的建筑。室内面积 45.84m^2，非常狭小，没有考虑放置电冰箱、洗衣机的地方，没有集中供应热水的设备，与现代生活完全脱节。由于交通便利，本来计划进行重建以大幅度增加户数，但是又担心重建后高涨的租金会造成房屋闲置，于是研究保留框架的改建方案，从使用周边绿化好、管理优良的建筑等角度出发，确定了现在的规划。这是一个从居住者年龄角度考虑、针对两人生活的住户计划。取消固定的墙壁，形成一个靠家具分割空间、对应现代生活方式的柔和的装修计划。纯地面消除了玄关的空间，不让人有因脱鞋而可能产生的空间狭小的感觉。这是建筑家创造出来的、具有设计师装修风格的改装方案。

单户住宅的改装主要是厨房、浴室位置的移动，加大尺寸，厨房对面化，卧室空间里主卧室的扩大，橱柜的增加等内容。因为是墙体构造，重新进行空间分割就受到了很大的制约，而相对来说可以自由变更地板布管、设备是主要的特征。这些房产多是在郊外新城，对于正在育儿的家庭来说，可以以比新建筑低得多的价格购买到，对改善新城的老龄化现象也起着重要作用。也就是一段时间住宅建设公司买下进行改装，消除之前的居住痕迹后再对外售出的再利用方式。

❷ 提高通用化设计的功能

为了日常的安全安心、提高无障碍功能，需要引入公众化的设计。红墙项目就是过单身生活的人为了应对年龄的增长，考虑对已经习惯了的长年居住的住宅进行改装的实例。而且，为了解决施工费用，把三分之一左右的空间租赁了出去。以浴室、厕所等水关联设施为中心设有环行行动路线，从配置在卧室隔壁的浴室可以一直走，移动性很优越。

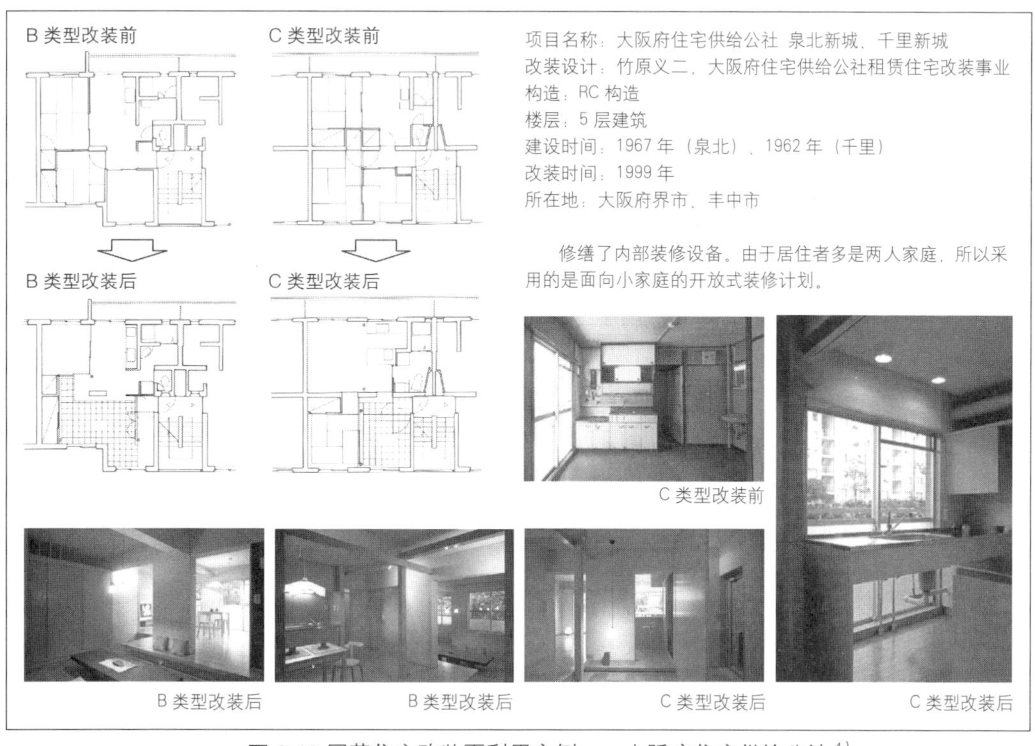

图 8.13 国营住宅改装再利用实例——大阪府住宅供给公社 [4)]

图 8.14 批量生产单户住宅的改装再利用实例——积水房产 B 型

在外部开的窗户内侧安装的板子上开有细小的缝隙，综合考虑了防盗和通风。随处可见公众化设计的理念（图 8.15）。在集合住宅的公共部位，为了达到无障碍化，采用了取消进门路线的台阶、设置电梯扶手、添加台阶扶手、保证夜间照明亮度等措施。虽然各户的内部都可以完全交给居住者来装修，然而，基于《质量保证法》中针对老年人的设施要求，可能要考虑在厕所、浴室、大门设置扶手等。但是，通往浴室、阳台处的台阶由于使用的是混凝土预制板，所以很难去掉。

组合浴室也在向公众化迈进，但是，要实现这一目标，首先要做好水关联设施的整体规划、设备布管以及其他空间的调整，这些都是比较困难的。

另外，为了确保具有宽敞的看护空间，需要进行相当大规模的改装。今后，有必要设计一个以老年人居住环境为中心、增加新型水关联设施的专用改装菜单。

本书提到的乐隐居内部装修就是增加了设备布管，在房间里设置了厕所、浴缸、洗菜池，把与日常生活相关的必要生活用具集中到一起，对应护理级别的要求，实现了整体变更。而且，通过在拉门、吧台处添加扶手，以及采用具有升起功能的床，实现了居住空间的公众化（图 8.16）。纯水泥地面把水关联设施集中到了一起，好似一个巨大的防水平底锅，即使居住者的身体能力比较差，也可以很容易地进行部分改造。而且整体的内部装修也能适应不断变化的生活舞台的空间构成。

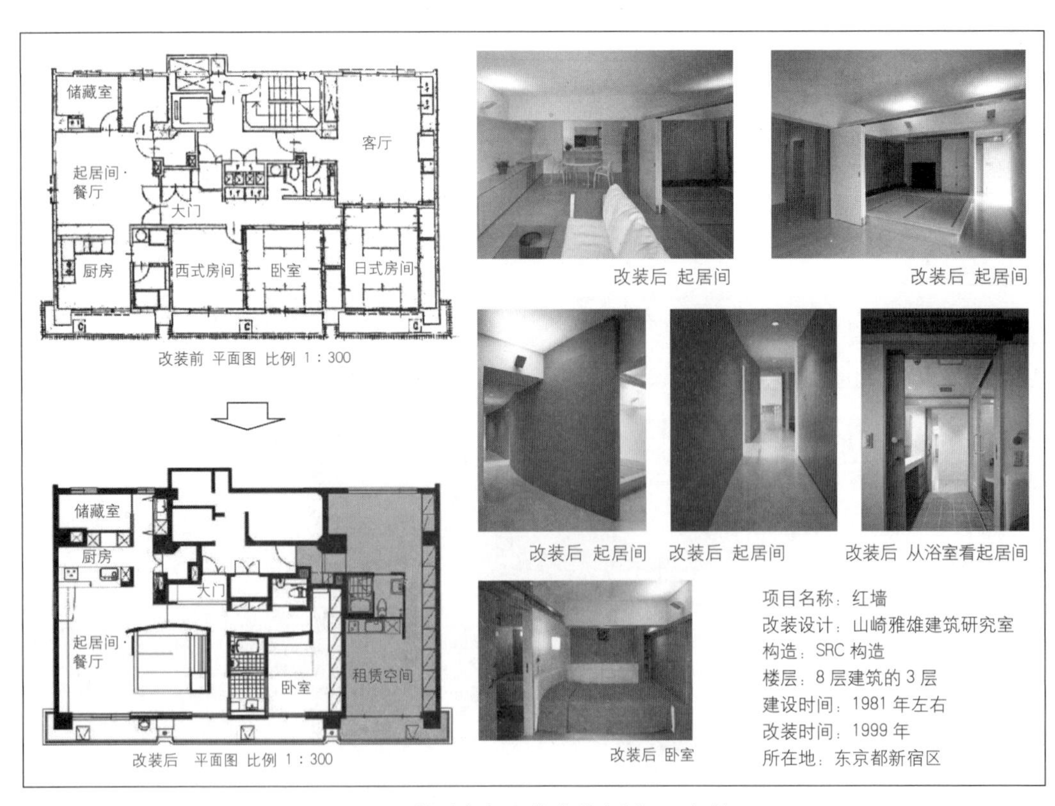

图 8.15 针对老年人的改装实例——红墙

为了老年人能和外界进行联系，设计师们设置了外部拉门（方便在进行洗澡服务时搬运大型机器以及轮椅的进出）、椅子型升降浴缸、桌盖型马桶等。在房间内通过使用带有扶手的可变化墙壁、拉门、带扶手矮座等来为拄杖步行的老年人制造方便。

采用这些方式的主要目的是让使用者在迄今为止一直生活的环境中过得更加舒适、愉快，并不是直接针对老年人的设计。

❸ 引领用途变换潮流的内装再生

随着建筑物的过剩在社会上显现出来，改变使用性质的改装开始引人注目。这种改装方式完全是把既有空间进行刷新，而且如第五章和第六章所述的那样，需要对主体和外表进行大规模施工。但是，根据建筑物种类的不同，有的仅需对内部进行改装就可以实现大范围的用途改变。

图 8.17 是把大学的体育馆改装成艺术系设计工作室的实例，这是利用现有体育馆的大空间进行的改装。由于完全没有柱子，且天花板很高，具有丰富的空间容积，经过灵活运用，创造出针对大学课程内容的流动性空间。系里的课程内容需要这样的高天花板建筑，在中枢部位是像咖啡店一样的圆形空间，可以供师生们互相交流；外围一圈呈螺旋状分布，有工作室、教室、研究室以及自

项目名称：乐隐居内部装修

改装设计：村口峡子、野田和子，利用 SI 住宅技术进行住家看护改装开发研究会

构造：RC 构造　　改装时间：2003 年

楼层：3 层建筑的 3 层　　所在地：东京都八王子市（独立行政法人都市再生机构、都市住宅技术研究所）

可以应对不断变化生活舞台的空间构成

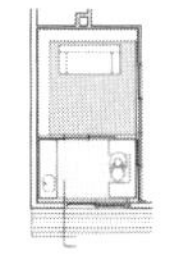

计划 Ⅰ　舞台 1

在日常生活中不会感到不自在，可以沉浸于陶艺等个人兴趣中，可以与家人、亲友进行愉快的交谈。但是，对未来的生活会感到不安。

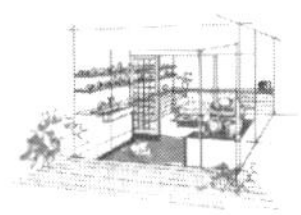

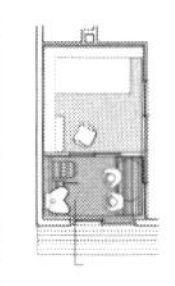

计划 Ⅱ　舞台 2

可以与家人、亲友进行愉快的交流，入浴时体验温泉的感觉，在家里不会感到不自在，但是步行需要利用拐杖等辅助工具。

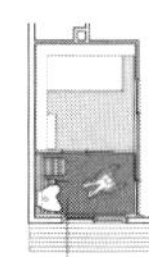

计划 Ⅲ　舞台 3

靠轮椅进行活动，而且需要家人等的看护，需要人帮助才能洗澡。

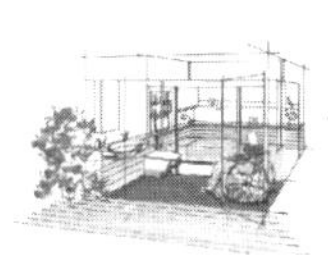

椅子型升降浴缸

桌盖型马桶

带扶手的矮座

带扶手的可变化墙壁

拉门

图 8.16 针对老年人的内部装修实例——乐隐居内部装修

由空间。在圆形空间内建有大型台阶，在讲课或课程发表时，学生们随兴而坐，是完全不受拘束的自由布置。

由于建筑材料、重型机械都是从现有入口处搬运进来的，因此机械尺寸受到了限制。因为入口比较狭窄，所以要计划好施工的顺序，模仿在瓶子里做模型的方法，采用瓶子工艺来施工。

藏久是将日本江户时代后期到明治时代期间建设的将酒窖和房屋建筑群改装成花林糖屋的实例。房屋部分的大门变成了售货区，座位变成了喝抹茶吃花林糖的饮食设施，仓库群变成了表演和销售的作坊与休憩区，酒窖今后计划变成餐厅。传统的木结构房屋中架构的力量、经年累月后内部装修的沧桑感是新建商业设施无法具备的魅力，灵活运用大范围内各种各样的建筑，可以活跃地区的发展（图 8.18）。

秋田市新屋图书馆是利用 1934 年建造的旧食品仓库（米仓）的现有木结构改建而成的。新图书馆和开架书库新旧并存，给当地居民留下了深刻印象。因为利用了现有的木结构，所以屋顶很高，从保留的天窗照射下来的光线与保存书籍的寂静空间演绎出一幅完美

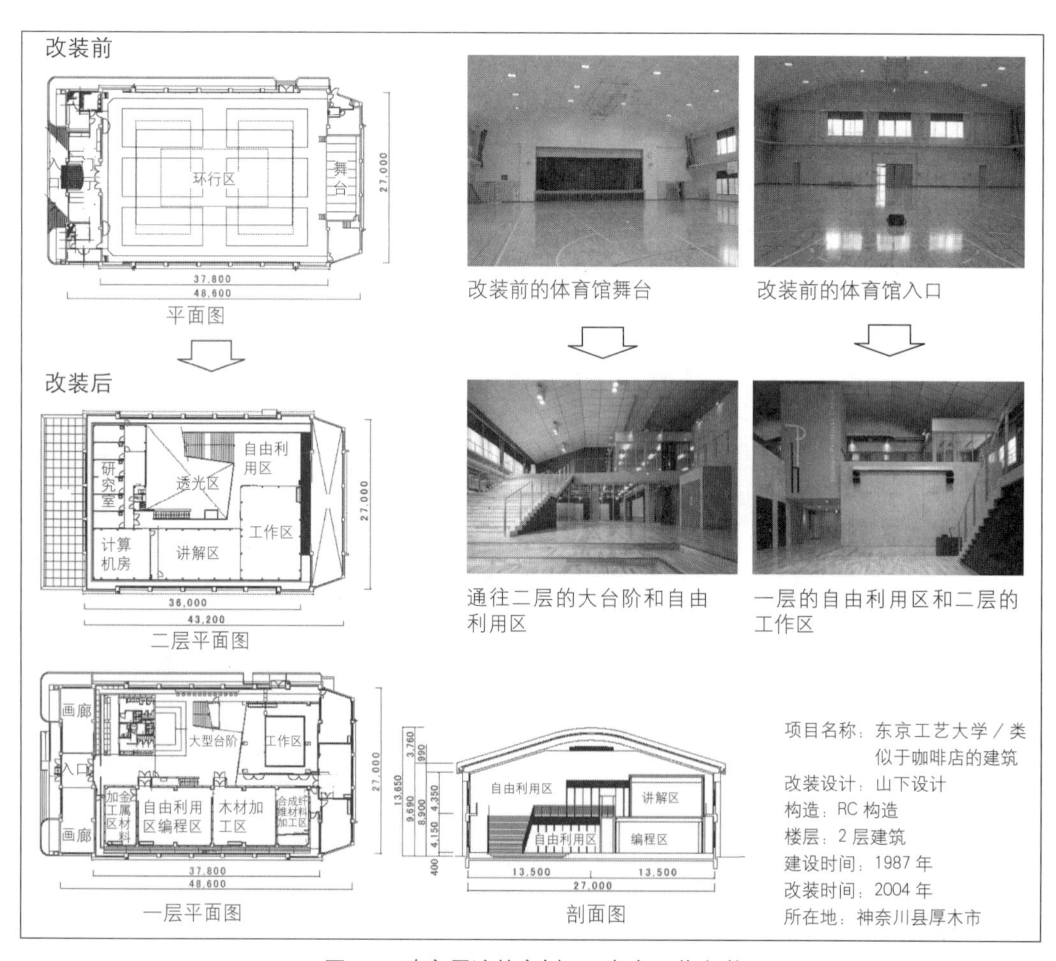

图 8.17 改变用途的实例——东京工艺大学

画卷。仓库内部尽可能不作改动，与相邻的新图书馆进行对比，新旧事物的共存共生也成为当地一个令人怀恋的魅力场所（图8.19）。

拉第斯青山是把1970年建设的写字楼改造成SOHO型住宅的实例，建筑物整栋都进行了改造。利用立地条件的优越性进行了商品化改造，使之完全成为便于城市中心区居住人群使用的SOHO型租赁住宅。一层是营业到深夜的咖啡店和外文书店，地下二层是车库，以前位于地下一、二层的空调机器室改装成了办公室、照相馆。这些都方便了上面的创业人群，大楼整体就是一个创业者村。每间房内都配有洗澡间和开放式厨房，天花板是外露型的，管线都露在外面，体现出建筑物的历史。一般来说，老建筑的混凝土地板都很薄，隔声效果差。对于经过年代变迁还能不错地保存下来的建筑，这样的功能问题已经是次要的了，反而给人一种新建筑无法拥有的安心感，形成低成本和趣味性的并存（图8.20）。

图8.18 改变用途的实例——藏久（花林糖屋）

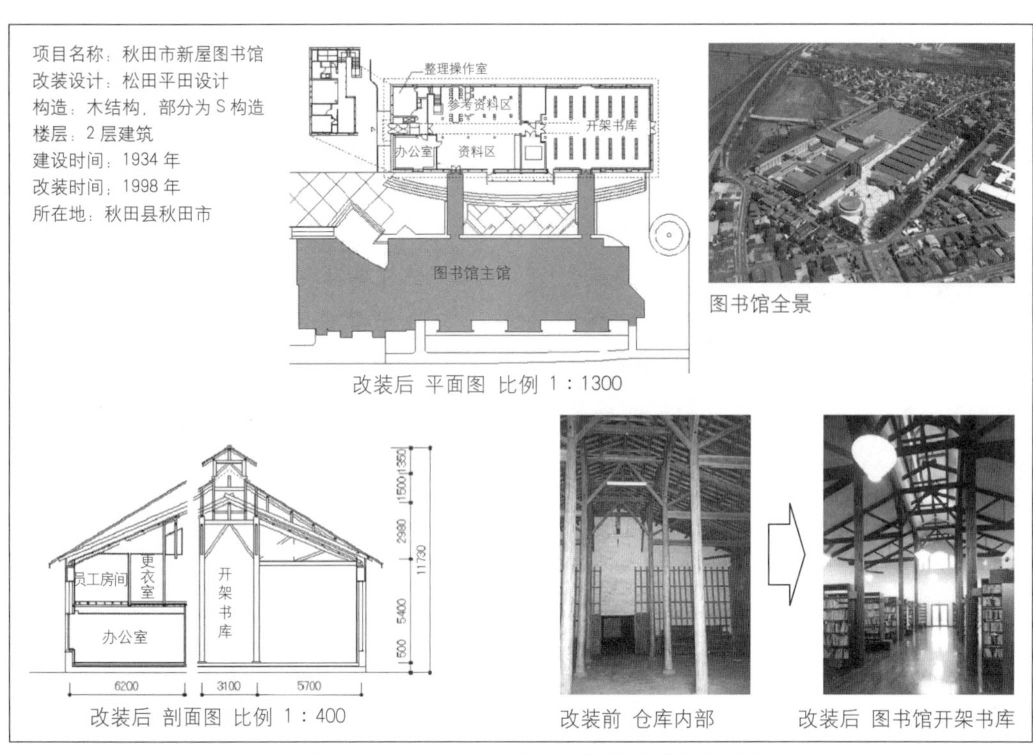

图 8.19 改变用途的实例——秋田市新屋图书馆

图 8.20 改变用途的实例——拉第斯青山

●引用文献
1）小原二郎，加藤力，安藤正雄，编著．内部装修的规划和设计．彰国社，1986
2）城市、建筑、房地产规划开发手册 2004—2005．2005
3）矢内泰弘．建筑改装实务词典．产业调查会事典出版中心，1998
4）TOTO 通信 1999 年第 6 期“活用水泥地面对国营公寓进行改装”．TOTO 出版，1999

●参考文献
1.《LC 设计的思考方法》修订项目组．新 LC 设计的思考方法．社）建筑设备维持保全推进协会，2002
2. 村口峡子，松村秀一．日本设计学会 设计学研究作品集——针对老年人的室内装修设计．日本设计学会，2003
3. 岸本章弘，仲隆介，中西泰人，马场正尊，橘子组．POST-OFFICE 工作空间的改造规划．TOTO 出版，2006
4. 财）建筑技术教育普及中心编写．内部装修设计师学习教程．2004
5. 松村秀一，安藤正雄，石冢克彦，小田晴治，关荣二，熊谷亮平．日本建筑学会技术报告集．面向老年人的对现有集合住宅进行改造技术的研究．日本建筑学会，2002，16: 231-234

●资料来源
1. 商铺内部装修施工：《城市、建筑、房地产规划开发手册 2004—2005》
2. KSI 住宅实验楼：独立行政法人都市再生机构
3. UR 租赁住宅都市生活东新小岩：（株）积水房产（株）
4. 科拉姆南青山：独立行政法人都市再生机构
5. 阿比特斯：雅马哈（株）
6. 德斯卡特：国用（株）
7. 金融电信汐留总部办公室：金融电信（株）
8. 银座宝拉博物馆别馆：（株）日建设计、（株）日建空间设计、石黑守（照片提供）
9. 积水房产 B 型：积水房产改装（株）
10. 红墙：（株）山崎雅雄建筑研究室
11. 乐隐居内部装修：利用 SI 住宅技术进行住家看护改装开发研究会
12. 东京工艺大学：（株）山下设计、（株）SS 东京（照片提供）
13. 藏久：桥本夕纪夫
14. 秋田市新屋图书馆：（株）松田平田设计、（株）川澄建筑摄影事务所（照片提供）
15. 拉第斯青山：（株）竹中工务店

第九章

城市格局

城市格局的调整与地区的活跃

9.1 城市格局再生的作用及目的

9.1.1 景观与城市格局

地球上的景观每天都在不断地发生变化。使景观产生变化的主体，从大的方面来说，可以分成包括水、空气、石头、植物、动物等的“大自然”和“人类”。由前者形成的景观称为“自然景观”，由后者造成的景观称为“人工景观”。地球被认为是45亿年前诞生、30亿年后将消亡，地球上人类的诞生约是700万年前。从地球时间轴上考虑的话，“人工景观”纳入持续长久的“自然景观”不过是“最近”的事情。

作为行为的建筑，是人类建成的供自己生活的场所。建筑物形成了人工景观。人类诞生不久时期的人工景观，它的存在仅仅是被埋没在了自然景观中。随着人类数量的增加，换言之，随着人口的增加，相应的，人类生活的场所数量也在增加。结果也就导致了人工景观的比例增加。从地域整体来看，人口集中的“都市”中的人工景观比人口密度低的“农村”中的要多。在所谓现代的“大都市”中放眼望去，全是一片人工景观。“城市格局”可以定义为建筑物聚集成连续、集中的人工景观。

图9.1 自然景观和人工景观的变迁
（柬埔寨 暹粒 柬埔寨的一个城市）

9.1.2 今后的城市战略及城市格局的再生

景观／城市格局可以分成“地”和“图”来把握。这里说的“地”就是人们对场所认识上所占比例大的部分——背景，“图”就是比例较小的部分——前景。城市格局的设计就是在考虑“地”和“图”调和对比的同时决定街道构成要素的行为。景观／城市格局的再生是：①调和对比“地”和“图”；②为了解机能和场所之间关系的破裂而进行的建筑行为。人类的活动内容天天在变，相应的，对景观要素及场所具备的机能的要求也在不断发生变化，若是这样，“再生”原本就应是日常、持续地进行着。从这个意义上来说，认为有必要进行惊天动地的大规模再生未必最好（参照图9.2），不断进行“日常再生”的持续性的建筑行为才重要。

近代日本的很多城市面临环境破坏、地价高昂、住宅问题、废弃物对策、交通混乱等各种各样的课题。这些课题归因于都市人口的密集，但因为预见人口减少和超高龄化问题，有必要从“量足”改变格局整备战略为“质足”。把人们向“环境更好的”城市集中叫作“城市选择”，对于加入“城市选择”竞争的都市群而言，要把调整城市格局的重心放在不懈努力地提升城市品质方面。具体来说，以维持降低人口密度为前提，调整立足于以历史、文化、资源、自然环境的景观、格局为目标。

①

③

②

④

英国利物浦工业、贸易产业繁荣，最繁盛时期人口约 80 万。但从 20 世纪中叶开始，伴随产业的衰退，人口急剧减少，20 世纪末人口只有之前的一半左右。港口附近的繁华街道受到冷落，一片贫民街化的景象（①、②）。

近年来，进行了格局调整，从这里走出来的甲壳虫乐队等带活了旅游观光资源（③），不断完善海滨（④）等。

图 9.2 人工环境的衰退 贫民街化格局

9.2 再生的方法

9.2.1 再生的对象和手法

景观／格局的调整设计，决定了存在于格局中的“地”与“图”的平衡、统一性、比例均衡等问题。决定时应作为前提条件的，从大方面讲可以分成以下两类。

条件 1：自然环境［构造、地形、绿色、水（河、池）、风景、天空等］

条件 2：人工资源［建筑（高度、容量、原材）、街道（横宽、网格单元、扩展）、历史、文化、技术、机能活力、照明、人际交互等］

对这些可以进行增加、削减、复原、保存、强调、统一、更换、限制、修理、修缮等再生操作。

景观、格局要素是调整设计操作的对象，对外立面、城市天际线、道路、共用设施、水等各要素采取的再生手法的例子都会在下面为大家展示。

图 9.3 外立面设计的统一

图 9.4 亮化

9.2.2 外立面的再生手法

格局的外立面是构成景观“地”的主要人工要素。

作为再生的手法，以城市的历史、文化为根基的外立面整齐划一（图 9.3）；为了彰显象征性建筑使用的城市亮化（图 9.4）等都具有代表性。还有，艺术家、孩子们在外墙壁上的描画（图 9.5）可以作为体现地域活力的手法，有改进单调冷清的道路沿边地上层外立面的实例（图 9.6）。描画尤其对防止外立面受到乱写乱画等故意破坏行为有效果。公共空间的道路和私人空间的建筑用地的界线采用围墙、栅栏、栽植等，但在以再生格局为目的的情况下，就要追求景致美观的协调统一。

图 9.5 艺术与协作

图 9.6 地上层的热闹繁华

图 9.7 公共空间和私人空间之间界线的改良

9.2.3 城市天际线的再生手法

作为人工资源的外立面与作为自然资源的天空之间的界线叫作天际线。视线中天空的比例与天际线的形状是决定格局印象的一大原因。天际线的再生手法有增加天空的比例以及减建（降低人工环境建筑的高度）的功能（图 9.8）；在步行于地面上的人们的上方添加凉棚、拱廊、雨篷等要素（图 9.9）。

图 9.9 人行道、上空的装置添加

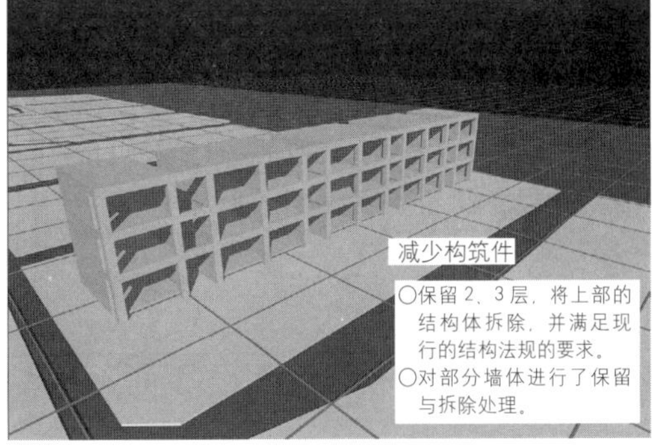

改修前　　改修后

日本作为地震频发国家，降低建筑的高度也具有提高抗震能力的效果。

图 9.8 减建 [1)]

9.2.4 道路空间的再生手法

道路空间布局的再生手法多种多样。确保步行者注意汽车安全的手法包括设置人行道、加宽道路、设置步行街等（图 9.10）。为了减慢汽车的通行速度，设置车道凸起（在欧洲，有时也被称作“隐身警察”）也是有效提高住宅区、商业区之内的行人安全的手法。

另外，为了增加自然环境的比例，在人工环境的城市道路空间进行栽植（图 9.11），或者通过颜色（图 9.12）的变化来加深通行者的印象。

“图”可提高道路空间的夜间安全性，手法上包括设置构成景观要素的街灯（图 9.13），改进长椅、垃圾箱等街道设施（图 9.14），强调、规定、限制、统一签名／广告等（图 9.15），对格局的印象再生很重要，需要协调好公用主体和私人主体间的关系。

设置在道路空间的公共厕所、公交站台、电话亭、报摊横幅广告、地铁入口等公共设施（图 9.16）是城市格局中主要的“图”。这些设施的设计改良立足于城市的历史背景，强调再生方法的目的是在改善城市格局印象的同时，提高人们生活的便利性。

城市地面（地平面）的现状伴随着人工环境的建构，变得难以识别。例如，对于行走在地下街道的人们来说，地面是指自己脚底的水平面，还是头上板面的水平面呢？对于在宽敞屋顶花园上的人们来说，地面指的是远处的下方地表吗？城市将会采用既对这样一些认识上的混乱进行整理，同时又对其加以好好利用的再生方法（图 9.17）。

图 9.10 车道和人行道

图 9.11 栽种的植物

图 9.12 彩色铺装

图 9.13 街灯

图 9.14 街道设施
（观览车）

图 9.15 标志、广告

图 9.16 公共设施
（公用电话亭）

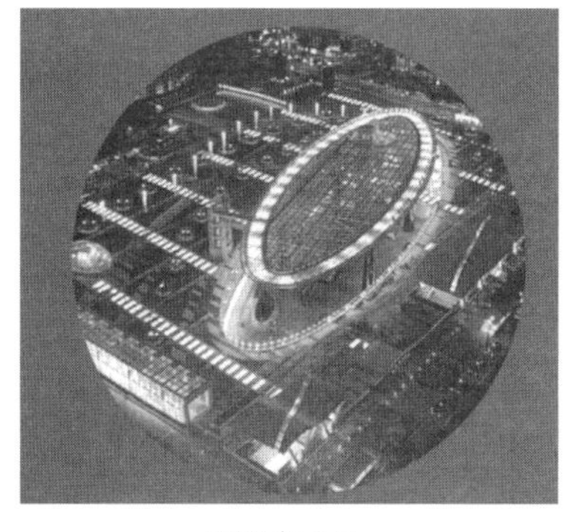

2002 年 9 月
(日本平成 14 年)

在将地表面挖开的形状举起置于屋顶花园的同时，把自然的空气先收进地下水平面，用这样的方法作为提高城市空间环境的例子。

1999 年 4 月
(日本平成 11 年)

2001 年 4 月
(日本平成 13 年)

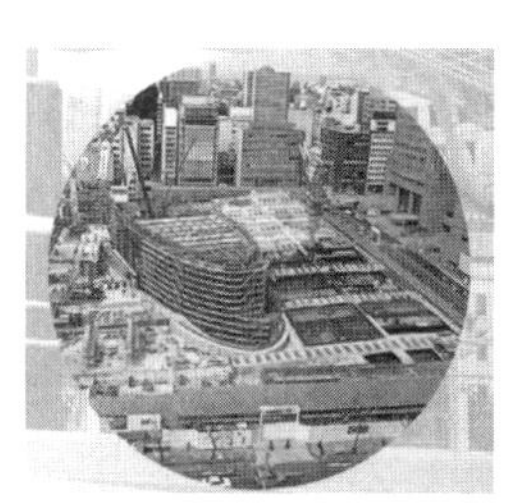

2000 年 4 月
(日本平成 12 年)

2002 年 4 月
(日本平成 14 年)

图 9.17 根据人工环境制作的地平面 [2)]

9.2.5 共用设施的再生手法

按所有／管理主体将城市格局空间分类的话，它既不是公共的也不是私人的，而是"共用的"空间，换言之，就是国家、市町村管理的道路空间，除个人、法人等所有，可以单独决定使用方法、变更内容的建筑物之外的绿地、院子、广场、停车场、自行车停放处等。这里习惯上把公园包含在内，总称"共用设施"。有望通过再生"共用设施"（图9.18、图9.19、图9.20），来提高住户等相关主体改善生活环境的意识。同时，这也是对地域独立空间用途上的具体化要求的再利用方法。

①公园、绿地、亭子、游乐道具

②生物环境

图9.18 有效利用自然环境的再生方法

图9.19 设置于屋外的共用机能的再生（自行车停放处）

①活跃历史性广场

②设立纪念碑

③开放式咖啡店

④增加活动要素

图9.20 有效利用广场的再生方法

9.2.6 利用水的再生手法

用水改善人工环境的方法，自古以来就有很多，例如，日本周游式庭园的水池、“恐吓野猪”式流水、欧美的喷泉等数不胜数。利用海、河、池、运河等滨水区的再生（图9.21），增加喷泉、小河等人工水（图9.22）等方法广泛使用，润色城市布局。

①完善作为休憩场所的海滨

②码头的再利用

③河岸的完善

图 9.21 滨水区的再生

①喷泉的动态表现

②增设有流水的亲水空间

图 9.22 人工水的再生

9.3 调整城市格局的实例

综前所述，景观／格局的再生是建立在自然资源、人工资源的已有条件上，对外立面、天际线、道路空间、共用设施、水等实施增加、削减、复原、保存、更换、限制、修理、修缮等操作的行为。条件、操作对象根据情况可以进行多种选择，再加以整合。这里，列举五个实例，介绍格局再生手法的选择与整合。

实例 1 优质人工环境的保存与 Bastille Viaduct（巴士底狱高架铁路改建）的有效利用

项目名称：Bastille Viaduct（巴士底狱高架铁路改建）
设计者：Patric Berger
所在地：法国巴黎
建设时间：1995 年
用途：店铺・公园
主要条件：历史、文化、马路、建筑
操作：保存、增加
对象与手法：外立面（外立面的统一、地上层的活性化）、道路空间（栽植）、共用设施（公园、亭子）

在高架铁路线路从 1859 年建成一直到 1969 年的 110 年间，巴黎的城市交通得到了利用。线路废除后就一直搁置，1986 年巴黎市当局买入，改修成以下两个新用途。再生的动机是为了有效保存资产和搞活地域。设置的主要用途为以下两个。

○ 行人用高架道

除去原先位于上层的轨道，配置树木、小路、池塘、藤蔓、长椅等。再生后，可作为市民休闲场所。高 10m，长 1.4m。

○ 店铺、画室

60 个拱连续打造而成的地上层外立面因为视觉上给人一种凹陷的感觉，因此从外墙上往后缩，装上由木质水平横梁分割而成的上下两层玻璃，上面用木窗框。在这里可以看到古代巴黎的商店、拱廊等。作为高雅的商业大楼，十分繁华，分为地下一层和地上一层，占地面积为 9990m^2。

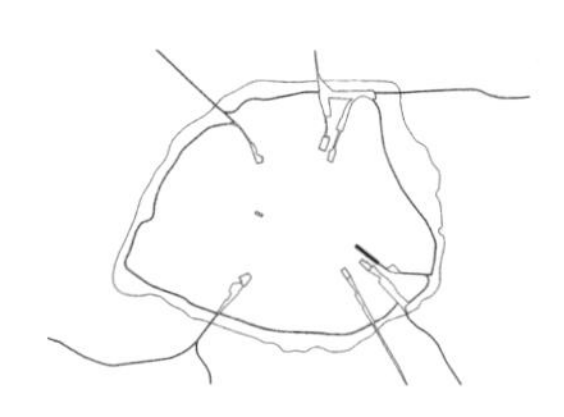

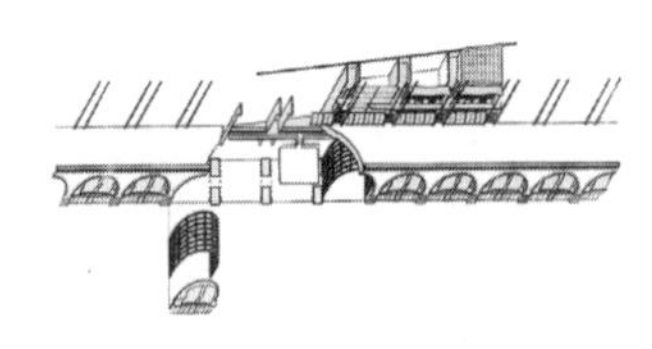

街区景观示意图 [3]

实例 2 供行人用的商业区的再生 (Martin Place)

项目名称：Martin Place
所在地：澳大利亚悉尼
建设时间：1371 年
用途：步行・广场・活动
主要条件：建筑（原中央邮局）、马路、历史、文化、人际网
操作：保存（建筑）、限制（车）、修理（外立面）、增加（喷泉、舞台、观众席）
对象和手法：外立面（外立面的统一、照明亮化、地上层的繁荣）、道路空间（步行街、街灯、街头设施）、共用设施（广场、舞台）、水（喷泉、池塘）

Martin Place 是从 1863 年为扩大中央邮局购入土地开始开发的。1870 年拆除原来的邮局大楼，1891 年新中央邮局大楼完工。之后，这条路的周边就成了办公楼的中心地。Martin Place 现在是位于悉尼中心 George 街和 Macquarie 街之间约 500m 的街区，在 1971 年成为永久步行街的同时，还完善了行人用的玄关。

原中央邮局的大楼保留至今，现用作宾馆、银行等商业设施。其历史景观是《Matrix》《Superman Returns》等电影的拍摄基地。至今仍是商业中心地，圣诞节期间会装饰巨大的圣诞树，在舞台上举行各种各样的活动，是公司职员及游客的休息场所。

改修前 [4)]

改修后 [4)]

实例 3 小区的环境再生——Bijlmermeer

项目名称：Bijlmermeer
设计者：Patrimonium 等
所在地：荷兰阿姆斯特丹
建设时间：1992—2006 年
用途：住宅
主要条件：绿化、建筑、运动区
操作：增加、削减、修理、修缮
对象和方法：地上层的活性化、公园、停车场

长长的连续住宅楼被去除了一部分，当初一层和二层是仓库以及有点灰暗的过道，现在被改装成了门厅和房间

Bijlmermeer 位于荷兰北部的阿姆斯特丹市，原本是一片围海造出的土地。1966 年开工，1968 年建成第一批住宅群。这个设计实现了勒·柯布西耶提出的功能型城市理论之核心开放空间和高层建筑。Bijlmermeer 开发计划的特征如下：①人行道和自行车道分离；②相同高度、相同设计、统一户内结构的 11 层（地上 9 层、地下 2 层）六角形住宅楼；③充足的绿化，占地面积的 80% 都是绿地；④容量充足的停车场。

在该项目的建设之初，阿姆斯特丹受到了住房严重不足问题的困扰，除 Bijlmermeer 以外，同时还规划建设了 Almeer、Lelyestad 这两个低层新城，所以荷兰白人、中产阶级的人都不是住在 Bijlmermeer，而是喜欢其他两个新城，并选择住在那里。1969 年，居民对小区里电梯少、没有院子以及基础设施（特别是没开通地铁等）表现出了极大不满。结果，Bijlmermeer 闲置化明显（1974 年入住率为 25%），其居民是以喜欢群居的亚洲人、黑人为主体，还有单身妈妈、同性恋者、失业者，状况不容乐观。

1990 年，一个“将 13 000 户高层住宅房屋中的 25% 拆除，20% 搬走，50% 作为大规模再生施工的对象，新建低中层住房”的规划被提了出来。1992 年，阿姆斯特丹市、东南区、荷兰社会住宅基金开始着手对 Bijlmermeer 进行根本性的“第二次大规模再生”，并计划在 2006 年完工。再生计划的内容分为空间再生（拆除约 3000 户高层住宅房屋，新建低层住房，并对剩余的高层住宅进行大规模的再生施工，卖掉分期付款的住房等）、社会经济的自立（制订失业人员再就业计划、提升教育水平计划等）、环境再生（地区总体生活环境的改善，主要对象是外部要素）。

从 1992 年开始的一段时间，在空间再生方面集中投放了大量资金，而对社会经济的改造主要依靠国家对个人的失业补助。1996 年，阿姆斯特丹足球场正式启用，成为新 Bijlmermeer 的象征。同年，EC（欧共体）提供的 1000 万荷兰盾 Bijlmermeer 社会经济再生援助项目开始实施。1999 年 1 月，最终成熟规划的"Bijlmermeer 是我的城市"公布，遵照这个规划，Bijlmermeer 再生在顺利进行，同时，规划也根据需要随时调整。再生的结果是，城市面貌得到了改善，中产阶级开始流入，住房价格及教育水平上升到了阿姆斯特丹市的平均水平。20 世纪 80 年代 25% 以上的闲置率至 2001 年下降到了 7%。

1992 年再生前的居民，大约有 50% 的人"想早点从 Bijlmermeer 搬出去"，剩余 50% 的居民愿意"继续留下来"。而且，愿意"继续留下来"的居民中，有一半是所谓"喜欢功能型城市的人群"，还有一半是"喜欢群居"的外国人。Bijlmermeer 是多国籍居民区，有荷兰人、苏里南人、土耳其人、摩洛哥人等，出身国各种各样。基于这一点，在制订再生计划时为了形成居民的统一意见，必须要考虑居民各种各样的文化背景，听取他们的意见进行综合考虑。为了形成居民的统一意见，专业机构 MP Bureau（以下简称 MP）将居民对再生规划的各种意见进行了整理归纳。另外，专业机构项目办公室对 MP 代表的居民、所有主体、公共主体各方面在再生功能后应该提高费用负担标准方面进行了相关调查，在各主体形成统一意见后，对改造行为进行管理。也就是说，MP 负责征求居民意见，以期达成统一，而项目办公室负责统一居民、所有主体、公共主体间的意见。

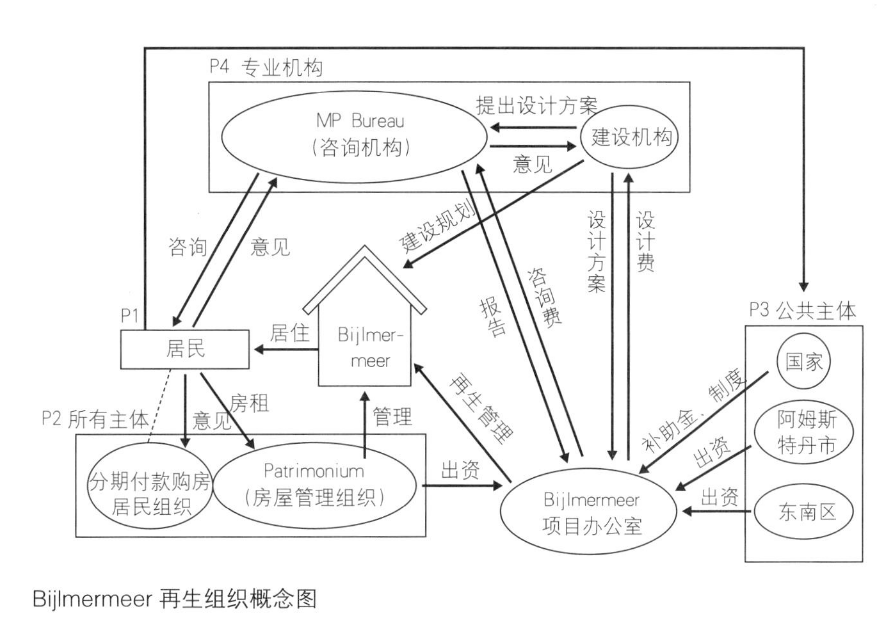

Bijlmermeer 再生组织概念图

实例 4 自然环境的复原——清溪川

项目名称：清溪川复原
设计者：首尔市
所在地：韩国首尔
建设时间：2005 年
用途：休闲场所
主要条件：水（河流）、文化、人际交往
操作：削减（汽车道路）、复原（河流）
对象和方法：盘山公路（减少）、道路空间（人行道、树木、路灯、街头艺术作品）、共有场所（自然生态）、水岸（河流、喷泉）

废除公路，把生物栖息的河流作为自然环境进行改造。河流作为人们的休闲场所，不分昼夜，非常热闹，这项工程不仅使首尔向世界彰显了自己是一个“环境型城市”“文化型城市”，同时，也带动了经济的活跃发展。工程期限为 2 年零 3 个月，总费用达 3900 亿韩元。

1958—1978 年

20 世纪 60 年代初期

1967—1976 年

20 世纪 80 年代

清溪川街道的变迁[7]

实例 5 对传统建筑群保护区的修缮、出景

项目名称：纪国屋
所在地：日本佐原
建设时间：2002 年
用途：商店
主要条件：水（河流）、建筑、街道、历史、文化
操作：修理、修缮、复原、保存
对象和方法：正面（正面的统一、地面部分的生动性）、水（河流水岸）

改修前[8)]

改修后[8)]

在文化遗产保护领域，一般把对国家确定的重要传统建筑群保护地区里的传统建筑物进行保护的行为称作“修缮、出景”。“修缮”是指恢复建筑在建设初期的面貌，或者指维持现状，但是，有时也会在一些部位添加新的功能以及采用新的设计。“出景”是指在近现代建筑的改装、新建的过程中，建筑外观继续引用街道原有的传统设计。

佐原市针对保护区的修缮，采取的方针是：修缮要重视使用的方便；积极对建筑物进行灵活利用；如果是建设初期以后的创意，可以同时采用佐原传统建筑地区内具有的从日本江户时代到昭和初期的不同时代的创意。纪国屋的修缮就是依据这个方针实施的。

纪国屋是日本明治 30 年（1897 年）左右的建筑，由仓库下层改造而成的店铺。日本昭和 30 ~ 40 年代（1955—1974 年）进行了大范围的改造，正面变成了所谓的店招建筑。通过这次修缮，屋顶的形状被复原成建设初期的屋顶形式。同时，基于建设初期的街道情景添加了以下设计元素。

[橱窗] 修缮前：日本昭和年代曾对其进行过修缮，将其设置在面向街道的右侧。修缮后：这座建筑原本没有橱窗，但是，设计师们把意境变成了建设初期的街道风格，橱窗位置改到了左侧。

[上推窗、格子窗] 修缮前：日本昭和年代曾对其进行过修缮，将其改成了铝材窗。建设初期是全部打开的，格子窗是横木的嵌入式窗户。修缮后：在上推窗的位置嵌入了玻璃窗。格子窗的尺寸引用了佐原地区常见的传统创意，同时改装成单开窗。

●引用文献、参考文献

1）CAD 制作：山田幸司

2）名古屋市 / 荣公园振兴株式会社．绿洲 21 宣传册

3）Institut Francais D' Architecture, Milieux Patrick Berger. Cite de L' Architecture et du Patrimoine. 2005

4）Peter Webber. The Design of Sydney. The Law Book Company Limited, 1988

5）The New Bijlmermeer, ARCHIS, the Netherlands Architecture Institute, 1997

6）Patrimonium Housing Association. Patrimonium Housing Association 宣传册

7）建筑期刊编辑部． 感受清溪川风景． 建筑期刊，2006. 9

8）摄影师：佐藤美佳

第十章

建筑物运用

通过各种运用提高建筑价值

10.1 建筑的再生和运用

10.1.1 建筑的运用

❶ 建筑物的利用方法

建筑物的新建、增建、改建或转移被定义为建筑（《建筑标准法》第 2 条）。因此提到建筑这个词，意味着以用途为背景的作为硬件的建筑物的创造及其样式的创新。另一方面，从社会经济的观点来看，比起作为硬件的建筑物的存在，将建筑物与土地、用途和使用方法组合，实现必要的利用方法也是很重要的。即在考虑需求和事业性的同时，对建筑物进行利用也很重要，在此将其称为建筑运用[1]（图 10.1）。

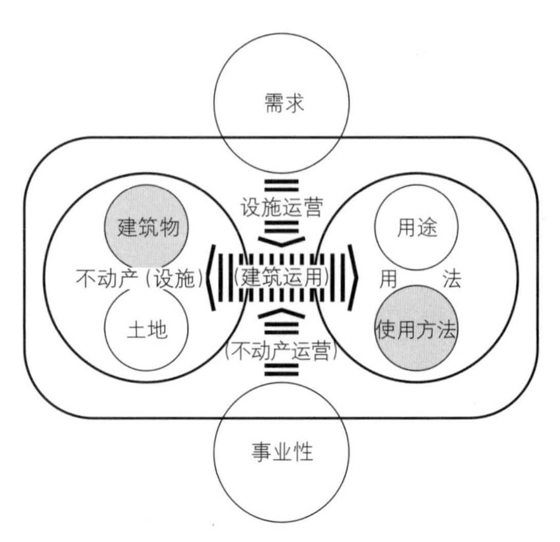

图 10.1 建筑运用的构成要素

❷ 建筑再生的事业构筑

有时建筑物的功能即建筑物可提供给使用者的用处是不符合时代要求的。建筑再生并非仅仅依靠建筑物的规格即可解决，如果想单凭建筑物规格来解决，则需要庞大的追加投资，反而失去了事业的可行性。为了确保事业性并满足功能需求，需要重新审视建筑物所能提供的用途大小和权重。

建筑物的用途需要参考以下几点因素：

①符合需求变化的利用方法是否可行；②其建筑规格可否应对需求；③是否具有一定的服务水准可提高使用者对建筑物的需求。

进一步，通过建筑再生而实现的内容其自身如果不能持续则不能称为建筑再生，因此，④可以灵活应对更多变化这一点也很重要。建筑再生事业就是将这些要素进行最优组合（图 10.2）。

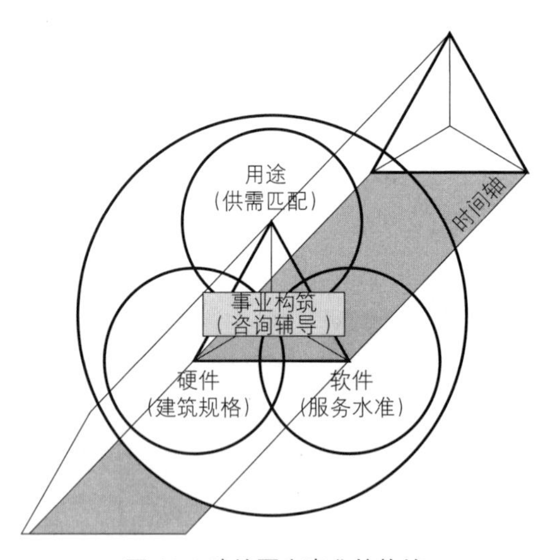

图 10.2 建筑再生事业的构筑

10.1.2 从建筑运用的角度看建筑再生

❶ 硬件和软件的组合

建筑物再生可以通过硬件要素量和软件工作量的增减组合来实现。在建筑物硬件方面，可以通过更新、改造等来恢复建筑物老化部位的功能并继续利用，实际上在软件方面也可以采用同样的思路。

撤换掉服务内容一成不变的软件供应商，通过更新服务、提高顾客满意度从而实现服务改造，同时结合硬件的更新、改造，可以从面上实现建筑运用（图 10.3）。

增加电梯实现无障碍化的建筑再生，是一种增加建筑要素量的建筑再生，而拆除原有地面以确保抗震性，是一种减少建筑物要素量的建筑再生。另一方面，追加租赁住宅的前台服务是一种增加工作量的建筑再生，为了将员工住宅用作老年人住宅而进行无障碍化改造提供健康管理服务，这属于两者都增加的建筑再生。

建筑运用就是对要素量和工作量的最优组合进行判断和执行，为了改善运用，有时也会减少要素量和工作量。或者作为良好的运用结果，要素量和工作量也有可能会变少。

❷ 基于用途转换的建筑再生

通常根据用途不同，所需要的要素量和工作量会有不同。以租借事务所为基准，各用途的要素量和工作量多寡的相对位置关系如图 10.4 所示。

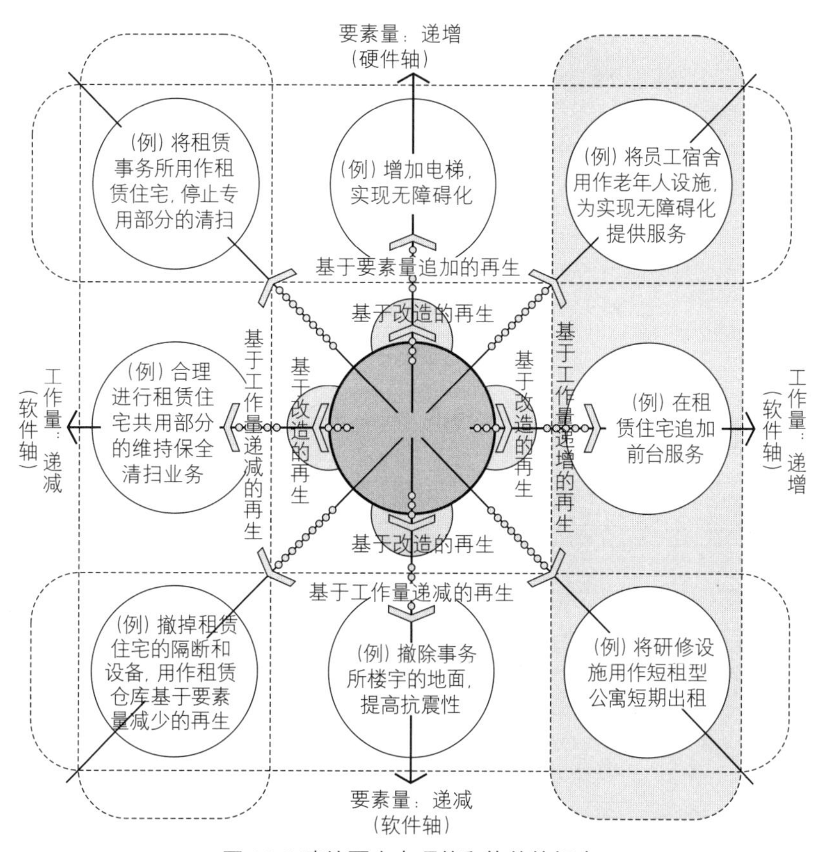

图 10.3 建筑再生中硬件和软件的组合

建筑再生除了重新评审各用途的要素量和工作量，以及探讨其可能性以外，还对因具体条件而改变用途后如何实现合理的要素量和工作量进行探讨。一般来说，在相对位置较近的用途之间，通过改变用途实现建筑再生的可行性更高。

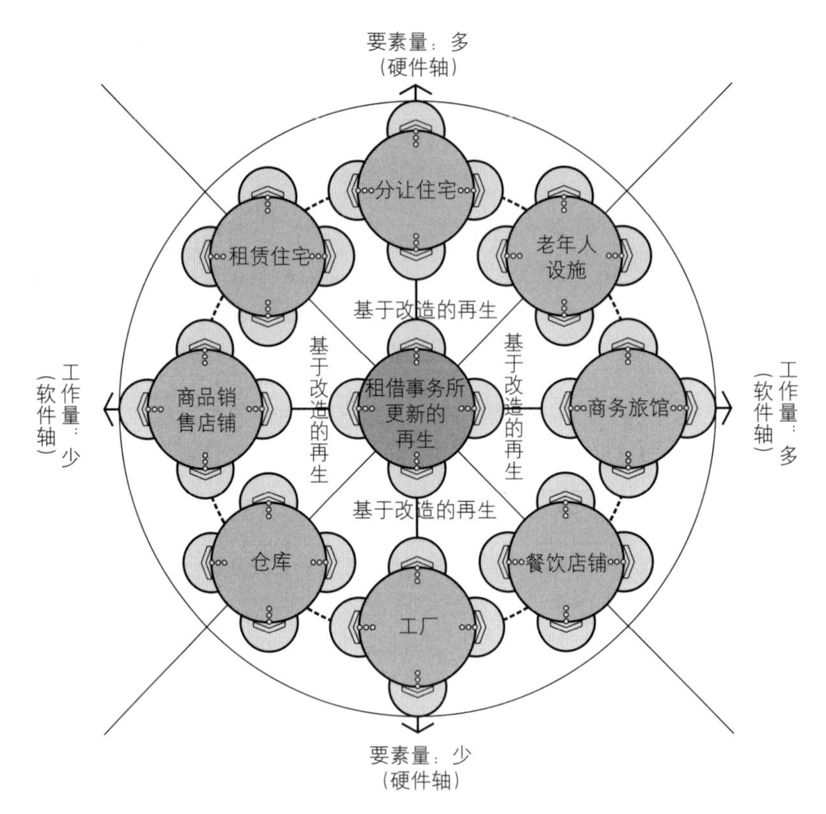

图 10.4 建筑用途中硬件和软件的相对关系

10.2 建筑的用途和服务

10.2.1 基于服务的建筑再生

❶ 长期的品质保证

对于新建后随着时间推移变得不符合需求的现有建筑物，为了恢复其功能性，使其和新建建筑物一样被市场接受，以软件方面的服务来抵消其硬件上的负面要素是关键点。不仅是通过省力化追求经营的合理化，通过提供追加的工作量来寻求功能提升也是建筑再生事业的特点。和建筑硬件相比，基于服务的功能维持提升，其品质保证较为困难，因此进行充分的品质管理以提供长期稳定的品质很重要。

❷ 服务的扩充倾向

事务所、住宅、旅馆等以使用者长期滞留为前提的建筑物，从空间上看，可以分为仅供使用者使用的专用部分、多个使用者共同使用的共用部分，以及用于建筑运用、不供外来使用者直接使用的管理部分。建筑再生时需要在用途和使用方法上下功夫，重新评审专用部分、共用部分和管理部分的构成。

租赁用不动产，适用于《民法》和《土地房屋租借法》的相关规定。当事者的一方约定将某物品的使用和收益给对方，相应的，对方要支付租金，因此租赁关系成立（《民法》第 601 条）。出租人对租赁物的使用和收益负有必要的修缮义务，另一方面，当出租人想要在出租物的保存上实施必要的行为时，承租人不可拒绝（《民法》第 606 条），原则上修缮应由出租方进行。

日常的管理和服务提供等有关租赁物使用收益的内容，由合同单独规定。通常，共用部分所需的附带于建筑物租赁的基本服务由所有者负担，专用部分的附加服务由承租人负担，但建筑再生时并不一定完全照此进行，需要探讨服务的扩充。

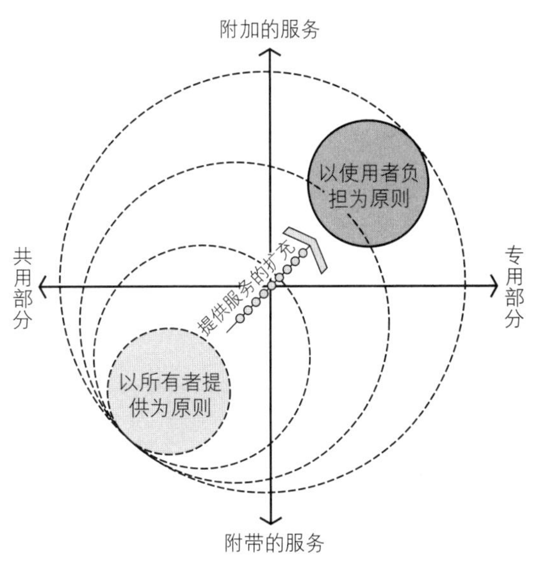

图 10.5 服务的扩充

10.2.2 建筑用途和服务内容

❶ 租赁事务所

专用部分所需的服务通常由承租人直接负担，但为了确保管理水准、有效利用管理费用，也有可能以所有者为专用部分提供统一服务作为入住的前提。以清扫为例，中等规模以上的租赁事务所，通常专用部分的日常清扫和定期清扫是由出租方负责的（表 10.1）。

❷ 共同住宅

共同住宅的专用部分涉及住户的独立性和私密性，因此在共同住宅，很少对专用部分提供服务。共用部分的功能一般是通告和安保，也比较简单，作为建筑运用提供的服务往往限定于清扫和保安服务之类。

所有权型共同住宅即分让公寓，适用于建筑物区分所有权相关法律。在该法中，专有部分以外的部分有时也用作共用部分（建筑

表 10.1 事务所建筑物的清扫服务[1)]

区域	共用部分						专用部分							
作业场所 清扫作业	门厅	走廊	楼梯	热水间	厕所·盥洗室	屋顶·屋外	事务所	董事室	会议室·接待室	办公设备室	食堂	书库	日式房间	店铺
地面的清扫	2/日	2/日	2/日	2/日	2/日	2/日	1/日	1/日	1/日	1/日	1/日	1/日	1/日	由租借人或使用者酌情实施
地毯吸尘														
墙面（低处）扫灰	1/日	1/日	1/日	1/日	1/日		1/日	1/日	1/日	1/日	1/日		1/日	
桌面清洁							1/日	1/日	1/日	1/日	1/日		1/日	
窗框窗台灰尘清除							1/日	1/日	1/日	1/日	1/日		1/日	
吸尘处理	2/日				2/日		2/日	2/日	2/日	1/日	2/日		1/日	
纸屑垃圾处理	2/日				2/日		1/日	1/日	1/日	1/日	1/日		1/日	
茶叶残渣处理				1/日							1/日			
出入口、门口附近清扫	2/日													
楼梯扶手清洁			2/日											
盥洗室、茶水间清扫				2/日	2/日									
卫生洁具清扫					2/日									
痰盂清扫					1/日									
卫生消耗品补充					2/日									
廊柱清扫						1/日								
脚垫清扫	2/日													

备注：数字代表作业次数。例：2/日表示每天作业两次。

物区分所有权相关法律第 2 条），建筑计划上相当于管理部分的那部分在法律上被划分为共用部分。因此，通常管理部分不被定位为独自的功能。

近年来引进了如表 10.2 所示的各种服务的共同住宅也陆续出现。这些服务不仅对专用部分、共用部分的建筑计划有影响，对管理部分亦是如此。建筑再生时，将引进了这样的附加服务的建筑运用纳入视野进行事业构筑。还有诸如服务公寓和月租型公寓等从共同住宅中派生出来的用法也被提案并实现了差别化。

表 10.2 共同住宅的服务实例[2)]

服务区分	服务内容
生活服务	购物服务、礼仪往来服务、送货上门服务、留言服务、代办服务、租赁服务
房屋服务	房屋打扫、改造维修服务、看家管理、搬家服务
信息服务	专家介绍、设施介绍、保险代办、电子留言板、商务信息服务
健康服务	训练室、桑拿、沐浴、按摩介绍
文化服务	音响室、放映室、票务服务、OA 室、复印服务、传真服务、多功能室
娱乐服务	旅行服务、配套服务

2 有关建筑区分所有权的法规与所有法有关，一般使用的用语为专有（也就是所有）。它并不适用于表现租赁住宅中那些排他性的使用部分，确切地说它是用来表现专用部分的。对适用于建筑区分所有权相关法规的分期付款的公寓而言，因为专用部分成为专有，因此表现为专有部分。这意味着专用部分的概念具有广泛的意义。

❸ 老年人设施

老年人设施为自身行动困难的入住者提供服务，目的是让老年人能够更加健康舒适地生活。在建筑运用上所占服务的比重较高。老年人设施所提供的服务如下所示。

（a）生活服务

为老年人提供安心、舒适的生活支援服务。

· 就餐服务

配备了营养丰富的一日三餐，提供食谱预告，可为来访者提供就餐服务。

· 信息服务

活动通知，银行、洗衣店、旅行、邮寄、送货等外部业务的代办。

· 生活指导

配置生活指导人员，或由外部专家提供生活上的帮助。

· 家务代办

清扫、洗涤、垃圾处理、购物、政府手续代办等。

· 商品销售

生活必需品、消耗品等的销售，以及自动售货机的设置等。

· 消遣

文化、艺术、运动、娱乐等的实施。

（b）健康管理服务

定期体检、健康咨询、健康管理记录的整理，运动指导、日常治疗支援，与医疗机构的联络、介绍、就诊手续、就医支援等。

（c）陪护服务

吃饭、排泄、洗澡、洗发等护理，洗涤、清扫等代办，功能恢复、功能维持、痴呆患者看护，住院时的定期访问等。

为了提供这样的服务，老年人设施需要如表 10.3 中所列的共用部分、管理部分。为了回收往往偏高的初期投资、维持费，在老年人设施的运用上除了租赁方式以外，还有以支付入住费而获得终身使用设施权利的方式，购买带陪护公寓的分让方式，预托金方式、预托保证金的方式等。此外还有将空间构造类似的员工宿舍转换用途以控制初期投资的实例。

表 10.3 老年人设施的服务室[3)]

<table>
<tr><th colspan="2">功能区分</th><th>需要的房间</th></tr>
<tr><td>专用部分</td><td>住户</td><td>· 居室
（包括厨房、厕所、浴室、储藏室等）</td></tr>
<tr><td rowspan="3">共用部分</td><td>生活服务设施</td><td>· 食堂
· 浴室（一般浴室、陪护浴室）
· 商店
· 理发美容室
· 邮件室、行李房
· 访客房
· 管理员室</td></tr>
<tr><td>交流设施</td><td>· 集会室
· 娱乐室、图书室、兴趣活动室</td></tr>
<tr><td>健康管理及看护方面的设施</td><td>· 健康管理室（医务室）
· 静养室、看护室
· 康复室、日间护理室
· 特别浴室（机械浴室）
· 看护站</td></tr>
<tr><td rowspan="3">管理部分</td><td>事务管理设施</td><td>· 事务室、管理人员办公室、接待室
· 会议室、前台
· 职员休息室、更衣室
· 夜间值班室</td></tr>
<tr><td>服务设施</td><td>· 厨房相关各室
· 太平间
· 洗涤室
· 垃圾收集室、焚烧炉</td></tr>
<tr><td>设施管理设施</td><td>· 防灾中心、中央监控室
· 锅炉房、设备机械室
· 电气室、自家发电室等</td></tr>
</table>

❹ 旅馆

旅馆分为商务旅馆、社区旅馆、城市旅馆、度假旅馆等。根据利用目的和住客层次可以有多种建筑运用方式。图 10.6 为城市旅馆的构成实例。为提高顾客满意度在提供多种服务以外，也需要具备与服务相对应的建筑物格局。

旅馆事业往往需要高度的建筑运用，是一种所有权、运营权、经营权分离的先进的建筑用途。

10.2.3 服务主导型的建筑再生

❶ 转换为老年人设施用途的实例

将壁式钢筋混凝土预制四层建筑（建筑面积为 2447.58m^2）的企业住宿研修设施转换用途，变为拥有 50 个房间的收费老人院，这是服务主导型建筑再生的实例。

建成后历经 30 年的住宿研修设施已经进入闲置状态，基本上不会有相同用途的业户一次性承租此建筑物。但建筑物的新旧程度没有什么问题，所以将其转换用途改造成了空间构造类似的收费老人院。运营公司将其整体租赁下来，负责进行再生工事转换其用途，再转租给老年人。建筑物所有者不需要进行追加投资，便可获得长期的租金收入。

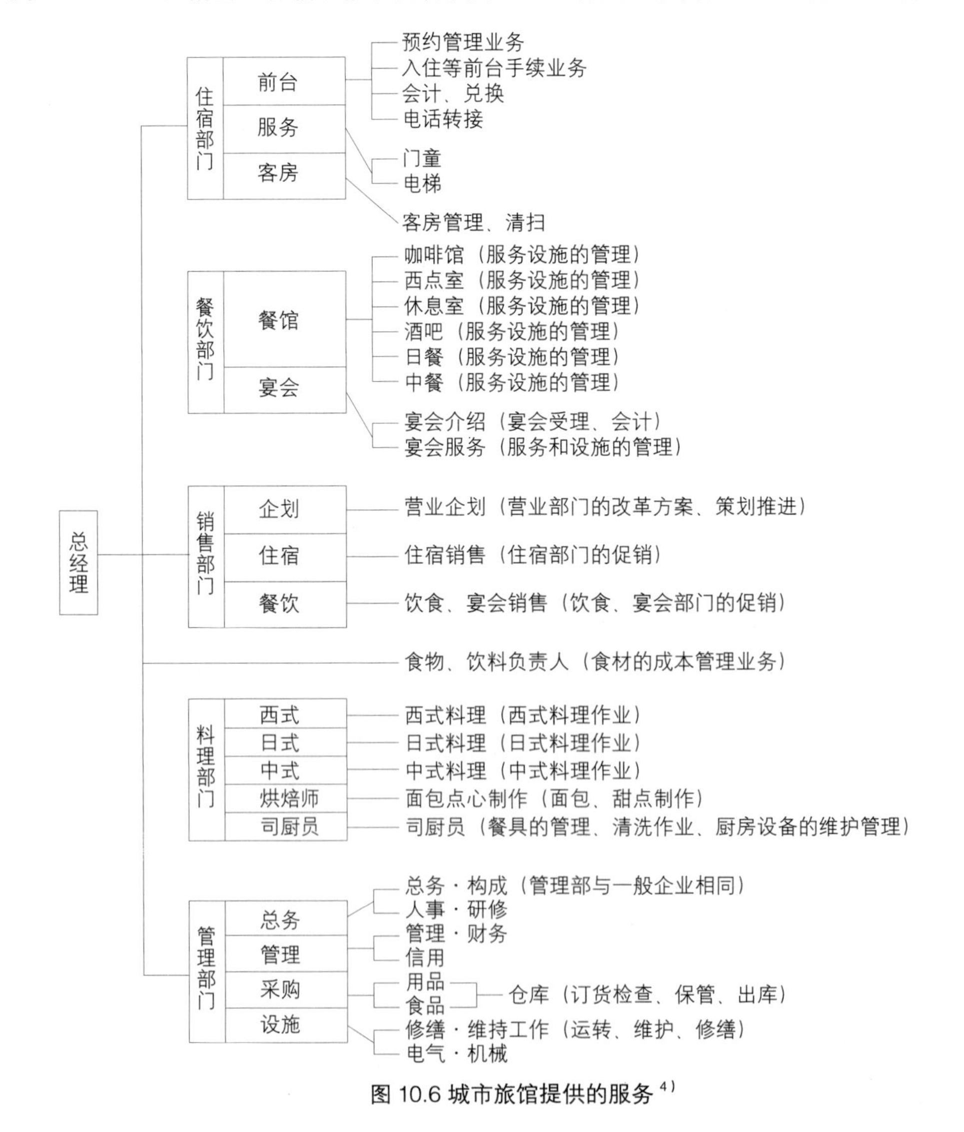

图 10.6 城市旅馆提供的服务 [4)]

卫生间面积保持不变，但被改造成无障碍卫生间。

在这个例子中，采用了尽量不改变可利用部分的方针，建筑要素的变更很少。

再生工事费大约是新建类似设施的三分之一，各部分详细的构成比例如图 10.8 所示。

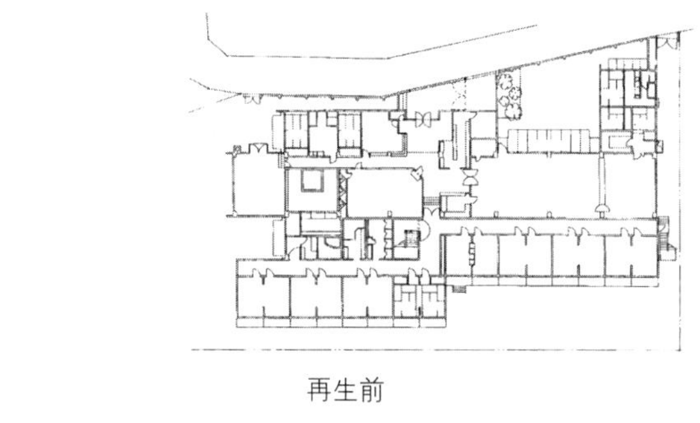

再生前

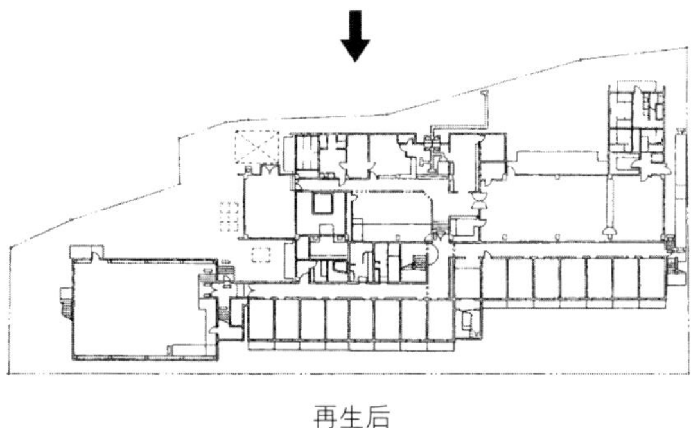

再生后

图 10.7 服务主导型建筑再生的实例

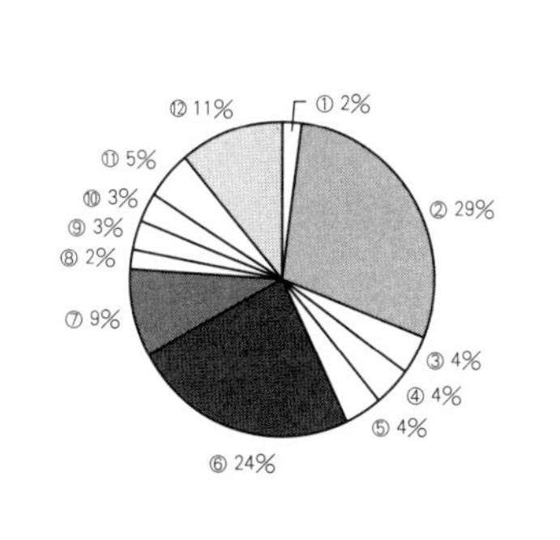

图 10.8 建筑再生施工费的详情

❷ 建筑要素量的变更内容

（a）一层

将会客室用作电梯间，在阳台的外面增设电梯升降通道。中低层的员工宿舍通常不设置电梯，但收费的老人院只要不是平房都必须设置电梯。

将办公室（日式房间）用作两间谈话室，谈话室对于收费的老人院来说是必需的要素。浴室新增了扶手、斜坡以及升降机，其他的都可以利用原来的设施。食堂、厨房也基本原样利用。在专用部分增设了护士站、洒水装置、空调。

（b）二、三、四层

将一间临时客房用作电梯间，在阳台外面增设电梯升降通道。其他临时客房保持原样，用作专用部分，之前的被服保管室原样利用。

❸ 服务的报酬

对于老年人设施来说，比起建筑物的新旧程度，所能提供的服务更为重要。之前在 10.2.2 中提到的服务，每月的使用费由居住费、水电煤气费、设施运营费、餐费、生活支援费等组成，不需要陪护可独立生活的入住者所负担的费用明细如图 10.9 所示。

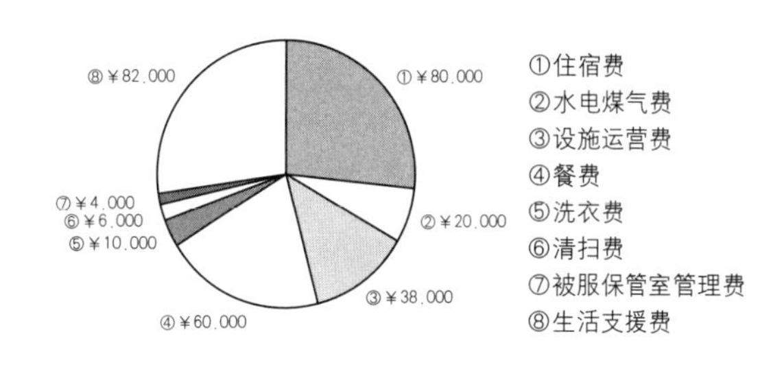

图 10.9 设施利用费

10.3 建筑运用的主体

10.3.1 建筑运用的功能分化

建筑运用可以分为以下几个部分来考虑：①拥有土地建筑物所有权的不动产所有部分；②组合了硬件和软件不同分量和权重的事业构筑部分；③作为和使用者之间接口的现场管理事业运营；④提供资本的事业经营。需要建筑再生的原因之一，是有一些事业主他们尚不具备自行改善需求不适应状态的资质。因此，在建筑再生时，为了完善现有建筑物和现有事业主的资质，需要考虑建筑运用四个部分的分担。

在建筑用途中，旅馆提供多种服务，功能分化也较先进，可作为建筑再生时的建筑运用主体的参考。

10.3.2 功能分化的类型

❶ 一体型（所有直营型）

建筑运用的四部分均由同一事业者来进行（图 10.10）。

旅馆事业，相当于所有权直营型。

❷ 咨询辅导型（特许经销权型）

建筑再生的事业构筑委托给外部专家，获得咨询辅导，以此为参考，所有者进行事业运营及事业经营。外部专家除建筑设计、建筑施工等技术方面的，还包括税务、会计、市场、经营咨询等方面的。

在旅馆事业中，特许经销权与此相当，不动产所有者承担经营风险，直接进行旅馆的运营，另一方面，从旅馆企业的特许经销权

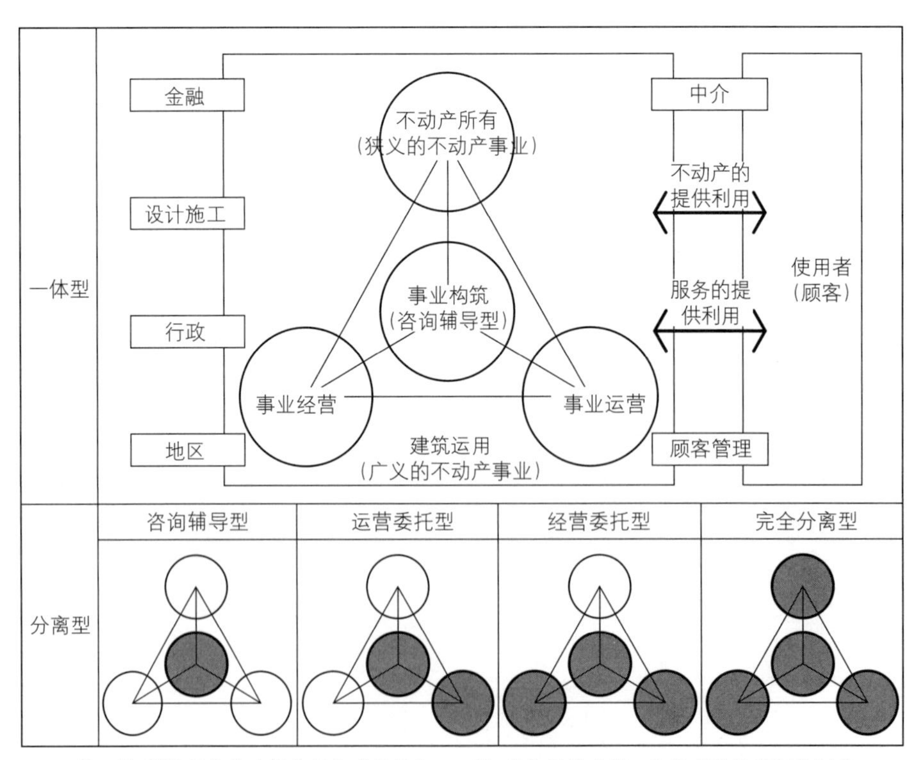

注：1）粗线部分的功能为细化或名义化　2）分化后的功能一次性或单独实现外制化

图 10.10 建筑运用的功能分化

本部获得与运营有关的品牌使用权和运营技术指导。对于旅馆事业来说，以较少的投资实现积极的展开是其优点。

❸ 运营委托型（事业受托型）

不动产所有者作为事业经营者承担事业风险，另一方面把需要事业构筑和事业运营专门技能的部分委托给外部。不动产开发商等亲自实施的事业受托方式相当于此。

事业受托方式是一种全面承接事业企划、施工、业户征集等的事业推进方式，竣工后的建筑物由承接事业的开发商运营。通过一次性贷款和租金保证等，来减少不动产所有者的事业经营风险是事业受托方式的特点（图10.11）。

在旅馆事业中，与海外连锁旅馆的合同比较常见。

❹ 经营委托型（转租型）

不动产所有者在名义上拥有所有权，但除了将事业构筑、事业运营委托给外部以外，事业经营风险的一部分或全部也都转移给了外部。信托方式相当于此种形式。

信托方式是将不动产事业的运用委托给信

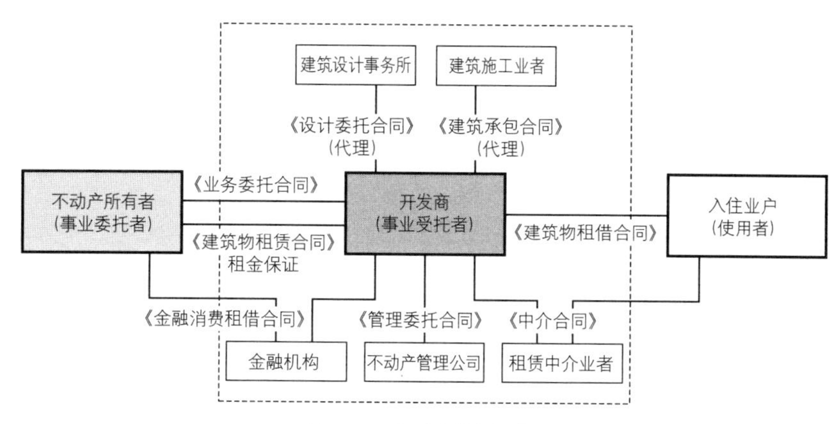

图 10.11 事业受托方式

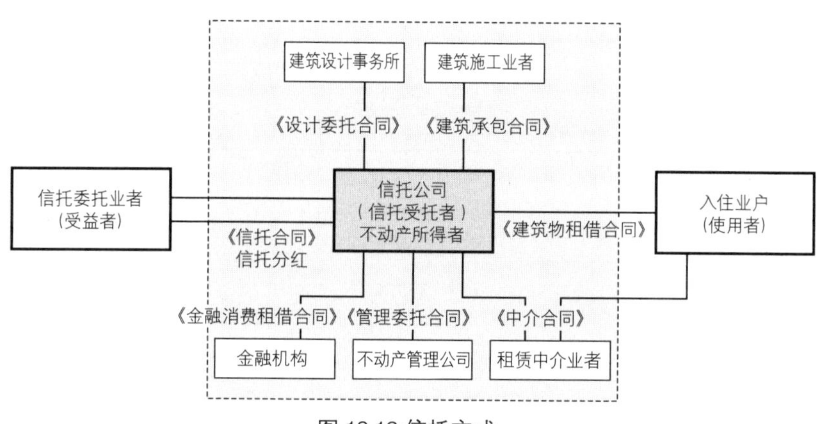

图 10.12 信托方式

托公司（信托银行），信托公司作为不动产事业的专家接受管理委托，负责业户征集、建筑物管理等。在信托期间，名义上的所有权转移给信托公司，委托者获得信托分红。作为信托报酬，房租收入的 10% ~ 20% 将支付给信托公司。

信托账户采取分别管理独立核算，因此需要相应的项目规模（图 10.12）。

建筑再生中有时采取转租方式。不动产所有者除事业构筑之外，将再生后的事业运营委托给转租公司以转移事业风险，此外，还从转租公司处获得建筑再生所需的工事费。

10.3.3 不动产证券化和建筑运用

不动产投资信托的不动产证券化，从投资者保护的观点来看，存在若干制约条件。为了确保透明性，投资法人不得从事资产运用以外的营业行为，必须将业务委托给投资信托委托业者、资产管理公司、一般事务受托公司、投资法人债务管理公司（图 10.13）。

对于不动产投资信托等来说，通常将对于从不动产所有者处接受委托所取得的资产进行运用称为资产管理。资产经理全面管理投资对象的组合投资，并制订、执行新取得的计划。将从不动产所有者等处接受业务委托进行的不动产的运营、管理业务称为物业管理。物业经理作为运营、管理业务的实际执行者，进行业户管理和建筑物管理。根据情况有时也进行业户营业。此外，还进行一些日常的窗口业务，以构筑与业户的良好关系。在建筑物管理方面，亲自执行建筑和设备的维护计划，或委托给其他公司。运营、管理

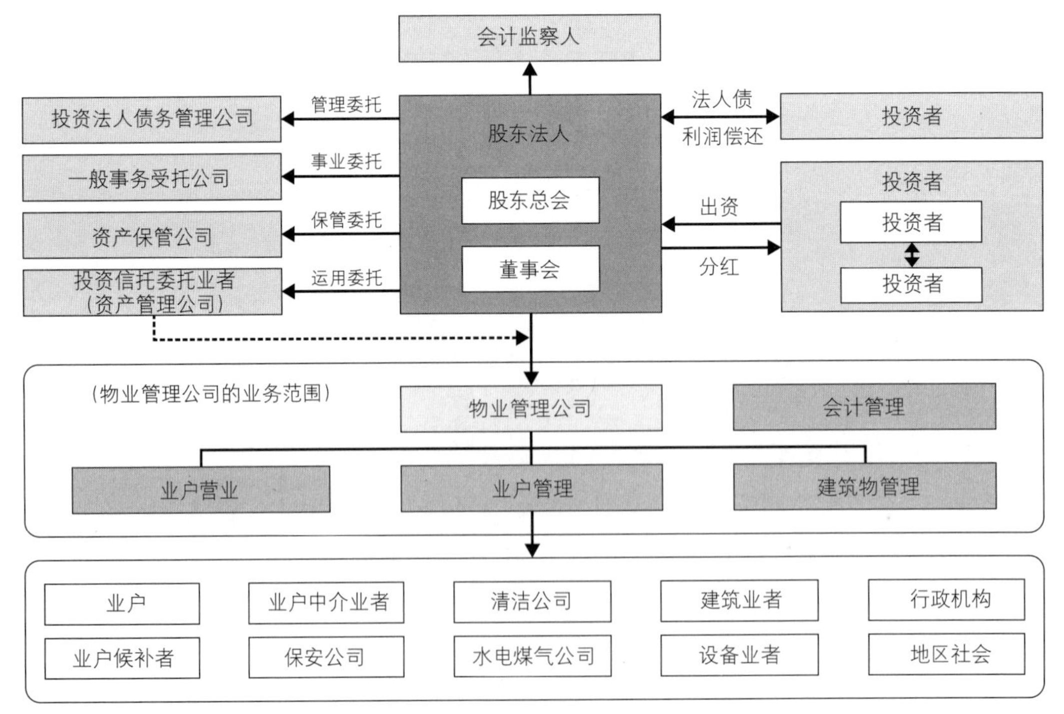

图 10.13 不动产证券的功能分化

的预算计划编制和决算报告等的会计管理也是重要的业务。

物业管理以所有权和管理运营的分离为前提，对于所有者和投资者，以实现每项收益最大化和出售时的转让收益最大化为目的，进行不动产管理运营的计划、执行、报告。基于委托合同，作为所有者和投资者的代理人进行法律行为，获得收益等连动的报酬，另一方面不允许与此利益相违背的立场和行为。如果认为物业管理不合格，经一段时间的预告期，可以撤换物业管理公司，以此提高基金运用业绩。

图 10.14 是将图 10.15 所示的建筑再生从建筑运用功能分担的观点重新整理得到的。不动产证券化型的建筑运用，以最先进的专业性和透明性进行实践，四个部分相互保持高度独立性（完全分离型）。通过不动产的操作向使用者提供服务，是物业管理的职能之一。

10.3.4 建筑再生和地区再生

导入了物业管理的不动产投资信托，除了选出能够确保投资利润的优良建筑物以外，为了提高基金业绩，物业经理以收入最大化和支出最小化为主要任务进行活动。

与此相对，因建筑再生是以解决当前所持的各种问题为出发点的，并非仅通过提高投资效率即可解决。此外，在建筑再生的背后，除了建筑物自身的问题以外，地区的问题也不少。在这种情况下，仅凭建筑物自身的努力，难以实现真正的建筑再生，这就需要提高地区的魅力和价值。如果将建筑运用扩大为地

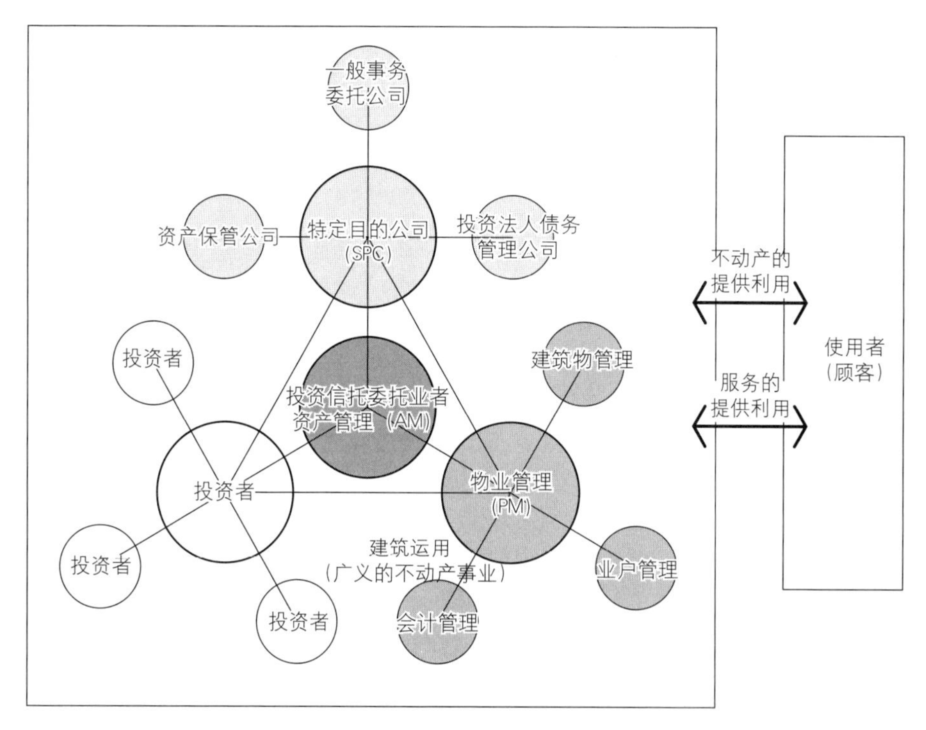

图 10.14 不动产证券化型的建筑运用

区运用，则再生型建筑和新建型建筑的融合也将成为一种手法。

正如图10.15所示，新建（图中1：住宅）、与从前相同规模的用途转换（图中2：从仓库变为餐饮和住宅）、在房顶扩建及增加造型的用途转换（图中3：从仓库变为事务所）、建筑外立面更新（图中4）等手法的组合，产生叠加效果，形成建筑再生和地区再生的良好循环。

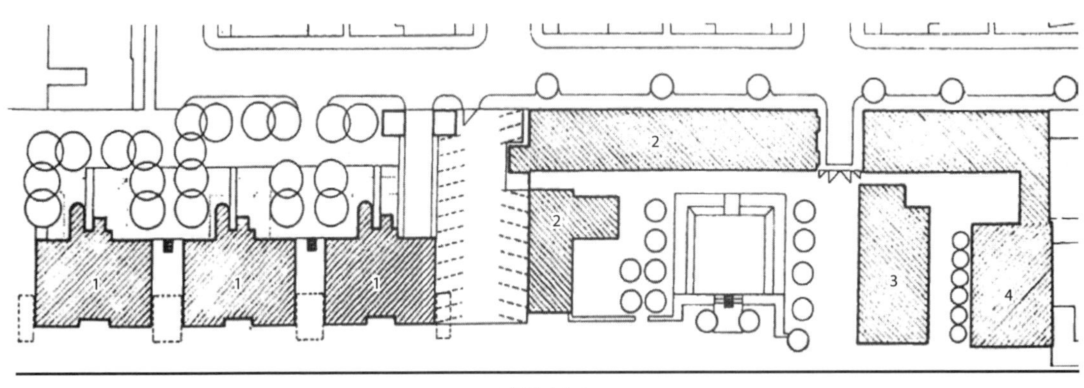

泰晤士河

1：新建共同住宅　2：用途转换
3：增加可用面积型用途转换　4：建筑外立面更新

图10.15 建筑再生带来的地区魅力

10.4 所有权和利用的多样化和建筑运用

10.4.1 所有权的多样化

对于不适应需求、需要进行建筑再生的建筑物来说，其所有者除了空房外，往往还背负资金债务。通常，建筑再生事业资金的筹措，是将所拥有的土地和建筑物作为担保向金融机构贷款，但在已背负债务的情况下往往难以获得追加融资。在这种状况下要推进事业，可以考虑将所拥有的一部分不动产出售，所获资金用作事业资金，而从前的所有者和新的事业参加者将共同拥有土地和建筑物（表10.4）。

提到所有权，对于土地来说可分为共有和私有，而对于建筑物来说也可分为共有和区分所有，多个权利者拥有一栋建筑物及土地的方法是将这些加以组合，但通常建筑物区分所有的情况比较多。

所谓区分所有，是将一栋建筑物分成多个专有部分，承认各自的所有权。它适用于建筑物区分所有相关的法律，原则上土地和建筑物应该是一个完整的不动产，但日本承认土地和建筑物分别作为不动产。建筑物的保存、改良、修缮、重建等需要符合此法，并追加了组织管理工会，制定管理规定等运营上的手续。居住用的区分所有建筑物——分让公寓，持有公寓管理的资格，可以对建筑物进行合理的维持管理，并对管理工会进行援助。

表 10.4 中的方案 5 的事业手法相当于建筑物新建时的等价交换方式，表 10.5 将这种方式重新排列与新建相对比。和新建时相同，可以无须借款推进事业是其特点。

表 10.4 建筑再生事业所有权的多样性

分类	再生前	再生后					
		单独事业		共同事业			
		方案 1	方案 2	方案 3	方案 4	方案 5	方案 6
概念图	C 建筑物使用者 / A 建筑物所有者 / A 土地所有者	C 建筑物使用者 / A 建筑物所有者 / A 土地所有者	C 建筑物使用者 / X 建筑物所有权 / X 土地所有者	C 建筑物使用者 / A 建筑物所有权 / A（借地权者） / X（底地权者）	C 建筑物使用者 / Y 建筑物所有者 / Y（借地权者） / A（底地权者）	C 建筑物使用者 / A，Z 建筑物所有者 / A，Z 土地所有者	C 建筑物使用者 / A，Z 建筑物所有者 / A，Z（借地权者） / A（底地权者）
称呼		原所有者单独型	新所有者单独型	附带借地权建筑物移交型	底地移交型	土地建筑物转让型	建筑物转让型
内容概要	由土地建筑物所有者经营租赁事业所的楼宇。该楼宇有时也自用。不存在借家权的问题，并且自用的部分易于再生	原所有权者作为事业主对事业加以组合，进行建筑再生。转换用途时伴随着建筑物的用途转用	从原所有者处获得土地建筑物所有权转让的开发商，进行建筑再生。转让价格以建筑再生后的事业性为基础，以收益还原后的收益价格为前提	将底地转让给投资者等，原所有者进行附带借地权建筑物的经营。底地转让费充当建筑再生事业费。向购买了底地的投资者支付土地费	转让附带借地权建筑物，原所有者转为底地经营。底地经营稳定，经营失败少	将土地建筑物所有权的一部分转让给共同事业者，作为平等伙伴开展事业	转让借地权的准共有部分和建筑物所有权的一部分。共同事业与方案5相比，不购入土地所有权，出资较少

表 10.5 等价交换型的实施手法

分类	等价交换项目（新建型）		等价交换型项目（再生型）	
	实施前	实施后	实施前	实施后
概念图	D（建筑物出资） + A（土地出资）	D（区分所有权） D（区分所有权） A（区分所有权） A（区分所有权） A、D（土地所有权：共有、私有）	A（建筑物出资） A（土地出资）	D（区分所有权） D（区分所有权） A（区分所有权） A（区分所有权） A、D（土地所有权：共有、私有）
内容概要	土地所有者提供土地，开发事业者提供建筑资金等。对二者提供的出资额进行评价，并决定权利比例	根据出资比例获得完成后的资产。土地建筑物的所有权也可以共有，但一般建筑物采用区分所有。因此，需要建筑物在设计上实现区分登记。将开发事业者取得的区分所有权作为分让公寓等出售的情况很较多，实施前土地所有者（A）以租赁运用的情况较多。一栋楼中，所有者和承租人同时存在	土地建筑物的所有者经营租赁事务所的楼宇。也有时将楼宇用作自用。不存在借家权的问题，自用时建筑再生也比较容易	为了筹措建筑再生所需的事业资金，出售一部分土地建筑物的所有权。建筑物一般采用区分所有。有时需要重新加工使建筑物能够区分登记

10.4.2 利用的多样性

建筑再生不一定针对建筑物全体，实际上有时针对建筑物全体进行再生，而有时则针对建筑物的一部分进行再生。前者是原则，但现实中后者也不少见。全体再生是不动产经营的整体返工，首先要清退全体业户，然后再实施建筑物全体的改造工事。它需要相应的施工期，但可以进行充分的施工改造。另一方面，这种情况通常存在承租人清退的问题。

与此相对，部分再生是对不动产经营的部分返工。在确保现有业户租金收入的基础上，对空室部分进行建筑再生，但施工的同时大楼自身仍旧运营，只进行最低限度的施工，不进行必要的建筑确认也是要解决的问题。在转换用途型部分再生的情况下，在一栋建筑物内存在不同用途，因此以用途混合为前提的楼宇运营是必要的。

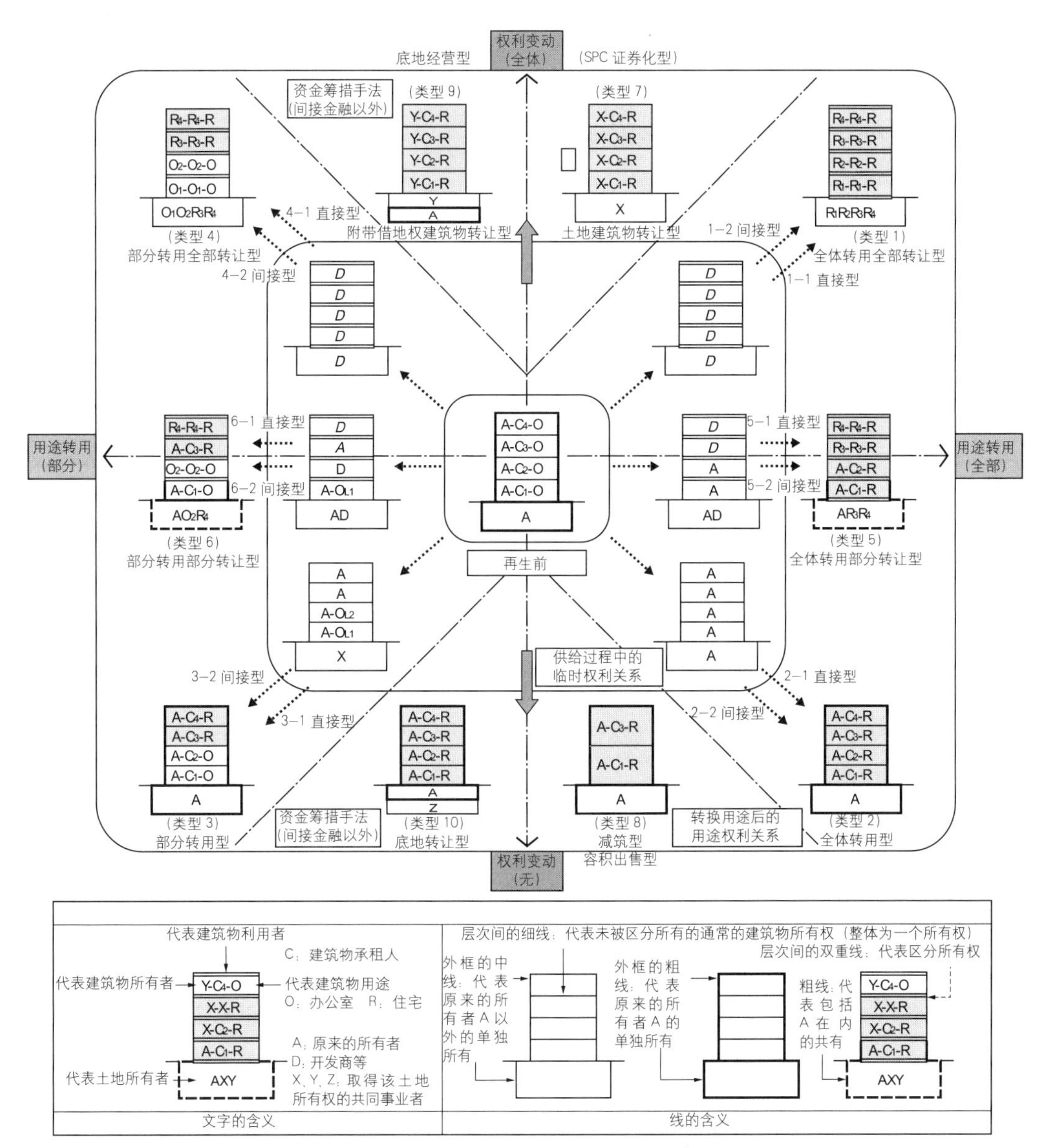

图 10.16 所有权和利用的多样化[5]

10.5 建筑运用和资产价值

10.5.1 基于资产价值的建筑运用的验证

为了讨论和验证建筑再生事业，有时需要对保持旧建筑物原样继续利用情况下的资产价值和进行再生时的资产价值进行比较。此外，有时还要判断哪种再生最能提高资产价值。作为融资的金融机构，需要知道担保价值。在不动产价格评价法中，基于不动产鉴定评价基准的不动产鉴定评价是有利的。不动产鉴定评价包括着眼于成本的成本计算法、着眼于利润的所得计算法、着眼于市场的市场计算法这三种手法。

10.5.2 成本计算法

❶ 着眼于成本的时间 / 价格曲线

将土地和建筑物作为独立不动产的日本，承认建筑物单独的价值，另一方面，建筑物的功能经过时间流逝也会减退。社会上对建筑物要求的功能通常是递增的，当低于最低限度功能时，建筑物就会丧失其社会存在价值而面临解体。与此相对，保持建筑物的功能水准在社会需要的水平线上，延长建筑物的社会耐用年限的行为即建筑再生。

图 10.17 表示时间的流逝与建筑物价格的关系。建筑再生可以说是将建筑物的时间价格曲线 C_0，减小曲线倾斜度变动为 C_1 的行为（耐用年限：L_3），或变动为时间价格曲线 C_2（耐用年限：L_4）和时间价格曲线 C_3 的行为。

❷ 成本计算法和建筑再生

成本计算法是着眼于不动产的成本计算出的价格，在 L_1 时间点进行建筑再生时上升的价值 V_1，可以用以下两个公式算出。

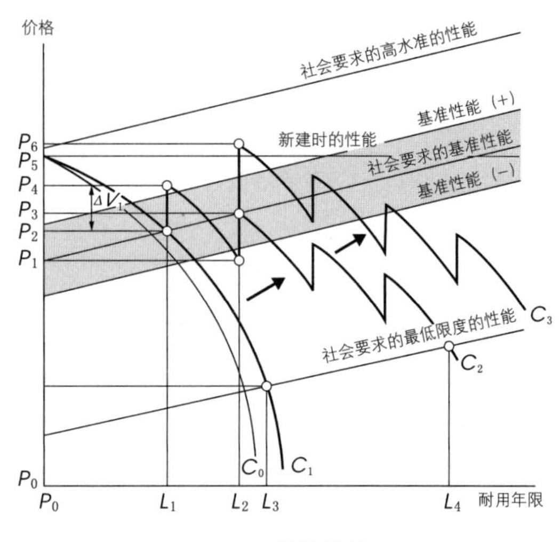

图 10.17 价格曲线

公式 C_A：$\triangle V_1 = P_4 - P_2$

P_2——建筑再生前的价格；

P_4——建筑再生后的价格。

公式 C_B：$\triangle V_1$= 再生工事费 × a

$$a=\frac{\text{再生工事费}-(\text{未价值化的工事费}+\text{丧失价值})}{\text{再生工事费}}$$

10.5.3 所得计算法

❶ 收益价格的核查公式

所得计算法是着眼于收益的手法，期待产生对象不动产的①将来的纯收益，②换算成当前价值，③总和计算。纯收益是从总收入中减去总费用后得出的。

收益价格的基本公式如 [1] 所示，但通常会在一定前提下将此公式变形再利用。

(a) 永久还元方式（直接还元方式）

将纯收益设为一定，假定永久收益是持续的，则公式 [1] 可变形为公式 [2] 。将这种方式称为永久还元方式（直接还元方式）[4]。

表 10.6 收益还元价格的核查方法

$$收益价格 = \sum_{i=1}^{\infty} \frac{a_i}{(1+r)^i} \quad \cdots (1)$$

$$收益价格 = \frac{a}{(1+r)} + \frac{a}{(1+r)^2} + \frac{a}{(1+r)^3} + \cdots + \frac{a}{(1+r)^n} \cdots = \frac{a}{r} \quad \cdots (2)$$

$$收益价格 = \frac{a}{(1+r)} + \frac{a}{(1+r)^2} + \frac{a}{(1+r)^3} + \cdots + \frac{a}{(1+r)^n} + \frac{b^n}{(1+r)^n} = \frac{a\{(1+r)^n-1\}}{r(1+r)^n} + \frac{b^n}{(1+r)^n} \quad \cdots (3)$$

$$收益价格 = \sum_{i=1}^{\infty} \frac{a_i}{(1+r)^i} + \frac{b^n}{(1+r)^n} \quad \cdots (4)$$

a——年间纯收益（租赁）； b_n——年间纯收益（n 年后出售）； r——折扣率。

(b) 有期还元方式

将纯收益设为一定，在持续 n 年之后，假定某一资产价值有剩余，则公式 [1] 可变形为公式 [3]，通常将此称为有期还元法[5]。将 b_n 称为复位价值，基于所有权获得纯收益时，可将 b_n 作为假想出售收入进行统计，另一方面，基于定期借地权和借家权获得纯收益时，在期满时资产价值消失，变为零的情况也不在少数。

(c) DCF 方式（Discount Cash Flow：现金流量贴现）

这是一种进行详细的事业收支预测，假想各年度的收入和费用，从而计算纯收益的方法。通常经过一定时期后会出售不动产，结束事业。它是将有期还元方式加以细化的一种方法。

❷ 所得计算法和建筑再生

所得计算法是着眼于不动产的收益而计算出的价格，在 L_1 时间点进行建筑再生工事的情况下，上升的价值可按以下两个公式算出。

公式 I_A：$\triangle V_1 = P_{IB} - P_{IA}$

P_{IA}——建筑再生前的收益价格；

P_{IB}——建筑再生后的收益价格。

公式 I_B：$\triangle V_1 = \sum \frac{\triangle a_i}{(1+r)^i}$

$\triangle a_1$：通过建筑再生而增加的纯收益

对基于建筑再生的资产价值进行评价时，须慎重判断使用哪一种收益还元方式。使用直接还元方式时，应注意对永久纯收益进行加法运算的公式 [2] 的含义，不要统计过剩的价值增加。

●引用文献

1）楼宇管理 DATABOOK 编辑委员会．楼宇管理 DATABOOK．OHM 社，1989

2）建筑计划检查单 新修订版 集合住宅．彰国社，1997

3）无漏田芳信，主编．建筑计划设计系列 14 老年人设施．市之谷出版社，1998

4）建筑计划检查单 新修订版 住宿设施．彰国社，1996

5）都市建筑不动产 企划开发手册 2004—2005．X–Knowledge，2004

●参考文献

1. 松村秀一，主编．转换用途 [计划设计] 手册．X–Knowledge，2004. 3

2. 高木干朗，编．建筑计划设计系列 28 旅馆．市之谷出版社，1997. 2

3. 建筑物的鉴定评价必携编辑委员会．建筑物的鉴定评价必携．财团法人建设物价调查会，2006. 3

4. 不动产投资交易中的专业性审查和工程报告——工程报告的考虑方法（修订版）．社团法人建筑设备维持保全推进协会，社团法人日本建筑协会联合会，2006. 5

5. 丸山英气，等．可持续的用途转换 不动产法制度所看到的课题和 20 个建议．2004. 4

6. 日本公寓学会公寓 stock 评价研究会．使公寓保持 100 年．OHM 社出版局，2002. 5

7. 住宅特集 / 住宅的再生，对住宅的再生．社团法人日本住宅协会，2002. 9，51: 48–53

8. 松阪达也，中城康彦，齐藤广子．从空间变化看用途转换的可行性——海外实例的分析——地区物业管理的研究 4．日本建筑学会 2006 年度大学学术讲演梗概集，2006. 9 : 1122–1212

9. 中城康彦．不动产经营和物业管理 BELCA NEWS．社团法人建筑设备维护保全推进协会，2003. 2，14 (18): 3–10

用语解释

第三章

既存担保权

担保权是在融资方面，债务人不能按照当初的约定还款时，债权人将接受的取代欠款、作为担保的东西进行拍卖等，单方面换成钱充当欠款的权利。

既存不合格

指已经建好的或正在建设中的建筑，在最初接受建筑项目确认时符合《建筑标准法》规定的，而现在达不到全部符合或部分不符合《建筑标准法》规定。在不合格建筑中，仅限于规定本身不适合的情况，建筑的适用性撇去不考虑，不能立即认为是违法建筑。但之后，在进行超过一定范围的增建、改建时，对现有部分的修建必须满足最新规定。

抗震改修促进法

目的通过采取措施修复建筑物的抗震能力，提高房屋对地震的安全性能，确保有利于公共福利的法律。
特别规定建筑的抗震修复计划向所辖行政部门申请认定，审查是否合乎《抗震改修促进法》的标准，得到认定后收到：

1 建筑确认等手续的特例；
2 《建筑标准法》的特例；
3 住宅金融公库等资金贷款的特例。

转租（Sublease）公司

兼有房租保证和经营代理两项功能、实行管理运行系统的公司。例如在转租租赁公寓的时候，房主将房屋一次性全部租给转租公司，转租公司把各个房间再转租给终端用户。转租公司每月向用户征收房租等，扣除管理费等必要费用后再交转租费给房主。

剩余容积的出售

接近城市规划中规定的有关用地的容积率和建成的（或将来存在的）建筑容积率间差数的用地建筑可能容积予以出售。

Authenticity

该词有真实性、可靠性的意思，主要是在保存、修复建筑物的时候，其所具有的美的价值及历史价值等。

DOCOMOMO

该词是 Documentation and Conservation of buildings sites and neighborhoods of the Modern Movement 的简略，即"20世纪的现代建筑、地基周边环境的调查保存"。
1988 年，荷兰 EINTOHOHEN 技术大学亨里克教授发明设立了该国际学术组织，旨在在世界范围内调查 21 世纪现代主义建筑，从各方面推动建筑的保存。

研究会（Workshop）

不是单向地传达知识信息，而是参加者自愿参加，具体体验在团队协作中学习、创新的双向学习创造活动的场所。

观光（Tourism）

在绿色资源丰富的山村渔村里享受自然、文化风光，与那里的人们进行交流的居住型闲暇活动。体验农林水产地，观光欣赏产物、生活、文化等。农林水产省标记为"绿色观光"。

第四章

物业管理（Properties Management）

一般是专业人员受房屋所有人委托，在房地产方面以房屋为对象，以管理为业务经营。

大量住宅（Mass Housing）

针对大量住宅不足问题，提供大量集体住宅，日本从 20 世纪 60 年代至 70 年代前半期，住宅绝对不足。

长期修缮计划

何时、何地、如何、花费多少费用等进行长期规划修缮建筑体的计划书。

Due Dillgence

美国投资家从保护的角度形成的产物，指现在投资家作投资判断进行的全面必要的详细调查。

区分所有者

分类所有者。在分售公寓中就是各户的所有者。

计划修缮

相对于日常的长期修缮进行的长期规划，有计划地对损伤的部分进行适当的修缮，预防大的损伤。

混凝土的中性化

混凝土本来呈碱性，但接触了空气、水之后就呈中性，建筑结构体内部的钢筋容易生锈腐蚀。

纤维内镜（Fiberscope）

给水管等插入纤维（内镜）检查管道内部的道具。

瑕疵

当事人没有预想到的物理或法律上的缺陷，造成应当完备的功能没有完备。

房地产证券化

以房地产业中产生的收益为依据，发行证券，卖给投资家的行为。

老化度判定

从建筑的物理状态、使用者及经营者的意图、经营状况等综合判断建筑的劣化、老化度。

第五章

担保价值

房地产业需要大量资金，一般从业者以房地产为担保借入资金。此时房地产评价额度就是担保价值。如果它比预借款所需的担保价值小的话，就无法借入足够的款额。

重量撞击声对策

孩子蹦跳等导致地板发出的声响是引起楼板振动的原因，因此增加板厚等可以使该问题得到抑制。

热成型

用轧钢机等轧制 10000℃ 左右的高温钢而成。

冷成型

用压力机等将常温钢压弯而成。

热桥（Heat Bridge）

容易传递热的部分。缺点是即使断热，如果有了热桥，其中的部分还有热度。

构造规定

《建筑标准法》中有关构造强度的规定。其中规定了地震力的测算方法，混凝土、钢材等构造材料的容许应力度，各种构造形式的基本方法等。

新抗震标准

1981 年以后的《建筑标准法》的构造规定。因为这一年构造规定彻底进行了修正，为了区别之前的构造规定，使用了这样的说法。→ 参照 82 页（图 5.1）

保有水平耐力

各层的柱、梁、耐力壁所能承担的水平力。抗震设计中，比起大地震时对建筑所起的水平力，更大程度地希望提高建筑的水平耐力。

脆性破坏

受力时，用极小的变形方式进行的破坏。相反，破坏前，发生大变形的强黏度性质叫作韧性。

《建筑标准法》修改

规定建筑最低标准的《建筑标准法》，旨在适应社会状况等的变化而进行的修订。最近在 2000 年和 2007 年进行了大幅度的修订。→ 参照 84 页（表 5.1）

构造抗震指标

现有建筑物的抗震性指标。通过抗震诊断，根据测定出的这个数值判断构造的安全性。→ 参照 84 页

新抗震设计

基于新抗震标准的构造设计。根据建筑的规模、高度有三种方法。方法一：设计容许应力度。方法二：研究层间变形率、刚性率、偏心率。方法三：在方法一中再增加讨论建筑具有的水平耐力。

JASS

Japanese Architectural Standard Specification 的略称，指日本建筑学会发行的一系列建筑工程标准规格书。它已成为日本建筑工程的规范。

转换（Conversion）

一般指对改变使用用途的现有建筑进行的改建，也指代那些仅改变建筑的所有、利用形态而不改变用途的改建。

SI 方式
Skeleton Infill 方式的略称。指通过明确将耐用时间长的建筑体 / 设备干线和耐用时间短的内装修等分开，努力提高住宅使用年限的计划手法。

IS
构造抗震指标的英文名 "Seismic Index" 的略称。

隔声等级
隔声性能的指标。地板的隔声等级用在下层能听到的标准噪声源的声压强度来表示。例如，隔声等级是 L50 的地板，表示发生的标准噪声传到楼下为 50dB。

抗震改造
采用抗震方法的抗震改修的别称。→ 参照 86 ~ 87 页

Brise Soleil
指设在开口部的百叶窗等日照调整装置。原先是佛教用语，具有遮阳的意思。

街道诱导型地区计划
以都市居住人口增加为目的的地区规划。若是居住用途的建筑，通过后缩一定的墙面，可以缓和道路斜线和容积率。→ 参照 84 页（表 5.1）

基础建设（Base Building）
建筑物是重新再建的对象。原先是表示办公楼工程分类的美国用语，相当于集体住宅的骨架。

剪切层
地震时产生水平力，对柱子、抗震壁产生剪切力。分布到各层，求得每层的剪切力叫作剪切层。

鞭打现象
地震发生时建筑上部发生的极端摇晃的现象。在建筑的上部和下部的构造和重量等不相同时就会产生的现象。

第七章

《爱心建筑法》（Heart Building Law）
《爱心建筑法》以促进建设老年人、身体残疾者等可以顺利使用的建筑物为目的，是于 1994 年（日本平成 6 年）制定的促进建设老年人、残疾人等可以顺利使用的特定建筑的相关法律的略称。

《节能法》
《节能法》是《能源使用合理化的相关法律》的略称，于 1979 年（日本昭和 54 年）制定，1999 年（日本平成 11 年）修订，作为《下世代节能标准》实行。根据 2006 年（日本平成 18 年）实施的修订，在进行一定规模以上的住宅新建、增改建以及大规模修缮等时，要履行呈交节能措施的义务。

《确认产品法》
《确认产品法》是《确保住宅品质等相关法律》的略称，由住宅性能表示制度、住宅相关的纷争处理体制的完备、瑕疵担保责任例外这三方面构成。住宅性能可以显示构造的稳定、火灾的安全、持续管理的容易性、温热环境、防盗窃等十个领域的性能，通过简单易懂的等级和数值向消费者阐释的一种制度。

病态楼（Sick Building）对策
应对因房屋新建时内部装修材料和黏合剂中散发出来的甲醛、VOC（甲苯、二甲苯等挥发性有机物）引起的头晕、呕吐、头痛等一连串综合征的对策。《建筑标准法》中对建筑的内部装修部分进行了限制，规定必须有换气设备等相关对策。

非破坏检查
在不拆除设备的前提下，检查设备的性能、劣化状况等的方法。特别适用于对设备管道等的检查。超声波厚度仪检查、X 线检查、内视镜检查等都属于非破坏检查。

《建筑卫生法》《建筑控制法》
《建筑卫生法》是 1970 年（日本昭和 45 年）公布的《确保建筑卫生环境的相关法律》的略称。其中对设定建筑环境卫生标准、维持管理相关的专门技术人员制度等做出了相关规定。

潜热回收型燃气热水器
利用回收燃气热水器中产生的高温废气里含有的潜热，将热水器效率从 85% 提高到 95% 的热水器。一般叫作 EKOJOZU。

CO_2 自然冷媒热泵式热水器

利用二氧化碳自然冷媒，可一下子加热到 900℃ 的热泵式热水器，能发生三倍以上电量的热能的节能热水器。一般叫作 ECOCUTE。

生锈水

水管水等里面所含有的腐蚀因子使金属管内壁生锈，从水龙头放出的铁锈色的水。在管道内涂上树脂涂料，通过防止水和金属的接触来达到防止锈水的目的。

更正工法

特别是在更新管道设备时的用语。换新管的施工手法叫作“更新工法”，而将保留管道，通过对内层增加树脂衬里、改善水质来延长管道寿命的施工手法叫作“更生工法”。

COP

Coefficient of Performance（成绩系数）的简略。冷冻容量或加热容量 Q[kW] 与因此而给冷冻机或热泵电气等输入的能量的热当量 Qi 之间的比。用于表示 EKOJOZU 和 ECOCUTE 的效率。

第八章

《老年人居住法》

于 2001 年（日本平成 13 年）公布、2006 年（平成 18 年）6 月最终修订的确保老年人居住稳定的相关法律的简略，旨在为了有效发挥民间活力和社会库存，提供具备良好居住环境的面向老年人群的住宅以及完善面向老年人群租借住宅的信息提供和便捷利用的制度等。

居住者搬出后施工

在住户等离开，并且没有家具、生活财产等状态下进行的工程。店铺及租房等全部撤出后进行的改建工程。

居住中心施工

在工程部分以外的空间可利用的状态下进行的工程，包括住宅、办公写字楼、集体住宅的大规模修建等。

非意相干施工

指在进行改建工程、更换工程时，涉及的实施对象的部位、材料以外的工程范围。

《废弃物处理法》

《废物修理及清扫的相关法律》的略称，是 2006 年（日本平成 18 年）《清扫法》的修订版，旨在抑制废物的排出及对废物做适当的分类、保管、收集、搬运、再利用等处理，同时清扫生活环境，来完善生活环境、提高公共卫生。

关于建设施工中资料的再资源化法规《建筑再利用法》

于 2000 年（日本平成 12 年）颁布，旨在分类拆毁特定建材及促进资源的再利用，实施拆毁人员的登录制度等，通过充分利用再生资源和减少废物，确保有效利用资源，适当处理废物。

Skeleton

建筑的骨架。在 SI 方式的建筑中，指建筑使用期间进行的躯体、基干设备、建筑的外装（也有区别考虑的情况）等维护，继续使用的部分。伴随社会库存化，要求延长社会资产的寿命。

Infill

填充在建筑体里的填充物。在 SI 方式的建筑中，指代与骨骼分离的独立内装、设备（设备线、管道另作考虑）。明确了根据不同的物主维持管理、修建主体的不同、物理寿命的不同等独立性高的构造法。

多能工

内装工程中，需要木工、木板工、石膏板工、架子工、管道工等专门职业，掌握这些当中的多种技能的就是多能工。一个工种的工作进行少量的改装，如果许多人出入，效率就会较低，这样一来具备多种技能的工人就显得高效了。

Satellite Offices

指与公司内的办公室不同，与其他地方隔开的办公室，是为了员工必要的工作可以利用的第二办公空间。可以由多个企业成员和个人等共同利用。

共同型 SOHO

可以和多个 SOHO 空间共同使用的设备、代转电话服务的设施。以扶植风险事业、推进创业为目的，自治体等进行运作较为常见。

Free Address

指在办公楼中，不设每个员工的固定位置，采用共同位置，员工自由选择利用空位置的形式。

Task & Ambient

照明规划手法的一种。对空间进行整体照明的环境照明，照明度很低。因此在进行桌上等小范围作业场所的任务照明时，确保了作业时的必要照明度。

Agility

机敏性、敏捷性。企业需要根据社会和市场变化更敏捷地做出应对措施，办公才可能灵活地跟上战略性改组的步伐，这非常必要。

51C 型

1951 年，东京大学建造专业的吉武泰水等的研究室倡导的〝国营住宅标准设计〞的平面布置图。

第九章

Commons

近代以前的英国进行的牧草地自治管理的制度，在日本类似于〝共同使用〞等的规定。近年来不能分类为〝公〞（public）、〝私〞（private）的〝共〞的资源（共同使用地、共有地、后山、森林、渔场等）由地域共同体（社区）管理的观点受到关注。

第十章

Service Apartment

不仅提供居住空间，还提供居住所必需的厨房套件及家用电器等必需品和服务的公寓。以服务举例来说，有礼宾、搬运、送货上门、代保管、专用部分清扫以及土地服务等。

Monthly Apartment

签订配备生活必需的家具、家用电器等，规定一个月以上期间的定期租房合同。不需要押金、酬谢金、中介费、连带担保人等，使用便捷。

资产管理（Asset Management）

个人和法人资产的管理。对各种各样的资产进行恰当组合、持有，确保资产的安全和增值。判断建筑改建也是资产管理的一部分。

Portfolio

将资产分成多个，分散持有。也指分散持有的资产的组合状态。

房产管理（Property Management）

土地、建筑的房地产管理。狭义上是指证券化的租借房地产的管理。收入最大化，费用最小化，提高收益。

收益价值

着眼于土地、建筑的收益性求出的价格，根据将来纯收益的现在价值的总和算出。纯收益则从总收入中扣除总费用求得。

编写人员

第一章　松村秀一

第二章　清家 刚、角田 诚

第三章　新堀 学（3.1、3.3）、田村诚邦（3.2）

第四章　齐藤广子

第五章　佐藤考一

第六章　脇山善夫

第七章　安孙子义彦

第八章　村口峡子、中村孝子

第九章　村上 心

第十章　中城康彦

译者简介

范悦（Yue FAN）
1999 年获日本东京大学建筑系工学博士学位。
现任大连理工大学建筑与艺术学院院长、教授、博士生导师。

周博（Bo ZHOU）
2003 年获日本国立新泻大学建筑系工学博士学位。
现任大连理工大学建筑与艺术学院教授、博士生导师。

吴茵（Yin WU）
2008 年获日本国立名古屋大学都市环境系建筑学博士学位。
现任西南交通大学建筑学院副教授、硕士生导师。

苏媛（Yuan SU）
2012 年获日本早稻田大学建筑系工学博士学位。
现任大连理工大学建筑与艺术学院建筑系讲师、硕士生导师。